세계 지리,

세상과 통하다

세계 지리, 세상과 통하다 2

2014년 4월 29일 1판 1쇄
2024년 8월 31일 1판 7쇄

지은이 전국지리교사모임
편집 양은하 | **디자인** 간텍스트 | **그림** 허정은, 구은선 | **지도** 김경진
마케팅 김수진, 강효원 | **제작** 박흥기 | **홍보** 조민희
인쇄 천일문화사 | **제본** J&D바인텍

펴낸이 강맑실 | **펴낸곳** (주)사계절출판사 등록 제406-2003-034호
주소 (우)10881 경기도 파주시 회동길 252
전화 031)955-8558, 8588 | **전송** 마케팅부 031)955-8595 · 편집부 031)955-8596
홈페이지 www.sakyejul.net | **전자우편** skj@sakyejul.com
블로그 blog.naver.com/skjmail | **페이스북** facebook.com/sakyejul
트위터 twitter.com/sakyejul

ISBN 978-89-5828-726-1 04980
ISBN 978-89-5828-727-8(세트)

세계 지리, 세상과 통하다

2 아프리카에서 남북극까지

전국지리교사모임 지음

사계절

머리말

지리에 대한 이해와 감성으로 지구촌 이웃과 더불어 살아가자

정말 글로벌 시대다. 우리가 입는 옷과 먹는 음식은 무늬만 국산일 뿐 이미 바다 건너 온 것들이 많고, 결혼을 하는 10명 중 1명은 외국인과 결혼하고 있으며, 대중가요는 케이팝(K-POP)이라는 이름으로 전 세계로 확산되고 있다. 밖으로 눈을 돌리면 전 세계 생산 및 서비스 망을 가진 초국적 기업들이 움직이고, 국경을 넘어 거대 단일 시장이 형성되고 있다. 또 국제 연합(UN), 국제 통화 기금(IMF), 세계 무역 기구(WTO) 등 국제 기구들이나, 그린피스(Greenpeace)와 국제 앰네스티(Amnesty International)와 같은 세계 규모의 비정부 단체(NGO)들의 활동 폭과 영향력은 갈수록 증대되고 있다. 글자 그대로 전 세계는 둥근 지구처럼 하나의 통일된 국가가 되고 있는 것이다.

이러한 시대에 세계에 대한 우리들의 이해와 감성은 어떠할까? 세계 여행이 보편화되면서 카페, 블로그, 페이스북 등 인터넷과 모바일 공간에는 세계 여러 지역의 여행 정보가 넘쳐나고 있다. 하지만 대부분은 상품화된 경관, 숙박업소, 먹을거리, 쇼핑에 대한 정보들뿐이다. 그 지역 사람들의 삶에 대한 공감과 이해의 손길은 찾아보기가 쉽지 않다. 세계 여행이 사람과 장소에 대한 이해보다는 하나의 상품 소비에 머물고 있는 것이다.

그렇다면 우리 청소년들은 어떠할까? 전국지리교사모임에서 조사한 바에 따르면, 사우디아라비아가 아프리카에 있다고 생각하는 고등학생이 51%이고, 5대양 6대륙을 쓸 수 있는 학생들은 겨우 28%에 지나지 않는다. 또 커피의 원료가 미국이나 유럽과 같은 선진국에서 생산된다고 알고 있는 학생들도 절반이 넘으며, 남극을 대륙이 아닌 바다로 알고 있는 학생도 절반이 넘는다.

이처럼 우리나라 고등학생의 지리적 문맹 수준은 매우 심각한 상황이다. 그도 그럴 것이 학교 현장에서는 세계 지리 교육이 갈수록 약화되고 있다. 대학수학능력시험에서 선택형 사회 탐구가 도입되자 학생들이 자신의 진로를 생각하고 시대적 소양을 기르기보다는 점수를 얻기 쉬운 과목으로 몰리면서, 상대적으로 공부 양이 많은 세계 지리는 점차 외면받게 되었다. 충분한 시간을 두고 조금씩 앎을 넓혀가기 어려운 상황에서 세계 여러 지역의 자연과 문화, 정치와 경제를 종합적으로 통찰하여 지역민의 삶의 문제에 접근하는 세계 지리는 학생들에게 어렵게 여겨질 수밖에 없다. 여기에다 대학 입시에서 사회 탐구 과목의 반영을 축소하자 상황은 더욱 악화되었다.

내셔널지오그래픽 협회 회장 존 페이는 "지리적 문맹은 다른 나라와의 관계에 영향을 끼치고, 우리를 세계로부터 고립시킨다. 지리적 지식이 없으면 젊은이들은 21세기의 도전에 대응할 수 없다."고 지적했다. 세계화, 글로벌, 지구촌이라는 단어가 이미 일상이 되어 버린 뉴 밀레니엄 시대, 인터넷과 모바일 기술의 발달로 언제 어디서나 세계 곳곳의 뉴스를 실시간 전송받을 수 있는 시대에 아이러니한 일이었다.

전국의 지리 교사들은 하나둘씩 세계 지리 교육의 문제점을 공유하고 이를 제자리로 돌릴 하나의 방안으로 청소년을 위한 세계 지리 교양서를 집필하기로 의견을 모았다. 그리고 집필 과정에서 최대한 많은 교사들과 함께하고자 하였다. 왜냐하면 세계 지리에 대한 교사들의 관심과 인식 수준이 높을수록 학생들의 세계에 대한 이해와 감성을 기를 가능성이 높아질 것이라는 믿음 때문이었다.

우리는 연구, 자료 수집, 집필, 검토 과정에서 40여 명의 지리 교사들과 함께했고, 연구 단위에서는 242명의 지리 교사들을 대상으로 방대한 양의 설문 조사를 실시했다. 또 주기적으로 토론회를 개최하여 많은 지리 교사들의 의견을 경청했다. 이러한 방식은 많은 에너지와 비용, 시간을 들이게 했지만, 그 과정에서 더 많은 전국의 지리 교사들에게 세계 지리의 중요성과 가치를 환기할 수가 있었다.

이러한 과정을 통해 우선 우리는 세계 지리 교육 목표를 새롭게 다듬었다. 기존의 지식 중심, 강대국 중심, 개발 중심 패러다임에서 가치 중심, 다양성과 공존 중심, 참여 중심 패러다임으로 재설정했다. 우리가 세운 세계 지리 교육 목표는 다음과 같다.

장소에 대한 이해와 감성으로 다양한 지역의 문화를 존중하고, 인간과 환경이 조화

롭게 공존하는 세계를 지향하며, 국제적인 문제 해결에 적극적으로 참여하는 세계 시민을 기른다.

둘째, 기존의 세계 지리 내용 구성에 대해 반성하며 대안을 제시했다. 기존의 지역 지리에 기반한 세계 지리는 지역을 보는 안목을 심어 주기 위해 학생들에게 지나치게 많은 사실적 지식을 주입해야 했고, 계통 지리에 기반한 세계 지리는 지리 탐구 능력을 기르기 위해 너무나 어려운 개념과 이론을 강요해야 했다. 그래서 우리는 기존의 계통 지리와 지역 지리가 갖고 있는 장점을 살리고 단점을 극복하고자 '지역-주제'에 기반한 세계 지리 내용을 구성했다. 곧 거시적으로 세계를 9개의 지역으로 구분하고 중첩되지 않도록 각 지역별로 주제를 선정하여 내용을 구성했다. 예컨대 동아시아는 교류와 협력, 동남 및 남아시아는 다양성과 공존, 아프리카는 생명력과 희망, 오세아니아는 환경과 관광 등이다.

셋째, 강대국 중심의 세계 지역 구분과 서술 방식에서 벗어나고자 했다. 우리가 익숙하게 사용한 5대양 6대륙 구분 방식에 문제를 제기하고, 우리의 입장에서 세계 지역을 새롭게 구분했다. 아시아는 동아시아, 동남 및 남아시아, 서남 및 중앙아시아로 세분하여 서술했고, 유럽을 북서·남부·동부 유럽 등 지나치게 세분화하여 서술하는 방식을 벗어나 하나의 유럽을 보여주고자 했다. 아프리카는 사하라 사막 이남 지역으로 축소시킨 기존의 문화적 구분에서 벗어나 북아프리카 지역도 통합하여 하나의 아프리카를 보여주고자 했으며, 아프리카를 신비하게만 여기거나 가난과 전쟁이 전부인 양 보는 시각에서 벗어나 아프리카의 생명력과 다양성을 중심으로 서술했다. 아메리카는 주류 지배 민족 중심의 앵글로아메리카와 라틴아메리카 구분 방식을 지양했고 미국을 하나의 대륙 규모로 취급했던 방식에서 벗어나고자 했다. 또 기존의 세계 지리 교육에서 간과했던 태평양의 여러 섬들, 남극과 북극 지방도 비중 있게 다루었다.

우리는 이 책을 통해 청소년들이 세계 여러 지역에서 펼쳐지는 다양한 삶을 이해하여 타인에 대한 배려와 이해의 폭을 넓히고 우리도 모르는 사이 마음속에 지니고 있는 선입견들로부터 벗어나길 바랐다. 또 지역 간 상호 의존과 사람들 간의 관계의 연결망을 이해하여 갈등과 분쟁, 불균등과 불평등의 문제 해결에 적극적으로 참여하는 세계 시민으로 거듭나기를 바랐다. 그래서 인류의 유일한 거주지인 지구에서 전 인류가 공동체를 이루며 평화롭게 공존하기를 바랐다. 더 이상 세계 지리가 어디에는 뭐가 난다는 식의 물산의 지리, 지배와 착취 그리고 왜곡된 상상을 가져다 준 탐험의 지리가 아닌, 타인의 삶을 통해 자신을 비판적으로 성찰하는 세계 지리, 그들과 함께 공존하는 방법을 탐구하는 미래 지향적인 세계 지리가 되길 바랐다.

그러나 이러한 의도가 이 책에 충분히 담겨 세계 지리의 새로운 장을 열어 줄 수 있을지 모르겠다. 첫 시도이니만큼 곳곳에 빈틈이 많을 것이다. 독자들의 많은 비판과 조언으로 그 틈을 메워 주시길 바란다. 그리고 이 책의 아쉬움을 자양분으로, 부족함을 디딤돌로 삼아 다양하고 개성 있는 세계 지리 책이 많이 나와 주길 기대한다.

끝으로 지난 7년 동안 전국을 돌며 펼쳤던 수많은 토론과 5차례 이상의 재집필이 있었음에도 올바른 세계 지리 교육에 대한 염원으로 묵묵히 인내해 주셨던 집필진, 특히 김승혜 선생님과 윤신원 선생님, 세계 지리의 교육적 가치를 공감하고 설문에 참여해 주시고 이 책의 집필을 성원해 주신 전국의 많은 지리 교사들에게 감사의 인사를 드린다. 그리고 긴긴 시간을 인내하고 막대한 인적·물적 투자를 아끼지 않은 사계절출판사에도 깊은 감사의 마음을 드린다. 이분들 덕분에 이 책이 세상에 나올 수 있었다. 앞으로 독자들의 관심과 애정, 아낌없는 비판과 지적을 바란다.

2014년 4월

집필진을 대표하여

김대훈

차 례

머리말 4

I 눈물의 땅, 희망을 품은 아프리카

1 인류의 요람, 생명력이 넘치는 땅

최초의 인간이 살았던 거대한 대륙 19

자연이 빚은 조화, 다양한 기후와 환경 22

메마른 땅에 생명을 일구는 사람들 28

생생 지리 토크 사막의 관광 가이드 오마르의 초대 31

2 신비롭고 풍요로운 아프리카의 문화

아프리카 사람들의 뿌리, 부족 문화와 토속 신앙 33

다시 찾아야 할 아프리카의 역사와 문화 36

원초적인 아름다움, 아프리카의 예술 41

기획 아프리카인들이 빚은 문명, 그레이트 짐바브웨 유적 46

3 아프리카, 끝나지 않는 수난의 고리

농사짓는 사람은 많은데 식량은 턱없이 부족하다? 49

식민지 시대 잔재로 피 흘리는 아프리카 54

아프리카 종족 갈등을 이용하려는 국내외 세력들 61

4 희망의 신호탄을 올린 아프리카

아프리카를 밝히는 희망의 불빛들 65

생생 지리 토크 말라위의 축복, 바람을 길들인 풍차 소년 캄쾀바 69

재스민 혁명은 계속된다 70

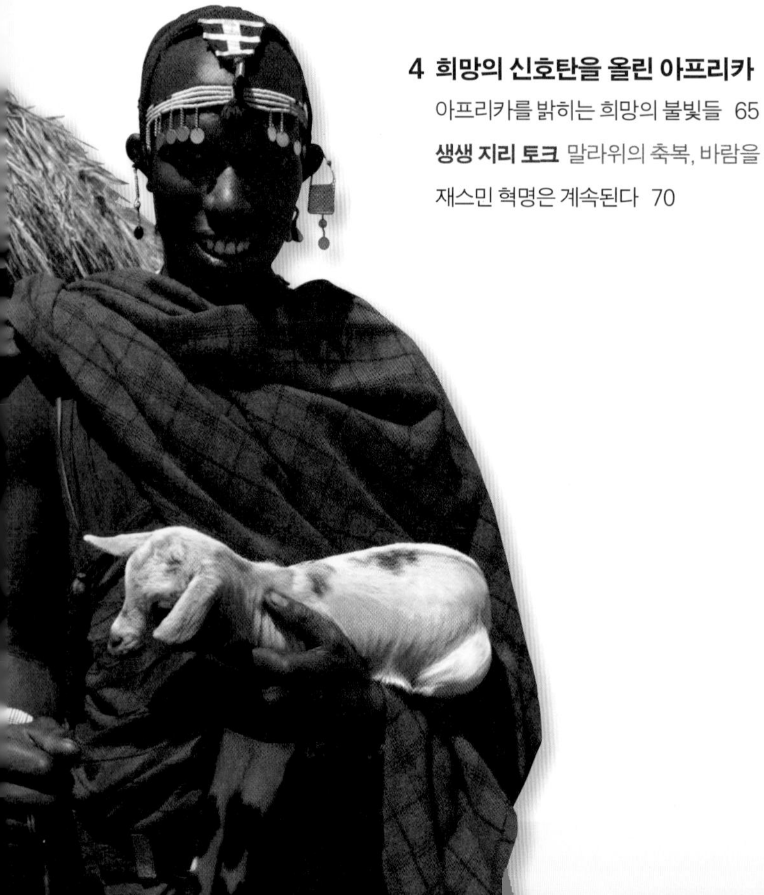

Ⅱ 알록달록 모자이크 유럽

1 음식으로 보는 유럽의 자연환경

빵에 담긴 북서유럽의 자연 83
유럽 농업의 특징과 낙농업의 발달 87
기획 빙하가 만든 세계의 지형 92
유럽을 남북으로 가르는 알프스 산맥 94

2 민족과 문화가 다양한 유럽의 이모저모

작지만 강한 나라들이 많은 유럽 99
복지 국가의 모범 사례, 북유럽의 노르딕 국가 103
생생 지리 토크 핀란드의 여고생 요안나가 보낸 편지 107
다양한 문화 체험을 관광 산업으로 발전시킨 남유럽 108
민족·종교 간의 갈등이 많은 유럽 112
기획 유럽 축구의 열기는 어디서 시작되었을까? 120

3 하나의 유럽을 향해

끊임없이 진화해 온 유럽 연합(EU) 125
유럽 연합으로 달라진 생활 풍속도 129
통합된 유럽, 이후 남은 과제들 132

4 자원을 통해 부활을 꿈꾸는 러시아

가도 가도 끝이 없는 땅 137
부활을 꿈꾸는 러시아 142
러시아의 고민과 주변국과의 갈등 146

Ⅲ 이주의 대륙, 역경과 도전의 역사 아메리카

1 세계의 모든 기후가 있는 아메리카 대륙

서쪽이 높고 동쪽이 낮은 아메리카 지형 157

축복받은 아메리카의 기후 162

기획 지구의 허파이자 공기 청정기, 아마존 강 166

2 기회의 땅 아메리카, 사람과 문화

아메리카 선주민이 주인인 땅 169

생생 지리 토크 페루 선주민 어린이들의 일상 174

이주와 이동의 역사를 새롭게 쓴 대륙 176

인종과 문화가 융합된 아메리카의 독특한 문화 180

3 도시로 보는 아메리카

잉카와 아스테카 문명을 품은 고산 도시 185

식민지 수탈의 관문에서 나라의 중심지로 188

전 세계에 영향을 끼치는 세계 도시, 뉴욕 192

우리가 꿈꾸는 도시의 미래, 환경 도시 195

4 아메리카의 빛과 그늘

세계의 농장, 아메리카 199

미국의 힘과 그늘 206

중남아메리카의 새로운 시도 210

Ⅳ 지구의 미래 남북극

1 남극과 북극, 극한의 자연환경

바닷물도 어는 기후 221

이곳에도 생물이 산다 232

생생 지리 토크 세종 과학 기지에서 본 남극의 풍경 236

2 지구의 미래를 품고 있는 냉동 보물 창고

혹독한 환경에 적응한 사람들 239

생생 지리 토크 북극에서 온 네네츠족 학생의 편지 243

지구 온난화의 비극을 예언하는 남극과 북극 244

지구 냉동실에 숨은 보물 246

기획 점점 뜨거워지는 지구 252

참고문헌 254

사진 출처 및 저작권 258

찾아보기 260

I

눈물의 땅, 희망을 품은

아프리카

지구에서 두 번째로 큰 대륙 아프리카, 우리는 아프리카에 대해 얼마나 알고 있을까? 기껏해야 인류의 마지막 남은 자원의 보고(寶庫)나 빈곤, 기아, 분쟁, 난민이 많은 곳으로 인식할 뿐…… 너무나 무관심했다. 그들은 왜 가난과 고통에서 벗어나지 못할까? 지금, 아프리카에 희망은 있을까?

아프리카 잠비아와 짐바브웨의 경계를 흐르는 잠베지 강에 있는 빅토리아 폭포

아프리카 사바나의 일몰 풍경

남아프리카공화국의 수도 케이프타운 전경

1

인류의 요람, 생명력이 넘치는 땅

동아프리카 대지구대는 대륙의 북동쪽 끝 아파르 삼각 지대에서 남쪽 잠베지 강 유역에 이르는 거대한 협곡이다. 그 주변에서는 화산 활동이 일어나고, 물이 흘러들어 하천이 만들어지는가 하면, 깊은 골짜기에 물이 고여 거대한 호수가 만들어지기도 한다. 이렇게 형성된 하천과 호수는 메마른 땅에 생명의 숨을 불어넣는다.

생각보다 큰 아프리카의 실제 면적 지도는 도법에 따라 면적이 과장되거나 축소될 수 있다. 그러나 실제로 비교해 보면 아프리카가 얼마나 광대한 대륙인지 짐작할 수 있다.

 최초의 인간이 살았던 거대한 대륙

거대한 대륙, 상상 그 이상의 규모

누군가 "아프리카가 어디야?" 하고 묻는다면 우리는 지도 위에서 그 위치를 쉽게 짚을 수 있다. 하지만 아프리카 대륙이 지구에서 유라시아 대륙 다음으로 크다는 사실을 아는 사람은 많지 않다.

우리가 흔히 접하는 지도가 대부분 적도에서 멀어질수록 면적이 확대되는 메르카토르 도법이다 보니, 적도를 가운데 두고 있는 아프리카 대륙이 실제보다 작게 느껴지는 것이다.

그럼 아프리카는 얼마나 넓을까? 수치로만 보면 아프리카의 면적은 중국, 미국, 인도, 멕시코, 일본, 이베리아 반도와 프랑스, 영국 등 유럽 여러 국가의 면적을 합친 것보다 더 넓다.

'아프리카' 대륙 이름의 유래

거대한 이 대륙이 아프리카라고 불린 것은 언제부터일까? 사실 '아프리카'라는 이름은 그곳 선주민이 아니라 외부 세계, 즉 유럽과 아랍 사람들이 붙여 준 이름이다.

고대 로마 문헌에 아프리카는 '아프리카 테라'

피시리버캐니언 나미비아의 피시 강을 따라 형성된 거대한 협곡으로, 미국의 그랜드캐니언에 이어 세계에서 두번째, 아프리카에서는 제일 크다. 강 하류 쪽에 단층이 남북 방향으로 뻗어 있다.

라는 지명으로 나타난다. '먼지와 모래(afer)의 땅(terra)'을 의미하는 이 말은 북부아프리카의 건조 지역을 가리킨다.

또한 고대 로마 사람들은 포에니 전쟁에서 자신들의 간담을 서늘하게 했던 장수 한니발의 고향 카르타고의 사람들을 '아프리카인'이라고 불렀고, 카르타고를 정복한 뒤 이 지역을 '아프리카 속주(Provincia Africa)'라고 이름 붙였다. 결국 '아프리카'는 고대 로마 사람들이 붙인 이름이지만, 그들의 머릿속에 있는 아프리카는 오늘날 우리가 생각하는 광대한 대륙이 아니었다.

항해술의 발달로 해상 무역이 활발하던 15세기에 포르투갈의 바스쿠 다가마가 아프리카 남단의 희망봉을 거쳐 인도 항로를 개척한 결과 지금과 같은 아프리카의 윤곽이 유럽 세계에 알려졌다.

훗날 아프리카라는 이름은 북아프리카 및 서남아시아의 아랍인들이 '아프리퀴아(afriquia)'로 사용했고, 아랍 사람들의 교역 범위가 확대되면서 아프리카라는 이름은 더 넓은 지역으로 확산되었다.

최초의 인류는 아프리카에서 살았다

유럽과 아랍 사람들이 '아프리카'라는 이름을 지었다고는 하지만, 따지고 보면 그들의 조상도 아프리카 사람이다.

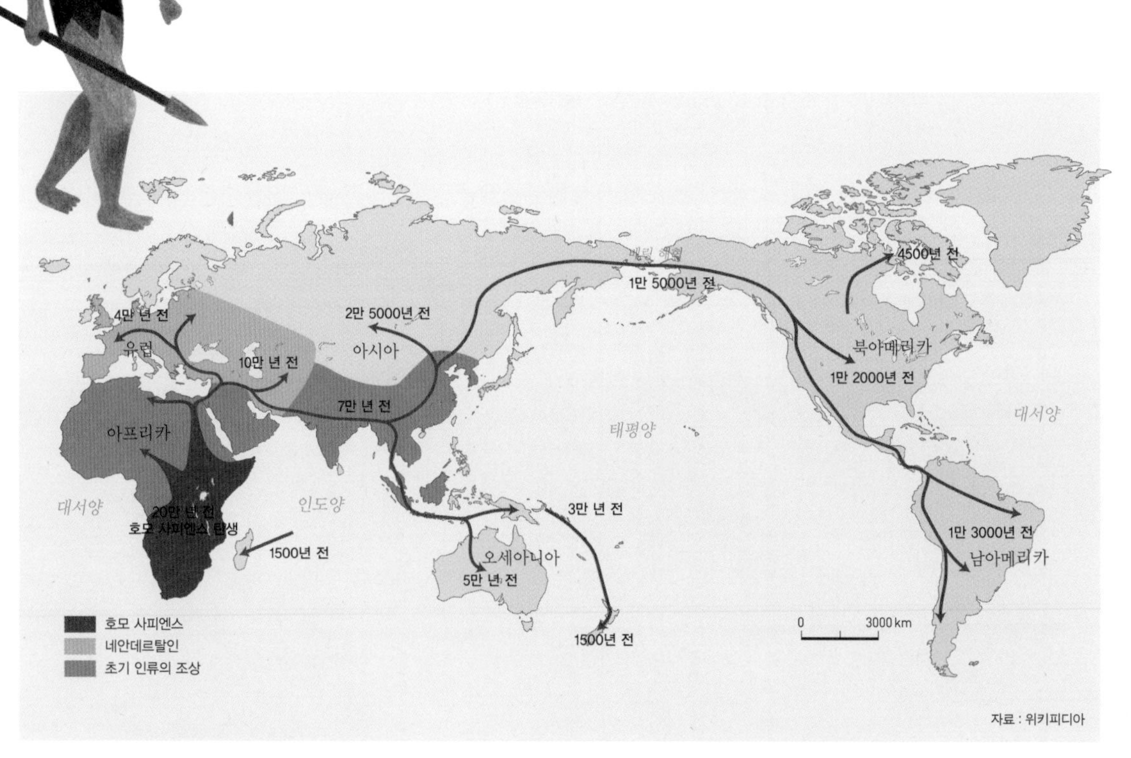

아프리카 기원설에 근거를 둔 인류의 이동 과정 현생 인류는 동아프리카에서 발원하여 수만 년을 살다가, 환경의 변화로 세계 각지로 이주 · 분화해 나간 것으로 추정된다. 이주 시기 및 경로에 대해서는 학자들마다 의견이 분분하다.

인류와 가장 가까운 동물로는 침팬지, 보노보, 고릴라를 꼽을 수 있는데, 이 유인원들의 분포가 모두 아프리카에 국한되어 있다는 것은 인류 진화가 아프리카에서 시작되었음을 의미한다.

최근 과학자들의 화석 및 유전자 연구를 통해 인류의 '아프리카 기원설'이 정설로 받아들여지고 있다. 이주 시기나 경로에 대해서는 의견이 분분하지만, 대략 300만~500만 년 전에 똑바로 서서 걷는 인류가 동아프리카에 살았던 것으로 보인다.

인류는 자유로워진 두 손을 이용해 도구를 사용할 수 있게 되었고, 다양한 기능을 익히며 두뇌도 발달할 수 있었다. 이렇게 진화한 현생 인류 중 한 무리가 아프리카 대륙을 떠나 이동하기 시작했고, 새로운 환경에 적응하며 세계 곳곳으로 퍼져 나갔다. 마침내 인류는 베링 해협을 거쳐 아메리카까지 이르게 된 것이다.

세계에서 가장 높은 출산율

인류의 고향인 아프리카에는 지금 얼마나 많은 사람이 살고 있을까? 아프리카 대륙의 인구는 2009년에 10억 명을 넘어섰다. 중국이나 인도에 비하면 적은 수이지만, 여성 1인당 평균 4~5명의 아기를 낳을 정도로 출산율이 높다. 특히 니제르는 여성 1인당 7명의 아이를 낳는 등, 사하라 이남은 세계에서 가장 높은 출산율을 보이고 있다. 2050년경 아프리카 인구는 20억 명을 넘어설 것으로 보인다.

유엔의 인구 전망 보고서에 따르면, 2100년에 나이지리아가 인도·중국에 이어 인구 대국 3위에 오르고, 세계 인구가 현재 약 70억 명에서 약 101억 명으로 증가하며, 그중 35%는 아프리카인이 차지할 것으로 예상된다.

아프리카 인구의 급증이 그들에게 우울한 미래가 될지, 아니면 오히려 역동적인 내일로 연결될지는 아프리카인들 자신의 손에 달려 있다.

단위 : %, 자료 : CIA The World Factbook, 2013

순위	국가	출산율
1	니제르	7.03
2	말리	6.25
3	소말리아	6.17
4	우간다	6.06
5	부르키나파소	6.00
6	부룬디	5.99
7	잠비아	5.81
8	아프가니스탄	5.54
9	남수단 공화국	5.54
10	앙골라	5.49
⋮		
131	북한	1.99
⋮		
219	한국	1.24

2013년 합계 출산율 순위 여성 1명이 평생 동안 낳을 수 있는 평균 자녀수를 합계 출산율이라고 한다. 합계 출산율이 높은 나라 중에는 아프리카 국가가 많다.

나이지리아의 아이들 2100년엔 나이지리아가 인도, 중국에 이어 인구 3위에 오를 것이라는 전망이 나오고 있다.

자연이 빚은 조화, 다양한 기후와 환경

탁자 모양의 오래되고 안정된 땅

세계 육지 면적의 23.3%를 차지하는 아프리카 대륙은 북쪽은 지중해, 동쪽은 홍해와 인도양, 서쪽은 대서양으로 둘러싸여 있다.

아프리카는 보통 사하라 사막을 기준으로 북부 아프리카와 중남부 아프리카로 구분하며, 중앙에는 적도가 걸쳐 있고 북반구에서는 북회귀선이, 남반구에서는 남회귀선이 지난다.

보통 회귀선이 지나는 곳에는 아열대 고압대가 위치하므로 그 위도에 사막이 나타나는 경우가 많다. 그런데 아프리카는 북서쪽이 불쑥 튀어나와 있어서 남반구 쪽보다 북반구 쪽 면적이 넓고, 이에 따라 북회귀선이 지나가는 지역의 범위가 매우 넓다. 바로 이곳에 세계 최대의 사하라 사막이 있다.

아프리카 대륙은 가파른 절벽 해안으로 둘러싸인 거대한 고원이다. 아틀라스 산맥 주변에는 북서 고원, 남아프리카 공화국에는 남부 고원, 동부에는 아비시니아 고원 등이 있다. 절벽과 좁은 해안이 거대한 고원을 받치고 있는 땅의 모습이 마치 탁자처럼 생겼다고 해서 보통 아프리카의 지형을 '탁상지'라고도 부른다.

지구에는 안정 지괴라고 하는 아주 오래된 지각

산 정상이 탁상지의 전형을 보여주는 테이블마운틴 절벽 아래에 남아프리카 공화국의 케이프타운이 자리 잡고 있다. 테이블마운틴은 아주 멀리서도 한눈에 알아볼 수 있기 때문에 예로부터 항해자들에게 길잡이 역할을 했다.

이 있다. 신생대, 중생대, 고생대보다 더 이전인 시원생대(선캄브리아대)에 만들어져 안정적인 오래된 땅덩어리를 말한다.

아프리카 대륙은 안정 지괴로 이루어져 있으며, 30억 년이 넘는 오랜 세월 동안 침식과 풍화를 받아 지각의 무게가 감소했고, 감소한 무게만큼 지각이 융기하게 되었다. 지각은 나무토막이 물에 떠 있듯 맨틀 위를 떠다니는데, 맨틀 위에 뜬 부분의 지각이 침식되어 가벼워지면 맨틀이 지하에 가라앉아 있던 지각을 지표 위로 밀어 올리는 것이다.

이런 이유로 아프리카 대륙은 꾸준히 융기했으며, 그 결과 해안에는 절벽이, 대륙 내부에는 높고 평탄한 고원이 나타나게 된 것이다.

수많은 호수와 화산을 품고 있는 대지구대

사실 아프리카 대륙은 '탁상지'라는 말로 아우를 만큼 지형이 단순하지 않다. 대륙의 규모가 워낙 거대하다 보니 북부의 아틀라스 산맥, 서부의 기니만 연안 평야, 중앙아프리카의 콩고 분지, 동부의 아비시니아 고원, 남부의 고원과 드라켄즈버그 산맥 등 세부적으로는 매우 다양한 기복이 나타난다.

특히 아프리카 지형 중에는 다른 대륙에서 보기 힘든 독특한 경관이 있는데, 그것은 바로 달에서도 보인다는 거대한 협곡인 대지구대이다.

세계에서 가장 긴 동아프리카 대지구대는 아프리카 대륙의 북동쪽 끝 아파르 삼각 지대에서 시작하여 남쪽 잠베지 강 유역까지 약 6000km에 이르

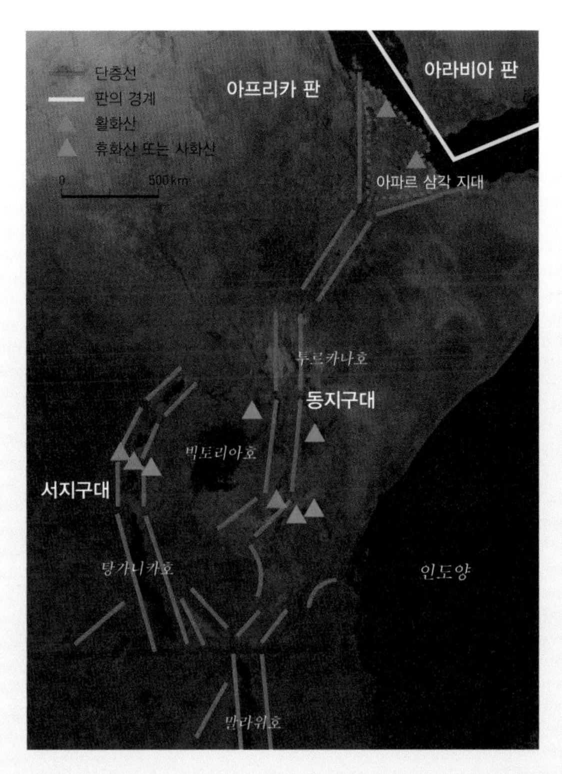

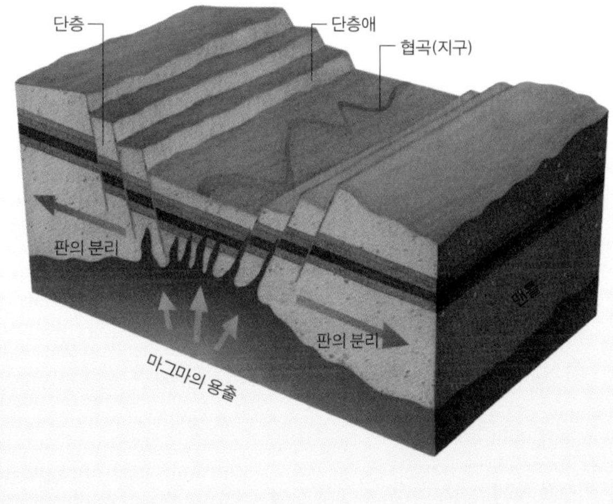

동아프리카 대지구대(그레이트리프트밸리) 지구 내부의 열에 의해 맨틀의 대류 현상이 일어나 좌우로 지각을 밀어내면서 일부 지면이 솟아올라 고원과 산지가 생겼고, 일부 지면은 내려앉아 지구대, 즉 협곡이 생겼다. 세계 최대의 협곡인 동아프리카 대지구대를 따라 많은 호수와 화산을 볼 수 있다.

는 거대한 협곡이다.

앞서 아프리카 대륙은 안정된 땅이라고 했지만 이곳만은 예외이다. 이 거대한 골짜기 주변의 지각이 약해진 틈에서 화산 활동이 일어나기도 하고, 물이 흘러들어 하천이 만들어지는가 하면, 깊이 꺼진 골짜기에 물이 고여 거대한 호수가 만들어지기도 한다. 이렇게 형성된 하천과 호수는 메마른 땅에 생명의 숨을 불어넣는다.

해발 1870m에 자리한 케냐의 나이바샤호에는 400여 종의 새가 목을 축인다. 호숫가에는 파피루스 같은 수생 식물이 무성하게 자라고, 악어와 하마 등 수많은 동물이 서식하고 있다.

또한 동쪽 지구대와 서쪽 지구대 사이에는 빅토리아 호수가 있다. 우간다와 케냐·탄자니아 3개국에 걸쳐 있는 이 호수는 백나일 강의 발원지로서 아프리카에서 가장 큰 호수이자, 세계에서는 캐나다와 미국 사이의 미시간-휴런호, 슈피리어호 다음으로 크다. 이 담수호에 기대어 수많은 사람과 어류가 함께 어울려 살아간다.

대지구대를 따라 발달한 호수 중에 담수호는 많지 않다. 투르카나, 탕가니카, 말라위 같은 대부분의 호수는 물에 소금이나 탄산나트륨 같은 물질이 다량 함유되어 있다. 그 이유는 주변의 화산 활동으로 화학 성분이 호수로 흘러들기 때문이다. 또 많은 호수에 배수구가 없어 물이 증발하면서 호수의 염분 농도가 점점 높아지는 것도 한 이유이다.

대칭으로 나타나는 기후대

아프리카는 위도상으로는 북위 37°에서 남위 35°에 걸쳐 있다. 히말라야나 안데스와 같이 지상의 풍계에 큰 영향을 끼칠 만큼 거대한 산맥도 없기 때문에, 기후의 변화가 지역에 따라 급격히 달라지지 않고 위도에 따라 규칙적으로 나타난다. 그래서 아프리카 대륙은 적도를 중심으로 기후대가 대칭을 이루며 나타난다. 아프리카의 위치와 지형, 기후가 어우러져 남반구와 북반구에 빚어 놓은 자연 경관은 신비로운 데칼코마니를 연상케 한다.

생태계의 보물 창고, 적도-열대 우림 기후

적도 주변은 1년 내내 기온이 높고 비가 많이 내려서 키가 큰 활엽수림이 빽빽한 열대 우림 지대가 나타난다. 특히 콩고 강 유역의 콩고 분지에는 아마존 다음으로 세계에서 두 번째로 큰 열대 우림이 있다. 여기에는 400여 종의 포유류, 650종의 조류, 500여 종의 어류, 1만 종 이상의 식물 종이 살고 있어서 '생태계의 보물 창고'라고 불린다.

세계 최대의 강수량을 자랑하는 아프리카 열대 우림에 내린 빗물은 콩고 강이 되어 서쪽 바다로 흘러간다. 콩고 강은 대륙 내부로 항해할 수 있는 교통의 대동맥 역할을 하는데, 콩고 민주 공화국의 수도인 킨샤사, 콩고 공화국의 수도 브라자빌은 콩고 강을 끼고 발달한 중심지이다.

열대 우림 지대는 외부에서 접근하기 어려운 지리적 특징 때문에 아직도 수많은 종족이 수천 년 동안 내려온 전통 문화를 지키며 살아가고 있다. 특히 콩고 민주 공화국의 경우 200여 개 종족이 700여 개의 언어를 사용하고 있는데, 왜소한 체구로 알려진 피그미족도 여기에 속해 있다.

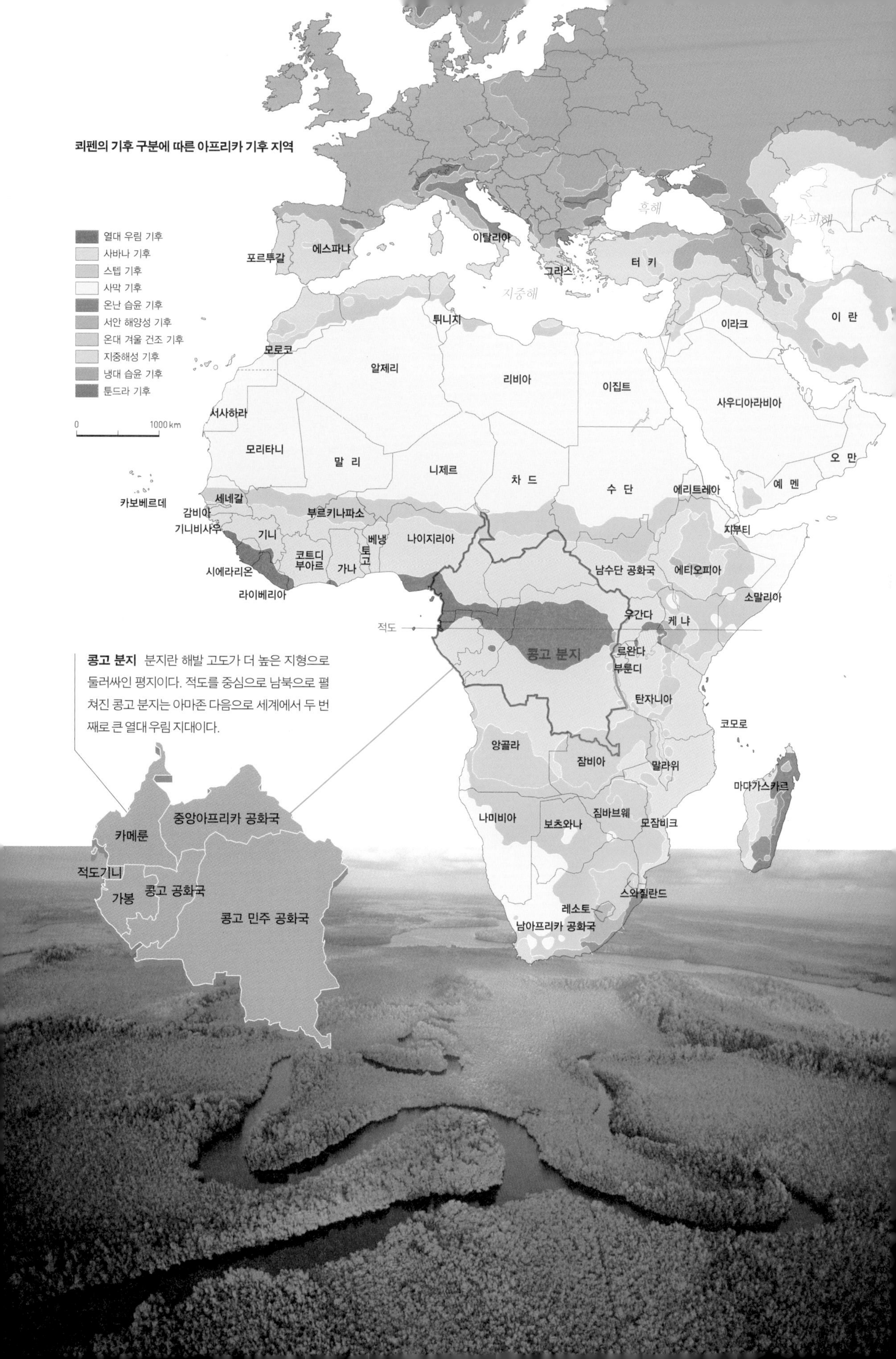

콩고 분지 분지란 해발 고도가 더 높은 지형으로 둘러싸인 평지이다. 적도를 중심으로 남북으로 펼쳐진 콩고 분지는 아마존 다음으로 세계에서 두 번째로 큰 열대 우림 지대이다.

먹이를 찾아 이동 중인 케냐의 얼룩말 무리 9~10월에는 케냐가, 1~2월에는 탄자니아가 우기이다. 이 시기에는 거대한 초식 동물 무리가 새로운 장소를 찾아 이동한다. 오른쪽 지도는 탄자니아의 세렝게티에 서식하는 동물의 계절별 이동 경로이다.

건기와 우기가 뚜렷한 사바나-열대 초원 기후

열대 우림에서 조금 더 고위도로 가면 열대 초원인 '사바나'가 펼쳐진다. 사바나는 에스파냐어에서 온 말로 '나무가 없는 평야'라는 뜻이다.

사바나에는 1.6~3m에 이르는 키가 큰 풀과 드문드문 키 작은 나무(관목)가 자라고, 건기와 우기가 뚜렷이 구분된다. 이 지역에는 적도 저압대와 아열대 고압대가 번갈아 가며 영향을 미치는데, 이때 적도 저압대가 영향을 미치는 계절은 우기, 아열대 고압대가 영향을 미치는 계절은 건기가 된다.

나무와 같은 여러해살이 식물은 극심한 건기를 견디지 못하지만, 일년생 풀은 건기에 시들었다가도 우기가 되면 다시 살아나기 때문에 사바나 지역에서는 나무보다는 풀이 우세하다.

사바나는 풀이 많은 환경 덕분에 기린, 코끼리, 얼룩말, 누와 같은 초식 동물의 서식처가 되었다. 초식 동물은 다시 사자, 하이에나, 치타 등 포식자의 먹이가 되어 생태계가 균형 있게 유지된다. 그래서 이곳은 '야생 동물의 낙원'이라 불리며 사파리 관광 등 생태 관광이 인기를 끌고 있다.

케냐의 마사이마라에서 탄자니아의 세렝게티로 이어지는 사바나 지대는 9~10월에는 케냐의 마사이마라가, 1~2월에는 탄자니아의 세렝게티가 우기이다. 이 시기에는 300만 마리에 이르는 초식 동물 무리가 새로운 풀과 물을 찾아 이동하는 대장관을 연출한다. 그리고 초식 동물을 먹고 사는 육식 동물이 함께 그 뒤를 따른다.

물이 귀한 유목민의 땅, 사막과 스텝-건조 기후

사바나보다 강수량이 적은 곳에는 건조 기후가 나타난다. 건조 기후 지역은 다시 단초 초원인 스텝과 사막으로 구분할 수 있다. 아프리카 대륙에는 세계 최대의 사막인 사하라가 있고, 사막 주변에 스텝이 위치한다. 스텝은 연 강수량 500mm 미만인 지역으로, 키 작은 풀만 자랄 수 있는 곳이다. 사막은 연 강수량이 250mm 미만으로 풀조차 자라지 못하는 황무지이다.

건조 지역에서는 농사를 지을 수 없기 때문에 사람들은 대부분 목축업을 한다. 이곳 사람들은 오아시스나 외래 하천 주변에서 관개 시설을 이용해 농사를 짓기도 하지만, 전통적으로는 양을 유목하거나 낙타를 타고 도시를 왕래하며 장사를 했다.

사막과 스텝의 점이 지대인 사하라 사막 남부에는 세계에서 사막화가 가장 빠르게 진행되는 사헬 지대가 있다.

포도가 무르익는 온대 기후 지역-지중해성 기후

아프리카 대륙의 남북 양극단에는 온대 기후가 나타난다. 지중해에 인접한 해안과 남반구에 있는 남아프리카 공화국 일대는 여름에 고온 건조하고 겨울에 강수량이 많은 지중해성 기후로 일찍부터 유럽인들이 이주해 살았다.

특히 남아프리카 공화국의 케이프 주는 네덜란드 동인도 회사의 중간 기착지였기 때문에 유럽인들이 쉽게 들어왔다. 이때 유럽의 양조 기술이 아프리카로 전해졌고, 유럽의 기후와 비슷한 이 지역에 포도를 재배하면서 세계적으로 유명한 와인 산지로 발달하게 되었다.

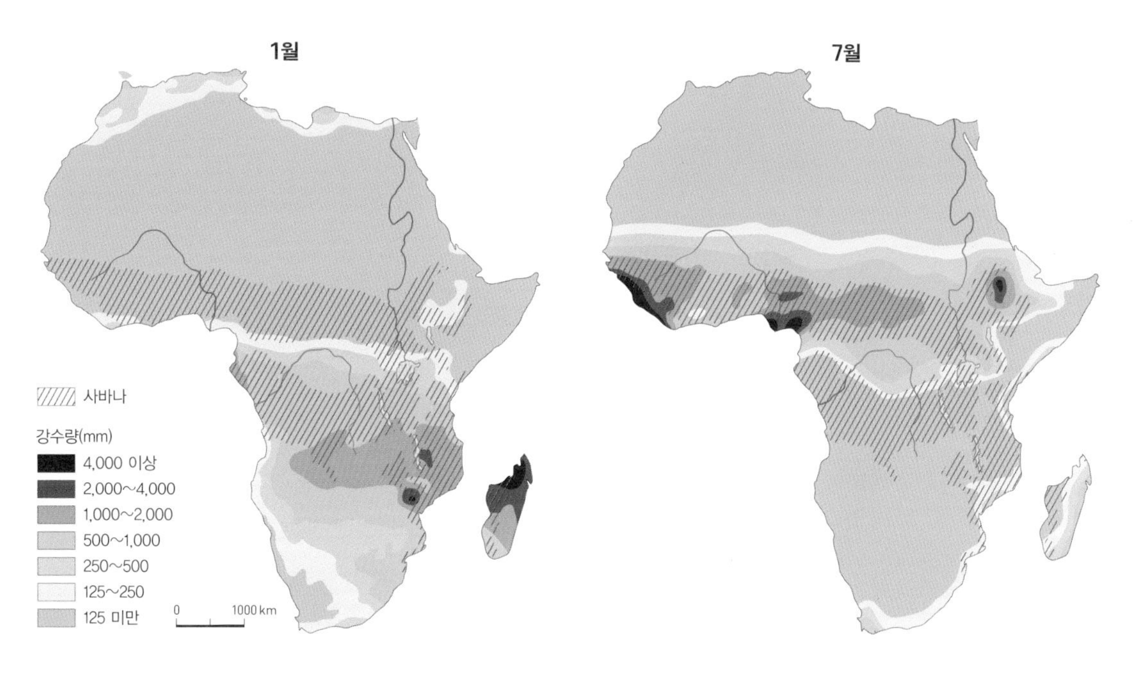

건기와 우기가 뚜렷한 사바나 사바나 지역은 계절에 따라 비가 많이 오는 지역과 적게 오는 지역이 달라진다.

메마른 땅에 생명을 일구는 사람들

생존을 위협하는 심각한 사막화

대부분의 아프리카 농가들은 경운기, 양수기, 트랙터와 같은 농기계가 없기 때문에 쟁기로 밭을 고른다. 또한 물을 댈 수 있는 시설을 만들 여력이 없어 하늘에서 내리는 비에 농사의 운명을 맡긴다.

수확량이 많아도 교통수단이나 저온 창고와 같은 시설이 없기 때문에 농작물은 금세 썩어 버리고 만다. 살충제도 없어 메뚜기 떼라도 지나가는 날에는 흉작을 면할 수 없다.

지형이 편평한 아프리카에서 하천의 물을 주변에 공급하기 위해서는 경사를 조절할 수 있는 수로를 건설해야 하는데 비용이 만만치 않다. 또한 농업용 우물을 만들려 해도 전통 신앙이 강한 지역에서는 마을 주민들이 '땅의 신'이 노한다며 우물 파기를 두려워하기도 한다. 상황이 이렇다 보니, 아프리카는 기후 변화에 가장 취약한 지역이자 동시에 피해를 가장 많이 받고 있는 지역이 되었다.

특히 사하라 사막 남쪽 가장자리에 위치한 사헬 지대는 기후 변화에 의한 피해가 가장 크다. 이곳은 동서의 길이가 5000km, 남북의 폭이 500~800km에 달하는 사막과 스텝의 점이 지대를 가리킨다. 사헬 지대는 원래 초원에서 유목을 하거나 소규모 농업을 하던 곳이었다. 그런데 인구가 급속히 증가하면서 식량 생산을 늘리기 위해 경지를 개간하고 가축을 과다하게 방목하게 되었다. 이에 따라 초원이 황폐해지고 가뭄이 겹치면서 사막화가 급속히 진행되어 사람들은 삶의 터전을 잃게 될 위기에 처해 있다.

사막화란 자연의 기후 변동이나 인간의 간섭에 의해 사막이 확대되는 과정을 말한다. 사막화의 직접적인 원인은 기후 변화이지만, 늘어나는 인구와 이들을 부양하기 위한 지나친 경작과 방목, 삼림 훼손 등이 사막화를 더욱 부추기는 요인이다.

현재 사하라 사막 주변은 빠른 속도로 사막이 확장되고 있으며, 전 세계적으로 해마다 수백만 ha의 토지가 사막화되고 있다.

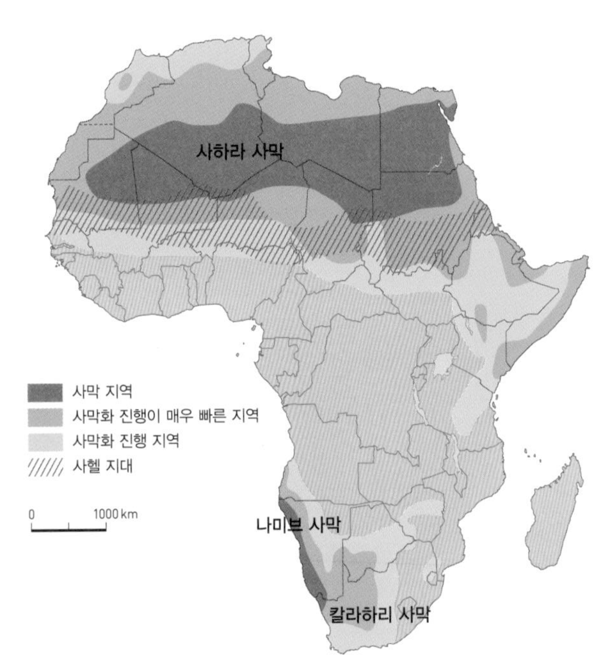

아프리카의 사막화 지역 사헬 지대는 세계에서 사막화가 가장 빨리 진행되는 곳이다. 세네갈·모리타니·말리·니제르·차드·수단 등에 걸쳐 있다.

1 **사하라 사막의 유목민** 베르베르족 유목민이 사하라 사막의 캠프에서 낙타와 함께 쉬고 있다.

2 **투아레그족의 공동 우물** 사하라 사막 한가운데서 대대로 살아가는 투아레그족 남자들이 가축에게 먹일 우물물을 끌어올리고 있다.

3 **모래보다 암석이 더 많은 사하라 사막** 사하라는 전체가 모래사막이 아니다. 오히려 암석으로 이루어진 사막이 더 넓게 분포한다.

4 **나미브 사막의 데드플라이** 나미브 사막 주변도 현재 사막화가 매우 빠르게 진행되고 있다.

사막과 계곡을 달리는 '붉은 도마뱀' 열차 고풍스러운 붉은색 열차를 타고 셀자 협곡을 관통하는 운행 코스가 인기이다. 튀니지 서남쪽 사하라아틀라스 산맥의 서쪽 기슭에 있는 셀자 협곡은 웅장하면서도 섬세한 아름다움을 뽐낸다.

사막의 변신-불모지를 관광 자원으로

국토의 40%가 사하라 사막인 나라, 튀니지의 사막이 불모지에서 관광 자원으로 변신하고 있다. 갈수록 넓어지는 사막 때문에 고민이 많던 북아프리카의 작은 나라 튀니지는 사막의 독특한 풍광을 자원으로 삼아 관광 대국을 꿈꾸고 있다.

1990년대 중반 튀니지 정부는 중부의 토저와 두즈를 사막 관광의 중심지로 삼고, 도로망과 항공노선을 확충해 접근성을 높이기 시작했다. 모래사막이 대추야자 숲과 어우러진 하얀 텐트 모습의 고급 호텔, 수량이 풍부한 오아시스를 활용한 사막 골프장, 낙타를 타고 사막을 건너는 색다른 체험 상품 등이 세계인의 관심을 모으고 있다. 인광석을 실어 나르던 기찻길을 관광 열차 길로 바꾸기도 했다. 이 레자르 루즈(프랑스어로 '붉은 도마뱀'이란 뜻) 열차를 타고 16km 거리의 사막과 계곡을 달리며 이국적인 풍광을 감상할 수도 있다. 특히 영화 〈스타워즈 에피소드〉 4편이 촬영되었던 낡고 허름한 세트장은 연간 1백만 명이 찾는 관광 명소가 되었다. 전체 인구가 1000만 명인 튀니지에 1년 관광객 수가 600만 명이 넘는다고 하니, 이 정도면 튀니지 사막의 변신은 무죄가 아닐까?

사막의 관광 가이드 오마르의 초대

환상적인 사하라 사막 횡단 체험

안녕? 나는 모로코 남부에 사는 오마르라고 해. 나는 대대로 유목 생활을 해 온 베르베르족의 후예야. 나이는 스무 살이고, 몇 달 전부터 관광객들을 안내하는 가이드 일을 하고 있어. 나는 아랍어 외에도 프랑스어, 영어를 할 줄 알아. 프랑스어는 모로코에서 아랍어와 함께 흔하게 사용되는 언어이고, 영어는 관광객들과 소통하기 위해 따로 배웠어.

오늘은 영국에서 건너온 관광객들의 사하라 사막 횡단을 돕는 날이야. 나는 그들에게 일사병에 걸리지 않으려면 터번을 둘러야 한다고 설명을 해 주고 터번 두르는 법도 알려 주었어. 관광객 중에는 붕대처럼 터번을 친친 감은 사람도 있어서 배꼽이 빠져라 웃기도 했지.

우리 일행은 낙타를 타고 사막으로 향했는데, 사막의 햇살은 역시나 뜨거웠어. 많은 관광객이 낙타 타기를 관광지의 말 타기 정도로 쉽게 생각하는데, 사실 낙타 타기는 그리 만만한 게 아니야. 낙타 여행이 시작된 지 6시간이 지나니까 무표정한 낙타와는 달리 관광객의 얼굴은 점점 일그러졌어. 거대한 사막의 더위에 지쳐서 심지어는 고통스런 신음 소리를 내기도 했지. 가이드들은 사막 한가운데 한차례 멈추어 서서 여느 때처럼 동쪽 메카를 향해 신께 예배를 드렸어.

어느새 해가 지고 우리 일행은 천막을 쳤어. 약간의 빵과 쿠아피(커피), 카레 향 짙은 감자볶음을 먹으며 쏟아질 것만 같은 별을 바라보았지. 고요함 속에서 별빛과 달빛에 비쳐 겹겹이 보이는 모래 언덕의 모습을 바라보는 경험은 정말 환상적이야. 낮보다 눈부신 사막의 밤을 경험해 보고 싶지 않니? 아프리카의 사하라로 너를 초대하고 싶어.

사막 횡단 체험 관광객들이 가이드의 안내에 따라 낙타를 타고 사막을 건너고 있다.

신비롭고 풍요로운 **아프리카의 문화**

광대한 대륙 아프리카는 사하라 사막을 기준으로 북부 아프리카와 중남부 아프리카로 구분한다. 이 거대한 사막은 문화 교류를 가로막는 장벽으로 작용했다. 이슬람교의 영향으로 무슬림이 많은 사하라 이북과 달리, 사하라 이남은 토속 종교와 크리스트교의 영향으로 독특한 문화와 관습이 형성되었다.

부부젤라를 부는 남아프리카 공화국의 줄루족 어린이

나미비아 북서쪽에 사는 힘바족
'붉은 부족'이란 뜻으로, 여자들은 여러 갈래로 땋은 머리까지 온몸에 붉은 흙을 칠한다.

새끼 양을 들고 있는 탄자니아의 마사이족 남성

아프리카 사람들의 뿌리, 부족 문화와 토속 신앙

"당신은 용맹한 줄루족 출신이군요"

'아프리카' 하면 대부분의 사람들이 전쟁이나 가난 등의 이미지를 먼저 떠올린다. 아프리카에 사는 사람들 역시 자신들이 '아프리카 사람'이라고 뭉뚱그려 일컬어지는 것을 좋아하지 않는다. 그러면 그들은 어떤 방법으로 자신들을 표현할까?

아프리카 사람들은 자신을 소개할 때 "나는 케냐 사람입니다." 혹은 "나는 줄루족입니다." 하면서 국가나 종족 중심으로 설명하기를 좋아한다. 그만큼 부족 문화에 대한 자부심이 매우 강하다.

아프리카 지도자와 지식인 중 몇몇은 '우리 아프리카 사람(We African)'이라는 용어를 강조하기도 한다. 이는 노예 무역과 식민 지배로 핍박당한 흑인들의 정체성을 확보하고 아프리카의 수많은 부족을 단결시켜 정치적으로 힘을 모으기 위해서이다. 특히 1930년대부터 흑인 의식 회복 운동을 벌여 왔지만, 아프리카 사람들의 정체성과 동질감은 쉽게 형성되지 않고 있다.

남아프리카 공화국에서 줄루족 청년을 만나면 "당신은 용맹한 줄루족 출신이군요."라고 말을 건네 보자. 그럼 자신에게 존경을 표하는 뜻으로 받아들이고 진심으로 마음을 터놓을지도 모른다. 이들의 부족에 대한 자긍심은 부족의 고유한 전통과 생활 방식을 지켜 나가는 원동력이다.

자연을 신화이자 종교로 믿는 사람들

아프리카에는 2010년 기준으로 약 10억 명의 사람들이 3000여 부족, 1500여 종의 언어 집단을 구성하며 살고 있다. 아프리카는 그야말로 다양성의 진수를 보여주는 대륙이다. 이 수많은 부족은 각각 자신들만의 고유한 신화나 전설을 통해 신앙, 관습, 규범 등 토착 문화를 만들고 부족 간의 유대를 형성해 왔다.

아프리카 사람들이 신성시하는 것 중에 바오바브나무가 있다. 그들은 이 나무를 태초에 신이 지구상에 처음으로 심은 나무라고 여긴다. 적게는 500년에서 많게는 5000년을 산다고 하는 이 나무에는 전해 내려오는 전설이 많다.

케냐 키쿠유족의 전설에 따르면, 신이 실수로 바오바브나무를 거꾸로 심어 놓고 되돌려 심는 것을 깜빡하여 마치 뿌리가 하늘을 향한 듯한 나무가 되었다는 것이다. 남아프리카 공화국의 전설에 따르

아프리카 사람들이 신성한 나무로 여기는 바오바브나무

면, 신이 이 나무를 만들었는데 나무가 제멋대로 걸어다녀서 신이 화가 난 나머지 벌로 나무를 거꾸로 심어 놓았다고 한다.

아프리카 사람들의 이야기를 듣다 보면 수많은 종족의 신화와 신앙이 서로 연결되어 있다는 것을 알게 된다. 특히 많은 종족의 신화에서 나무로부터 생명이 시작된다는 '생명의 나무' 이야기가 발견되는데, 그 속에서 사람들의 자연에 대한 존경심과 경외심을 느낄 수 있다. 생명의 나무는 곧 자연을 상징하며, 그 자체가 믿음의 대상인 것이다.

토착 문화와 결합한 종교 전파, 사막에 막히다

아프리카를 이해하는 데 있어 종교는 빼놓을 수 없는 중요한 주제이다. 아프리카의 종교는 부족의 토속 신앙 위에 외래 종교가 추가된 형태이다.

그런데 특이한 점은 사하라 사막을 기준으로 북부와 중남부의 종교가 확연히 구분된다는 것이다. 거대한 사막이 문화와 종교가 전파되는 길을 가로막는 장벽으로 작용했기 때문이다.

과거 수세기 동안 아프리카에는 이슬람교와 크리스트교가 전파되어 많은 부족이 이슬람으로 개

줄루족의 신화 '생명의 나무'

아프리카의 수많은 종족들처럼, 줄루족에게 신화와 신앙은 둘이 아니다. 줄루족인 크레도 무트와는 아프리카의 역사를 전통적 이야기 방식으로 풀어내 이를 영어와 줄루어로 쓴 사람인데, 그는 할아버지에게서 들은 생명이 시작된 이야기를 다음과 같이 들려준다.

"태초의 아버지인 생명의 나무는 언제나 그렇듯이 자신의 동반자가 어떻게 하면 출산의 고통을 이길 수 있는지에 대해서는 생각하지 않았다. 하지만 아주 오랜 고통 끝에 최초의 여신은 구원을 받아 살과 피를 가진 최초의 종족을 낳았고 곧 수많은 사람이 태어났다. 그들은 수가 불어나 칼라하리 사막에 살게 되었다.

그동안 생명의 나무는 큰 변화를 겪었다. 구부러진 가지에서 봉오리들이 터져 나와 돌이 많은 바닥에 구름처럼 씨앗들을 뿌렸다. 단단한 씨앗이 메마른 모래바닥에 닿으면 얼마 안 되는 수분을 찾아내 곧바로 뿌리를 내렸다. 그러자 온갖 종류의 식물이 살아나서 풍요롭게 살아 있는 초록 양탄자가 되었다. 머지않아 거대한 숲이 땅을 뒤덮고 심지어 산악 지대로도 올라갔다. 사나운 폭풍과 비가 쏟아져 내리고 숲의 나무뿌리들이 한데 어우러져 사람이 살 수 없는 산을 부드러운 평원으로 바꾸었다. (……)

생명의 나무가 만들어 낸 아주 많은 동물은 영원히 지상에서 사라졌다. 파괴의 정령 에파가 그들을 삼켜 버렸기 때문이다. 오늘날 우리가 아는 동물들은 그 수가 아무리 많다 해도 원래 만들어진 동물 중에서 살아남은 일부일 뿐이다. 생명의 나무 뿌리에서 온갖 종류의 파충류와 곤충들이 구름처럼 엄청나게 끝도 없이 날아올랐다.

지상에서 생명의 노래가 시작되었다. 이 생명의 노래는 아직도 불리지만 어느 날인가 완전히 잊혀 희미한 메아리만 남을지도 모른다. 역사의 태양이 떠올라서 아직도 비추고 있다. 하지만 어느 날인가 그것은 사라질 것이다. 영원히."

종하거나 크리스트교도가 되었다. 아프리카 북부에는 서남아시아에서 전파된 이슬람교의 영향으로 무슬림이 많다. 이슬람 세력의 정복 전쟁과 무역 활동은 이 지역에 직접 영향을 미쳤고, 종교와 함께 아랍어도 유입되었다. 이 지역 사람들은 전통적으로 아랍어를 사용해 왔기 때문에 스스로를 무함마드의 후예로 생각하는 사람도 많다.

반면 사하라 이남인 아프리카 중남부로는 이슬람교가 전해지지 못해 부족의 토속 종교가 우세하다. 그리고 훗날 크리스트교 선교사들의 영향을 받아 크리스트교도들이 주류를 이루게 되었다. 현재도 이슬람교와 크리스트교는 아프리카 내에서 널리 퍼져 나가고 있다. 부족의 신앙이나 관습도 이 두 종교와 상호 작용하면서 오늘날까지 뿌리 깊이 남아 있다.

아프리카의 서로 다른 종교 의식 아프리카 북부에 있는 수단의 이슬람 종교 의식(맨 위)과 중앙아프리카에 사는 피그미족의 토속 종교 의식(위)

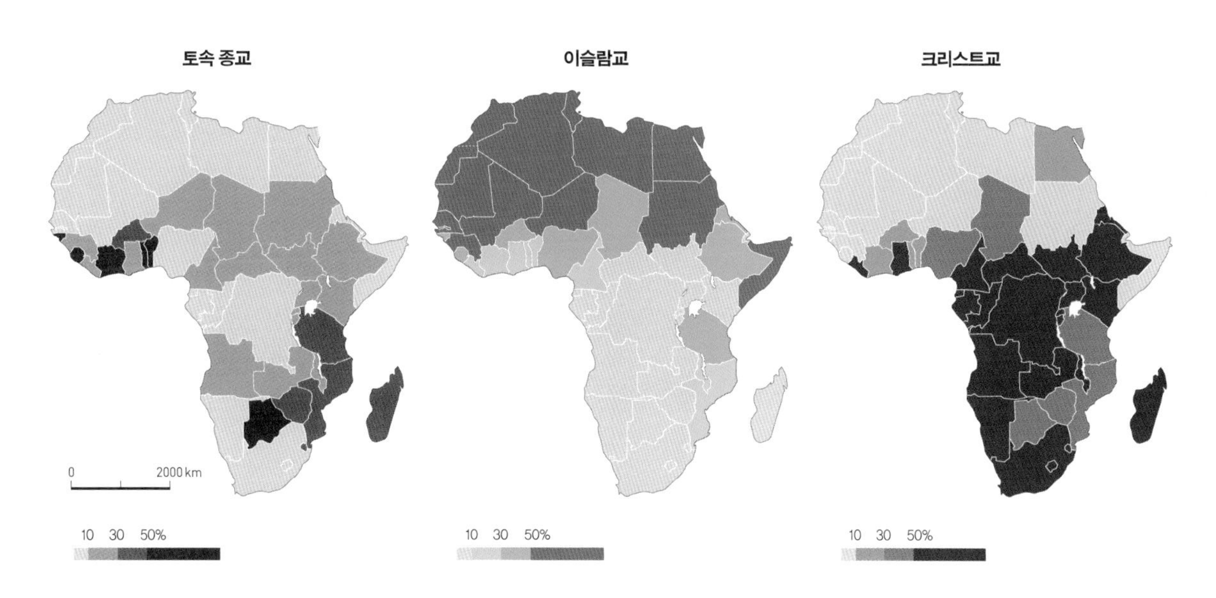

아프리카의 종교 분포 비중

자료 : Matthew White, 1998

 다시 찾아야 할 아프리카의 역사와 문화

일찍부터 잦았던 외세 침략

아프리카는 일찍부터 외세의 침입을 받았다. 기원전 6세기경에는 페니키아인들이 북아프리카에 약 600년간 식민지를 두었고, 그 뒤 로마에 흡수되었다. 이어 7세기부터는 아랍인들이 이주해 와서 국가를 건설하고, 사하라를 넘어 적도 근처까지 이슬람교를 전파했다.

15~16세기에는 유럽 열강들이 앞다투어 아프리카 곳곳에 식민지를 두었고, 노예 무역을 자행했다. 그후 아프리카는 유럽인들에 의해 '미지의 땅', '문명이 없는 세계'로 격하되었다. 심지어 유럽인들은 고대 이집트 문명을 고대 그리스 문명에 종속시키려 하기도 했다. 그러나 고대 이집트 문명이 엄연히 아프리카에서 발생하여 고대 그리스 문명 발생에 영향을 끼쳤다는 사실은 세계 역사 학계에서도 거의 이론의 여지가 없다.

그리고 아프리카의 문명이 고대 이집트에서만 발생한 것이 아니다. 유럽 제국주의의 침략을 받기 전까지 아프리카에는 고유의 문명을 꽃피우고 역사와 문화를 이루어 나가던 왕국들이 있었다.

서부 나이저 강 유역의 가나·말리·송가이 왕국

아프리카 서부를 흐르는 나이저 강 유역에서는 수상 교통로를 이용한 금, 상아, 소금, 노예 등의 교역권을 두고 각축을 벌이며 여러 왕국이 세워졌다. 8~13세기의 가나 왕국(700~1240), 13~16세기의 말리 왕국(1230~1500), 14~17세기의 송가이 왕국(1350~1600) 등이 대표적이다.

특히 말리 왕국 시절에는 '팀북투'라는 도시가 번성했는데, "금은 남쪽, 소금은 북쪽에서 나고, 진정한 지식은 팀북투에서 난다."는 말이 있을 정도였다. 당시 유럽에 도서관이나 대학이 생기기도 전, 팀북투와 디에네에는 엄청난 양의 서적을 보유한 도서관과 대학이 설립되었고, 그리스·이집트·아라비아의 학자들이 교사로 고용되기도 했다.

말리 왕국의 내륙 도시인 젠네에 세워졌던 모스크가 1907년에 옛 모습 그대로 복원되어 유네스코

유럽 사람들이 침략하기 전 아프리카에 있던 왕국들

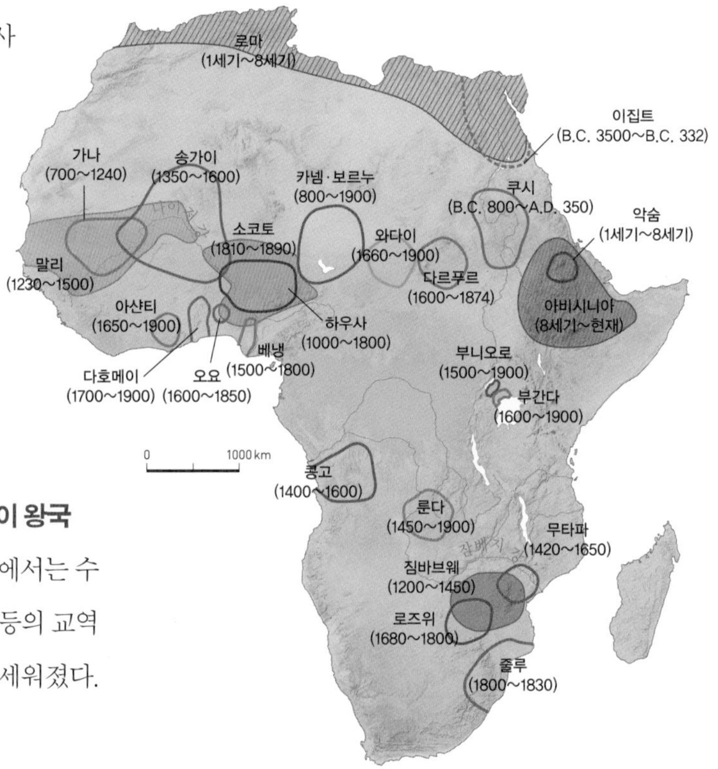

세계 문화유산으로 지정되었다. 진흙으로 건축하는 사헬 건축 양식의 대표성을 인정받은 젠네 모스크는 최대의 진흙 벽돌 건축물로 알려져 있어 그랜드 모스크라고도 불리며, 보통 모스크와는 다른 모습을 하고 있다.

젠네 모스크는 돔 지붕(쿱바)과 첨탑(미나레트)이 없는 대신 편평한 지붕 위로 진흙 탑 여러 개가 솟아 있다. 탑 끝에는 이슬람의 상징인 초승달과 샛별 대신 풍요와 번영, 순결을 의미하는 타조 알을 얹었다. 이는 아프리카 토속 신앙이 이슬람 문화와 어우러진 결과물이며, 1000년 전 낙타 대상의 무역 거점으로 번성을 누리던 시절의 흔적을 보여준다.

그레이트 짐바브웨 유적지 남아프리카 최대의 유적으로, 짐바브웨('돌로 지은 집'이라는 뜻) 국명의 유래가 된 벽돌 문화로 유명하다.

세계 최대의 진흙 건축물인 젠네 그랜드 모스크 아프리카 토속 신앙과 이슬람 문화가 결합된 진흙 사원이다.

남부 잠베지 강 유역의 짐바브웨 왕국

아프리카 남부의 잠베지 강 유역에서도 눈부신 문명이 일어났다. 이 지역에서 발견된 13~15세기경 짐바브웨 왕국의 도시 유적을 '그레이트 짐바브웨'라고 부르는데, 이 유적은 당시 이곳이 교역의 중심지였다는 것을 증명한다. 또한 유럽의 침략 이전에도 아프리카에 이미 복잡하고 정교한 정치·경제 조직이 있었다는 것을 보여준다.

이 유적을 건설한 짐바브웨 왕국은 아프리카 남동부에서 무역 중심지로 발전했다.

이슬람 세계의 수도가 된 이집트 카이로

아프리카에서 가장 찬란했던 문명은 지금으로부터 약 6000년 전 나일 강 유역에서 나타났다. 고대 이집트 문명은 강력한 왕권을 유지하며 발달했고, 고대 그리스 문명에 영향을 끼쳐 서구 문화의 원류로 작용했다.

고대 이집트 문명이 3000년 동안이나 번성할 수 있었던 이유는 무엇일까? 고대 그리스의 역사학자 헤로도토스가 표현했듯이, 그것은 바로 '나일 강의 선물' 덕분이었다. 매년 여름 주기적으로 일어나는 나일 강의 홍수와 범람은 주변의 땅을 비옥하게 만들었고, 이것이 고대 문명이 발생할 수 있는 토대를 마련해 주었다.

수단 북부 나일 계곡의 게벨 바르칼과 나파탄 지구 유적, 이집트와 수단 국경 지대의 아부심벨에서 필래까지 이어지는 누비아 유적, 룩소르 일대의 고대 테베와 네크로폴리스 등은 나일 강을 토대로 발전한 고대 이집트 왕국의 유적들이다.

그런데 오늘날 우리는 이 지역이 이슬람 문화권이라는 사실을 종종 잊게 된다. 카이로는 969년 시아파 이슬람 왕조인 파티마 왕조가 이집트를 점령하면서 건설되어, 세계에서 가장 오래된 이슬람 도시로 손꼽힌다. 전성기인 13~14세기에는 수많은 모스크와 신학교가 세워져 명실공히 이슬람 세계의 수도로 기능했다.

한편 이집트 정부는 나일 강의 수위 조절을 위해 1960년대 초 아스완 하이 댐 건설을 시작해서 1971년 완공했으나 현재 수많은 문제를 안고 있는 실정이다. 나일 강의 범람으로 비옥했던 토양은 댐 건설 후 염류가 쌓이면서 농작물에 해를 입히기 시작했고, 나일 강이 지중해에 공급하던 영양분이 줄면서 지중해 연안의 어업량이 급격히 감소했다.

이집트의 수도 카이로 카이로는 나일 강 하류의 대표 도시로, 오랫동안 이 지역의 중심 도시로 자리 잡고 있다.

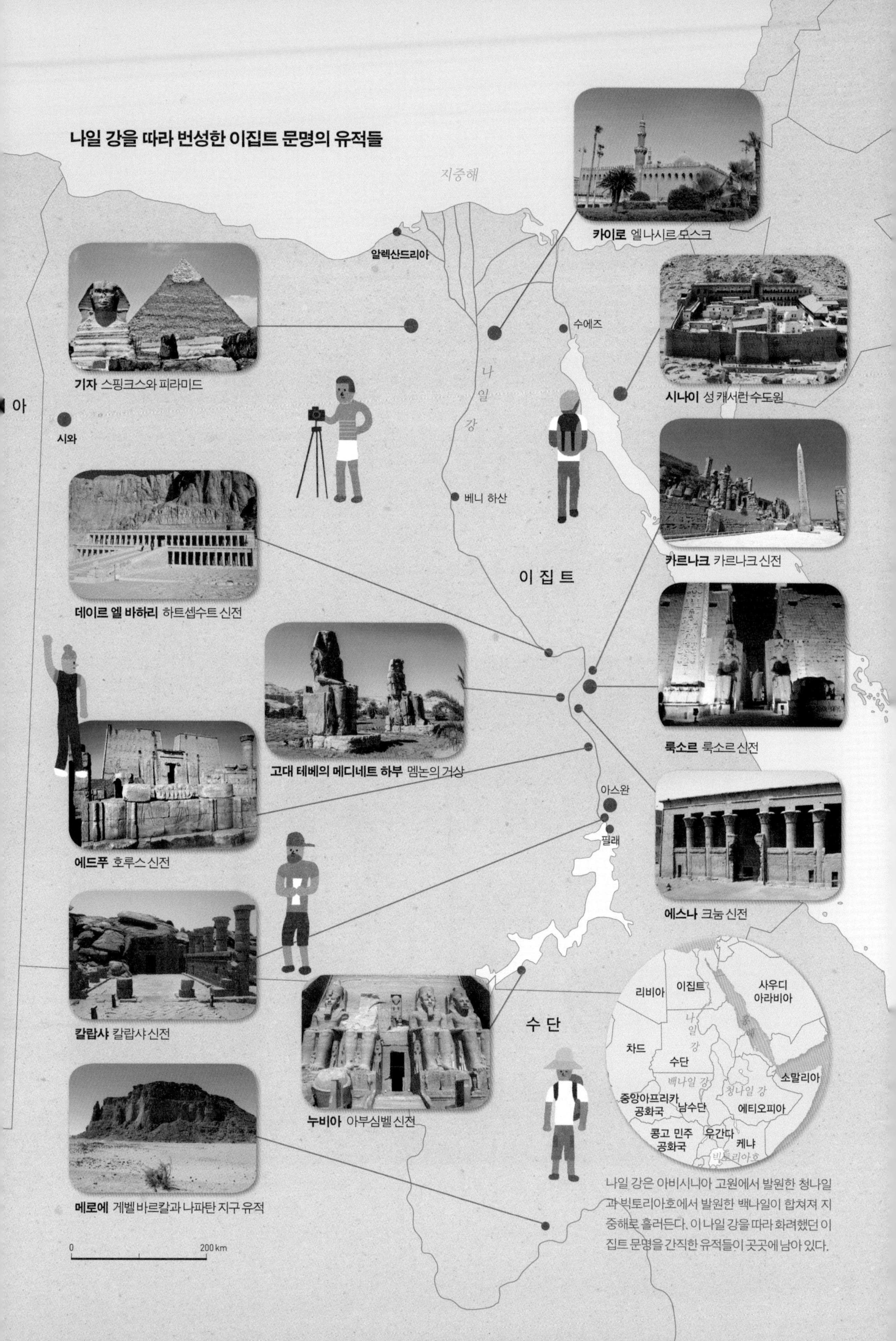

나일 강을 따라 번성한 이집트 문명의 유적들
지중해
알렉산드리아
카이로 엘나시르 모스크
기자 스핑크스와 피라미드
수에즈
나
일
강
시나이 성 캐서린 수도원
아
시와
베니 하산
카르나크 카르나크 신전
이 집 트
데이르 엘 바하리 하트셉수트 신전
룩소르 룩소르 신전
고대 테베의 메디네트 하부 멤논의 거상
아스완
필래
에드푸 호루스 신전
에스나 크눔 신전
칼랍샤 칼랍샤 신전
수 단
누비아 아부심벨 신전
메로에 게벨 바르칼과 나파탄 지구 유적
0
200 km
리비아
이집트
사우디
아라비아
나
일
강
홍
해
차드
수단
백나일 강
청나일 강
소말리아
중앙아프리카
공화국
남수단
에티오피아
콩고 민주
공화국
우간다
케냐
빅토리아호
나일 강은 아비시니아 고원에서 발원한 청나일과 빅토리아호에서 발원한 백나일이 합쳐져 지중해로 흘러든다. 이 나일 강을 따라 화려했던 이집트 문명을 간직한 유적들이 곳곳에 남아 있다.

아프리카 속의 이슬람 세계, 마그레브

나일 강을 건너온 이슬람 문화는 북아프리카에 영향을 주었다. 지중해에 접하는 아틀라스 산맥과 사하라 사막을 아우르는 아프리카 북서부의 모로코, 알제리, 리비아, 모리타니, 튀니지 일대를 '마그레브'라고 부른다. 이는 아랍어로 '서쪽의 나라'라는 뜻이다. 이슬람 세계의 동쪽이 아랍인과 페르시아인 중심으로 이루어졌다면, 서쪽은 아랍화한 베르베르인이 중심이 되어 이루어졌음에 기원을 둔 말이다.

마그레브 지역은 지브롤터 해협을 사이에 두고 에스파냐와 마주보고 있어 아프리카와 유럽을 잇는 관문 역할을 해 왔다. 7세기 아랍 사람들이 아프리카에 전파한 이슬람교는 지브롤터를 건너 에스파냐로 쉽게 건너갈 수 있었다. 지브롤터 해협의 폭이 14km밖에 되지 않아 쉽게 이동할 수 있었기 때문이다. 지금도 에스파냐를 여행하는 사람들은 지브롤터를 건너 모로코로 들어간다.

이슬람 세계에 속하는 마그레브 지역은 자연환경이 비슷하고, 아랍의 침입에 이은 프랑스의 식민지 활동 등 역사적 배경이 같아 아랍어에서부터 베르베르어, 프랑스어 등 다양한 언어가 공존한다. 또한 로마, 이슬람, 프랑스 문화가 층층이 쌓여 있는 복합 문화 지역이기도 하다.

아프리카와 유럽의 관문으로 불리는 모로코의 도시 탕헤르 이슬람의 영향을 받은 건물과 이슬람 복장을 한 사람들을 볼 수 있다.

원초적인 아름다움, 아프리카의 예술

검은 대륙, 컬러풀 아프리카

기온이 높은 열대 지역이나 사막을 배경으로 살아가는 아프리카 사람들은 열과 땀을 배출하기 위해 거추장스러운 옷을 최소화해 입었다.

대신 신체를 꾸미기 위한 다양한 장신구와 문신이 발달했고, 몸에 화려한 색칠을 했다. 아프리카의 많은 부족은 그렇게 독특한 장식이나 화장술을 통해 자신들의 정체성을 표현한다.

그들의 의상은 자연에서 추출한 색을 사용해 만들어 원색적이고 정열적이며 화려하다. 열매와 꽃, 나뭇잎 등 여러 식물에서 추출한 신선한 색감으로 풍부하고 멋진 색채 배합을 연출한다. 검은 피부, 붉은 땅과 어우러진 노랑, 파랑, 빨강, 흰색 등 색의 조화는 인간도 자연의 일부일 때 가장 아름답다는 것을 느끼게 한다.

현대 예술에 새로운 영감을 주는 아프리카 미술

기존 서양 미술의 시각에서 벗어나 세기의 걸작을 그리고 싶어 했던 피카소. 그는 아프리카 미술에서 강렬한 자극을 받아 이전과는 전혀 다른 형식의 놀

화려한 의상의 마사이족

라운 작품을 열정적으로 쏟아 놓았다.

피카소의 작품 세계가 완전히 달라진 것은 아프리카의 악기와 가면 등이 전시된 프랑스 트로카데로 박물관에 다녀온 이후부터였다. 피카소는 그곳에서 대상의 본질적인 특성을 추상적으로 표현한 아프리카 미술로부터 새로운 통찰력을 얻었다고 한다. 대표작 〈아비뇽의 처녀들〉은 그렇게 탄생한 작품이다.

아프리카 미술에 매료된 화가는 피카소만이 아니었다. 모더니즘의 대표 주자로 유명한 모딜리아니는 아프리카 원시 조각을 연구하여 길쭉하고 단순화된 형태의 얼굴을 그렸다. 그의 작품에는 긴 타원형 얼굴에 길게 늘어진 목과 코를 한 여인들이 보이는데, 이는 아프리카 조각 미술의 영향이다.

탄자니아의 마콘데족이 만든 우자마 인간 피라미드로 불리는 이 나무 조각상은 하나의 나무를 깎아서 만든다.

자코메티의 앙상하게 비쩍 마른 조각들도 아프리카 선주민의 조각에서 영감을 얻어 탄생했고, 여러 차례 아프리카를 여행했다는 마티스는 화려하고 원시적인 색채감을 통해 감정을 전달하는 그림을 그렸다.

키스 해링과 로이 리히텐슈타인 같은 현대 미술 화가들도 아프리카 가면의 이미지를 자신들의 작품에 빌려 왔다.

이처럼 아프리카 미술의 순수성과 조형성은 서구의 예술가들에게 신비로운 세계이자 풍요로운 영감의 원천으로 작용했다.

최근에는 탄자니아 마콘데족의 나무 조각상이 세계적인 주목을 받고 있다. 주로 단단하고 아름다운 흑단으로 만들어진 작품은 인간의 모습을 하고 있지만 상상 속에서 만들어진 정령의 상이다.

여러 가지 사람의 형태를 조각한 '우자마'는 '인간 피라미드'라고 불리는데, 만드는 데만 1년이 넘게 걸린다고 한다. 이 조각은 사람들 간의 친밀한 교류와 협력을 통한 안정된 사회를 기원하고 있다.

있는 그대로의 자연을 자유롭고 긍정적으로 표현하는 아프리카의 현대 미술은 자연과 소통하며 살아가는 아프리카 특유의 방식으로 독특한 예술 세계를 만들어 내고 있다. 이것이 전 세계 사람들을 매료시키는 아프리카 미술의 힘이다.

일상 그 자체가 음악인 아프리카

아프리카 사람들은 언제 어디서나 음악에 맞춰 춤을 춘다. 그들에게 춤은 자신의 존재를 확인하고 에너지를 충전하는 일상이자 삶의 희로애락을 풀어내고 정화하는 의식이다.

사하라 이남의 아프리카는 열대 우림과 사바나, 건조 지대에서 부족 문화를 유지해 왔다. 따라서 음악의 구조나 형태, 악기 등에서 자연환경을 반영하는 반면, 다른 지역의 영향은 차단되어 아프리카 특유의 독자적인 음악과 춤이 형성되었다.

1 피카소의 〈아비뇽의 처녀들〉 피카소는 아프리카 원시 미술을 접한 후 이전과는 다른 새롭고도 강렬한 작품 세계를 펼쳤다.

2 아프리카의 전통 가면들 아프리카 조각의 강렬한 생명력과 조형은 피카소를 비롯한 입체파 화가들에게 큰 영향을 주었다.

3 키스 해링의 〈무제〉 미국의 팝아티스트 키스 해링은 릴랑가의 그림에서 많은 영감을 받았다.

4 릴랑가의 〈세상만사를 아이처럼〉 아프리카 현대 미술을 대표하는 탄자니아의 작가로, 아프리카의 신화와 정신세계를 동화적 심성으로 풀어냈다.

아프리카 타악기 젬베를 연주하며 레게를 부르는 자메이카 청년

그들의 음악에는 오랫동안 전해 내려온 신화와 전설, 그리고 기우(祈雨)나 치료를 비는 주술적·종교적 내용 등이 담겨 있다. 인간의 출생·성년·결혼·사망 등의 의례에서도 음악은 필수적 요소였다. 아프리카 사람들에게 음악은 없어서는 안 되는 삶의 일부라고 볼 수 있다.

아프리카 악기 중 가장 많이 알려진 것은 '젬베'라는 북이다. 젬베는 손바닥과 손가락으로 두드려 연주하는데, 다양한 크기만큼 다양한 소리를 낸다. 젬베의 몸통은 대체로 마호가니처럼 단단한 나무를 손으로 직접 깎아 만들고, 헤드는 염소나 소 등 동물 가죽을 사용한다.

아프리카 전통 타악기를 연주하는 부르키나파소의 청년들

손가락 피아노라고 불리는 '칼림바'도 빼놓을 수 없다. 구멍이 뚫린 나무판 위에 쇠막대기들이 달린 칼림바는 경쾌하고 맑은 음색을 내는데, 휴대하기가 쉬워 어디서든 음악을 연주할 수 있다.

실로폰처런 생긴 타악기 '발라폰'은 노예 무역 때 아프리카인들과 함께 실려가 유럽에 소개되었다. 발라폰 소리에 반한 유럽인들이 본떠 만든 악기가 마림바이며, 크기를 더 작게 만든 것이 실로폰이다.

아프리카의 영향을 받은 세계의 음악

노예 무역은 아프리카의 미래를 어둡게 만들고, 아프리카 선주민을 세계 각지로 흩어지게 했다. 하지만 아프리카 음악은 노예로 팔려간 이들 혹은 그 자손들에 의해 유지·계승되었고, 시간이 흐르면서 점점 더 발전되었다. '블랙 아프리카'라고 불리는 땅, 그곳에서 퍼져 나온 음악은 전 세계에 독특하고 다양한 음악을 탄생시키는 데 밑거름이 된 것이다.

흑인 노예가 실려 온 서인도 제도의 섬 쿠바에서는 에스파냐 음악과 아프리카계 음악의 영향으로 룸바, 맘보, 차차차와 같은 댄스 리듬이 탄생했다.

19세기 쿠바에서 유행한 춤곡 하바네라의 리듬 역시 아프리카인들에 의해 만들어졌다. 하바네라 리듬은 〈라 팔로마〉라는 곡을 통해 '라틴아메리카 음악'으로 전 세계에 소개되었다. 부에노스아이레스에 전해진 하바네라 리듬은 이후 변형되어 탱고로 발전했다.

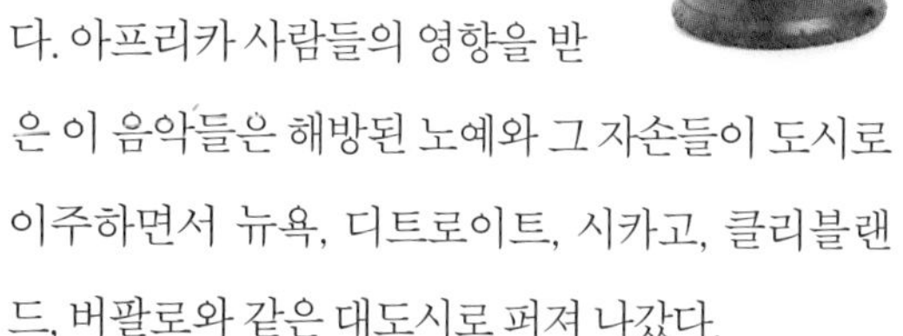

미국 남부 지방이 기원이라고 알려진 '로큰롤'도 사실은 아프리카 음악의 영향을 받았다. 유럽 이민자들과 아프리카 노예의 음악이 만나면서 블루스, 재즈, 로큰롤이 탄생하게 된 것이다. 아프리카 사람들의 영향을 받은 이 음악들은 해방된 노예와 그 자손들이 도시로 이주하면서 뉴욕, 디트로이트, 시카고, 클리블랜드, 버팔로와 같은 대도시로 퍼져 나갔다.

1960년대 아프리카의 영향을 받은 음악은 소울, 디스코로 발전했고, 1980년대 들어서면서 랩 음악을 탄생시켰다. 비슷한 시기 서인도 제도의 자메이카에서는 '레게'가 탄생했다. 레게는 자메이카의 아프리카 사람이 바다 건너 들려오는 미국 라디오 방송의 흑인 음악에 자극을 받아 만든 음악이다.

이렇게 아프리카에서 기원한 음악들은 카리브 해역과 아메리카, 유럽, 아시아에서 각 지역의 음악과 혼합되어 오늘날의 대중음악에 큰 영향을 주고 있다.

아프리카의 전통 악기들 위에서부터 젬베, 칼림바, 발라폰

아프리카인들이 빚은 문명, 그레이트 짐바브웨 유적

오래 전 아프리카인들은 세계 어느 문명에도 뒤지지 않는 훌륭한 문화를 꽃피웠다. 그러나 이 사실은 오랜 시간 동안 숨겨지고 가려져 왔다. 11~15세기 짐바브웨에 세워진 사하라 사막 이남 아프리카의 최대 석조 유적지 '그레이트 짐바브웨'는 인종적 편견에 의해 왜곡된 대표적인 유적지이다. 고도의 건축술로 지어진 이 아름다운 석조 유적은 오랫동안 풀리지 않는 미스터리였다. 그것을 발견한 장소가 다름 아닌 원시의 땅 아프리카였기 때문이다. 서구인들은 피라미드를 축조했던 이집트인이나 한때 지중해 연안을 지배했던 페니키아인이 세운 것이라고 믿고 싶었지만, 발굴 조사 결과 이 놀라운 문명의 주인공이 바로 아프리카 선주민임이 밝혀졌다. 사하라 사막 이남엔 문명이 없었다고 주장했던 서구인들의 편견을 보기 좋게 깬 것이다. 결국 유럽인들은 나무와 흙을 사용하던 미개한 남아프리카인들이 돌로 만든 도시를 건설했다는 사실을 인정해야 했다.

사하라 이남 아프리카 최대의 석조 유적지

그레이트 짐바브웨는 국명의 유래가 된 유명한 유적이다. 무려 722ha에 이르는 이 유적지에는 화강암 벽돌 건축물이 남아 당시 쇼나족이 이룩했던 찬란한 석조 문명을 보여주고 있다.

그레이트 짐바브웨 유적은 타원형의 왕궁 터인 대구역, 산 위의 종교적 장소 혹은 요새 역할을 했던 언덕 지구, 언덕 지구와 대구역 사이에 있는 평민들의 주거 지역인 계곡 지구로 나뉜다.

쇼나 조각의 고향

짐바브웨 인구의 70%를 차지하는 쇼나족은 석조 문명을 이룩했던 민족답게 돌 다듬는 솜씨가 탁월하다. 그들은 돌 속에 영혼이 있다고 믿으며 인간을 모티프로 돌을 조각한다. 오늘날 쇼나 조각은 '아프리카의 영혼'이라 불리며 많은 사랑을 받고 있다.

고도의 건축 기술을 보여주는 대구역

대구역(그레이트 인클로저)은 높이 10m, 두께 3m의 돌담으로 이루어진 왕궁 터로, 이 성벽에 무려 100만 개에 가까운 화강암 벽돌이 사용되었다. 차곡차곡 쌓은 벽돌 건축물이 특별한 접착제 없이 수세기 동안 보존된 것을 볼 때 솜씨가 대단함을 알 수 있다. 현재 300개 이상의 돌 구조물들이 남아 있다.

정교한 석조 기술이 돋보이는 성벽 문

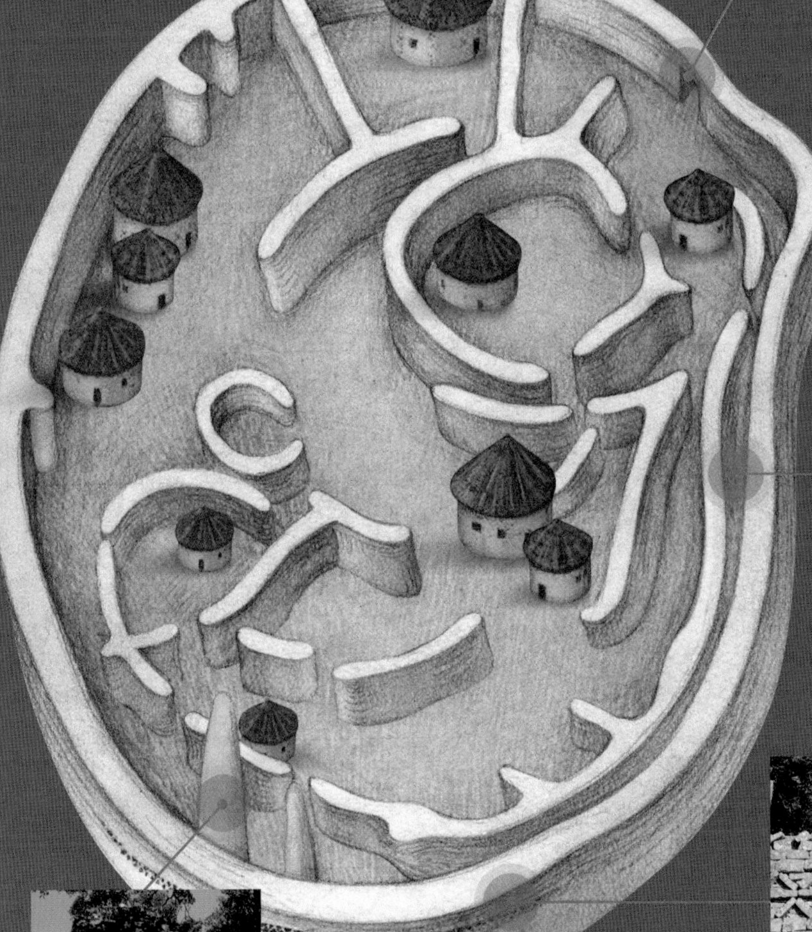

성벽과 성벽 사이의 좁은 통로

대구역 바깥 성벽 위의 정교한 장식

대구역 안에 있는 지름 6m, 높이 15m의 원추형 탑

높이 10m, 두께 3m에 이르는 성벽 무려 100만 개에 가까운 화강암 벽돌이 사용되었다.

아프리카, 끝나지 않는 수난의 고리

한 나라 안에 여러 종족이 있다면 문화나 이해관계의 차이로 갈등을 빚어 국가의 안정과 발전을 해치기 쉽다. 아프리카의 발목을 잡고 있는 심각한 문제 중 하나가 바로 종족 간의 피 흘리는 분쟁이다. 그러나 분명히 이것은 아프리카인 스스로의 선택에서 비롯한 것은 아니었다.

농사짓는 사람은 많은데 식량은 턱없이 부족하다?

하루 1달러 미만으로 살아가는 사람들

아프리카를 방문한 외국인 중에는 "아프리카는 그렇게 가난하지 않던데요.", "아프리카는 정말 평화로운 곳이에요."라고 말하는 사람들도 있다.

관광지로 개발한 도심 지역만을 둘러보았거나 사파리 여행만을 하고 왔다면 그럴 수도 있을 것이다. 하지만 아프리카 사람들의 실상은 도심이나 광대한 초원에서는 찾아보기 힘들다.

농촌에서 먹고살 것이 없어 무작정 도시로 떠나온 사람들, 혹은 내전으로 한순간에 집을 잃은 사람들이 갈 만한 곳은 많지 않다. 그런 사람들이 하나둘 모여들다 보니 도시의 외곽 지역에 자연스레 마을이 만들어졌다.

판자로 대충 집 모양을 갖추기는 했지만 제대로 된 화장실 하나 없는 가난하고 허름한 동네를 '슬럼'이라고 하는데, 아프리카 전체 인구 중 상당수가 이런 곳에서 산다. 특히 악명 높은 케냐 나이로비 외곽의 키베라 지역은 제주도의 3분의 1 면적에 약 200만 명의 빈민이 거주하는 것으로 추정된다. 이곳에는 수도·전기 시설은 아예 없고, 생활 오수와 쓰레기 등이 주민들과 함께 뒹군다. 판자로 만든 집들은 화재로 불타기 일쑤이고, 대부분의 집에

1 콩고 반군의 소년 병사

2 케냐 나이로비 외곽의 슬럼가 키베라에 사는 아이들

3 하늘에서 내려다본 키베라의 모습

4 탄자니아의 어린이 광부

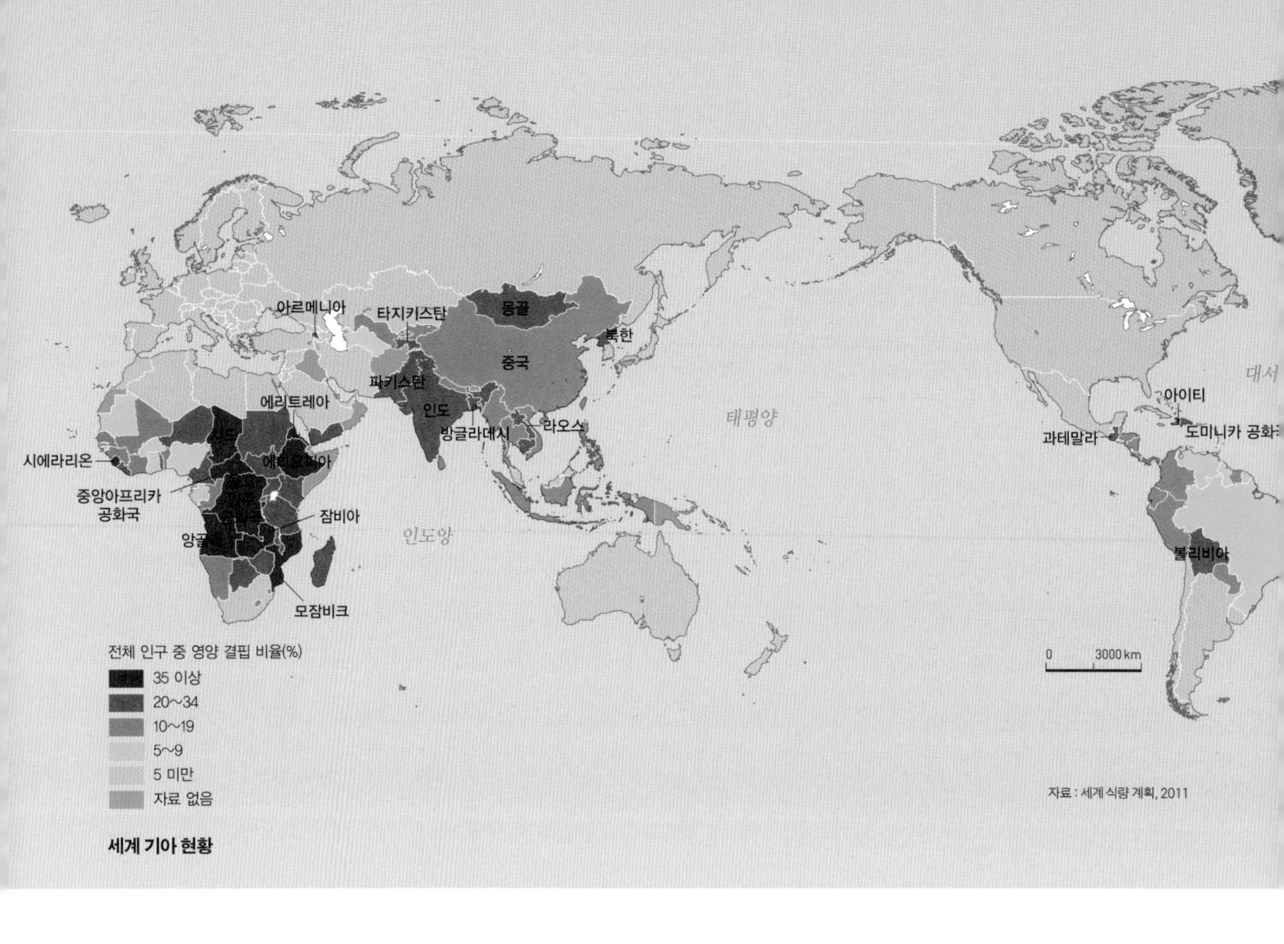

세계 기아 현황

는 말라리아나 에이즈에 걸린 환자들이 있다.

치안도 불안하여 종족 간 폭력도 심심치 않게 나타나며, 열악한 환경으로 인해 어린아이들이 영양실조와 질병에 그대로 방치되어 있다.

기초 교육을 받을 형편이 안 되는 아이들은 길거리에 나가 구걸하는 방법부터 배운다. 내전이 일어나는 지역에서는 아직 어린 소년에게 총을 들고 살인을 하도록 종용하며, 소녀들은 어른 병사의 성적 노리개가 되기도 한다. 사람들은 어떻게든 먹고살아야 하기 때문에 마약 거래나 매춘도 마다하지 않는다. 그러다 에이즈에 걸리면 감염된 사실도 모른 채 시름시름 앓다가 죽어 가는 것이다.

전 세계 최저 개발국의 80% 정도가 아프리카 국가이며, 특히 사하라 이남의 아프리카 인구 2명 중 1명은 1달러 미만으로 하루를 살아간다.

현재 아프리카 사람 중 약 3억 명 정도가 안전한 식수를 공급받지 못하고 있다. 아프리카 어린이 중 57%만이 초등 교육을 받고 있는데, 그나마도 졸업을 하는 경우는 3분의 1 수준이다. 교육은 고사하고 약 12만 명의 아프리카 어린이들이 무력 분쟁에 동원되어 지금 이 순간에도 목숨을 잃고 있다.

교육을 받지 못한 아이들은 문맹으로 남고, 미디어를 접할 길 없는 이들은 정부의 선전이나 권력자의 말을 맹신하게 된다. 굶주림에 지친 이들에게 민주주의나 복지는 무용지물일 뿐, 권력과 재력을 가진 이들에게 순종하는 수밖에 없다. 결국 아프리카의 많은 독재자들은 빈곤 속에서 배양된 독버섯들인 셈이다.

플랜테이션 작물 생산과 굶주림의 악순환

사하라 이남 아프리카 지역의 농촌 인구는 64%나 된다. 이렇게 농촌 인구가 많은데 왜 식량이 부족할까? 농업에 종사하는 인구는 많지만 경작할 수 있는 토지의 비율과 농업 생산성이 매우 낮고, 그마저도 기후 변화로 어려움을 겪고 있기 때문이다. 게다가 농장주들이 외화를 벌기 위해 수출할 수 있는 상품 작물 위주로 농장을 경영하다 보니 식량 작물 재배 농지가 줄어들어 생산량이 감소하고 있다.

아프리카에는 식민 지배 시절 유럽 사람들이 환금 작물(팔아서 돈을 얻기 위해 재배하는 작물)을 재배하기 위해 건설한 대농장이 아직도 남아 있다. 대규모 농장에서 아프리카 선주민의 노동력을 이용해 카카오, 커피, 고무나무, 땅콩, 바나나 등을 재배한다. 이런 농장을 플랜테이션 농장이라고 한다.

이렇게 시장에 팔아 돈이 될 수 있는 작물만을 재배하다 보니 지역 주민의 주식인 카사바, 옥수수, 쌀 등은 항상 부족하다. 이 때문에 플랜테이션 농장의 비율이 높은 아프리카 국가들은 식량 수입량이 매우 많다. 가난한 사람들이 다른 나라에서 수입한 비싼 식량을 사 먹어야 하는 것이다.

예를 들어, 세네갈은 경작 가능한 토지의 절반이 땅콩 농장일 만큼 세계적인 땅콩 산지이다. 식민 지배 시기 이전부터 프랑스 사람들이 식용이나 공업용 기름을 얻기 위해 이곳에 대규모 땅콩 농장을 만들었기 때문이다.

독립 후 세네갈은 자국의 경제를 땅콩 수출에 의존했으나, 이로 인해 식량 작물이 절대적으로 부족해지자 수입에 의존해야 했다. 한때 세네갈의 쌀

케냐의 차 농장에서 일하는 플랜테이션 노동자들 이들은 외국인의 기호 작물을 생산하느라 정작 자신들은 비싼 식량을 수입해야 한다.

수입량은 세계 3위를 기록하기도 했다. 자국에 꼭 필요한 식량 대신 외국인의 기호 작물을 생산하느라 정작 국민들은 굶주리게 되는 것이다.

베냉, 부르키나파소 등 목화 수출에 의존하는 나라들은 사정이 더 나쁘다. 목화는 먹을 수도 없어 생산자인 주민들의 배고픔을 해결해 주지 못한다. 또 외국 목화와 경쟁하여 가격이 떨어지기라도 하면 국민들의 생활은 더욱 어려워진다.

이런 획일적인 농장 경영 시스템에 대해 정부는 문제점을 느끼지 못하는 것일까? 유럽의 식민 지배 이후 독립한 국가의 지도자들은 국가 통치 자금을 구하기 위해 혈안이 되어 있었다. 외화 획득에 필요한 플랜테이션은 그들에게 고마운 선물이기 때문에 굳이 기존 시스템을 바꿀 이유가 없었다. 그 결과 국제 시장의 변화에 취약한 획일화된 농장이 아직까지도 존속하면서 아프리카 사람들의 빈곤을 악화시키고 있는 것이다.

아프리카를 위협하는 질병들

아프리카인들의 평균 수명은 다른 대륙에 비해 짧다. 유엔 인구 기금(UNFPA)에 따르면 2010~2015년 세계의 기대 수명이 72세, 선진 지역의 경우 81세에 달하는 반면, 사하라 이남 아프리카의 기대 수명은 56세에 불과하다. 특히 스와질란드는 49세, 잠비아 50세, 중앙아프리카 공화국과 콩고 민주 공화국은 51세로 매우 낮다. 통계 수치만 보고 일부에서는 아프리카가 "젊은 일꾼이 많아 긍정적일 것"이라는 어처구니없는 미래 전망을 내놓기도 한다.

기대 수명이 낮게 나타난 이유는 바로 아프리카에 만연한 질병 때문이다. 아프리카에는 에이즈, 설사병, 말라리아, 홍역, 호흡기 질환 등의 질병이 흔하다. 이런 질병에 걸려 사망하는 사람들이 많다 보니 나이 많은 사람을 찾아보기 힘든 것이다.

이 가운데 가장 심각한 문제는 에이즈이다. 전

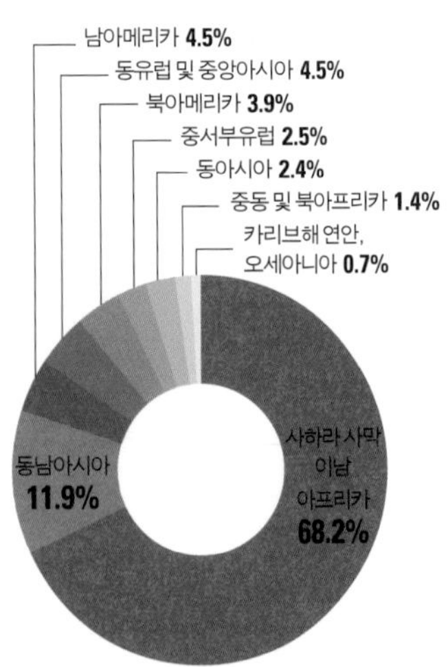

세계 지역별 에이즈 환자 비율 (2010년)

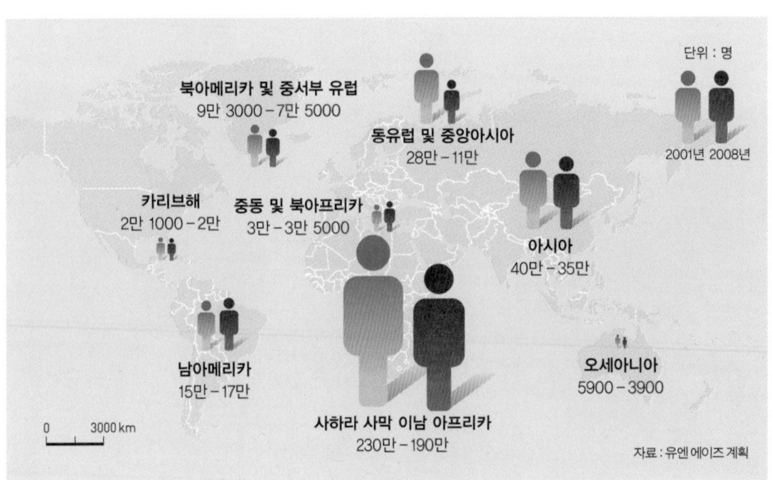

에이즈 신규 감염자 증감 현황 2001년과 2008년을 비교한 수치이다.

세계 에이즈 감염자의 약 3분의 2가 거주하고 있는 사하라 이남 아프리카는 에이즈의 최대 피해 지역이다. 에이즈 퇴치를 위해 노력한 결과, 사하라 이남 아프리카 지역에서 에이즈 관련 사망자 수와 신규 감염자 수가 꾸준히 감소하는 추세이다. 하지만 2012년 현재 이 지역엔 아직도 2300여만 명이 감염자로 남아 있는 상태이다.

에이즈에 걸려도 영양 공급이 적절하게 이루어지고 약물 치료를 병행하면 병의 진행을 막을 수 있다. 하지만 가난에 허덕이다 보니 영양 상태가 부실하고, 아파도 약 한 번 쓰지 못하기 때문에 아프리카의 에이즈 환자 사망률은 다른 대륙에 비해 높다.

더 심각한 문제는 엄마가 에이즈 환자여서 아이도 에이즈에 걸려 태어나거나 모유를 통해 에이즈에 감염되는 경우가 많다는 것이다. 또한 부모가 에이즈로 사망하여 고아가 되는 아이들이 부지기수로 늘고 있다는 점도 심각한 사회 현상 중 하나이다.

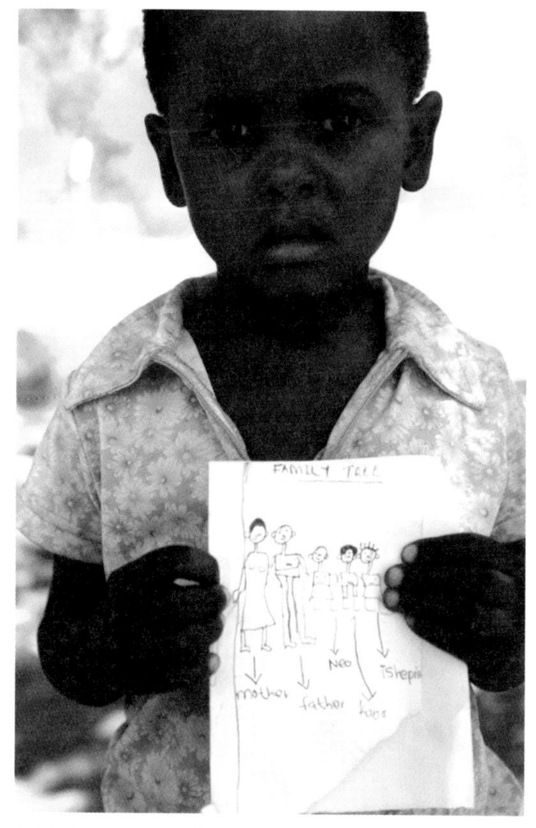

"엄마 아빠, 보고 싶어요!" 에이즈로 인해 고아가 된 보츠와나의 한 어린이가 자신이 그린 가족 그림을 보여주고 있다.

에이즈만큼 아프리카 사람들을 괴롭히는 병이 또 있다. 바로 말라리아이다. 발병 원인은 말라리아균을 가진 모기인데, 이 모기에게 물리면 오한 · 발열 · 발한 증상이 순차적으로 일어나다가 여러 가지 합병증이 동시에 나타나며 결국 사망에 이른다.

아프리카에서는 말라리아가 매우 위협적인 질병이고, 특히 어린아이에게 치명적이다. 더욱 안타까운 사실은 우리나라 돈으로 채 300원이 되지 않는 모기장을 치기만 해도 상황이 이렇게 나빠지지는 않는다는 것이다. 이 때문에 국제 사회는 말라리아 예방을 위해 모기장을 원조하고 있지만 턱없이 부족한 상황이다. 원조한 모기장마저 어른들이 잘라 옷으로 만들어 입거나 어망으로 쓰는 경우도 많다고 한다.

뿌리 깊은 토속 신앙의 영향으로 열병의 원인을 조상신이 노했거나 악령이 몸속으로 들어와 병이 들었다고 여기고 병원보다 주술사에게 더 의지하는 것도 문제이다. 아무리 원조를 많이 해도 질병에 대한 기초적인 교육 없이는 '밑 빠진 독에 물 붓기'인 셈이다.

식민지 시대 잔재로 피 흘리는 아프리카

빈곤의 핵심 원인은 불안한 정치 상황

수많은 국제 기구와 비정부 기구(NGO) 단체들이 도움을 주고 있지만 아프리카의 빈곤은 나아질 기미가 보이지 않는다. 도대체 사회 시스템이 어떻게 돌아가기에 그토록 가난한 것일까?

가장 핵심적인 원인으로 불안한 정치 상황을 꼽을 수 있다. 사하라 사막 이남에서는 2012년 3월 기준으로 10년 이상 집권하는 통치자가 16명이나 된다. 그중 적도기니와 앙골라는 33년, 짐바브웨는 32년, 콩고는 31년, 카메룬은 30년 동안이나 한 사람이 집권하고 있다. 특히 가봉이나 토고 같은 국가에서는 아버지의 자리를 그 아들이 잇는 부자 세습도 이루어지고 있다.

이런 독재 정부는 아프리카의 집단적 가치와 식민 지배 잔재가 낳은 부산물이다. 부족 고유의 정체성에 익숙한 아프리카 사람들에게는 국민이란 개념이 생소하다. 아프리카 부족민들에게 부족장은 절대 복종해야 할 존재이며, 부족장은 죽지 않는 한 종신제이다.

현재 아프리카에서 독재가 가능한 것은 부족장의 개념을 대통령이 대체하여 권력을 누리고 있기 때문이다. 따라서 아프리카의 많은 국가 지도자는 야당이나 부족장이 힘을 키우는 것을 좋아하지 않는다. 이런 태도는 아프리카 사회에 민주주의가 싹

에티오피아의 난민 수용소에서 해맑게 웃고 있는 어린이들

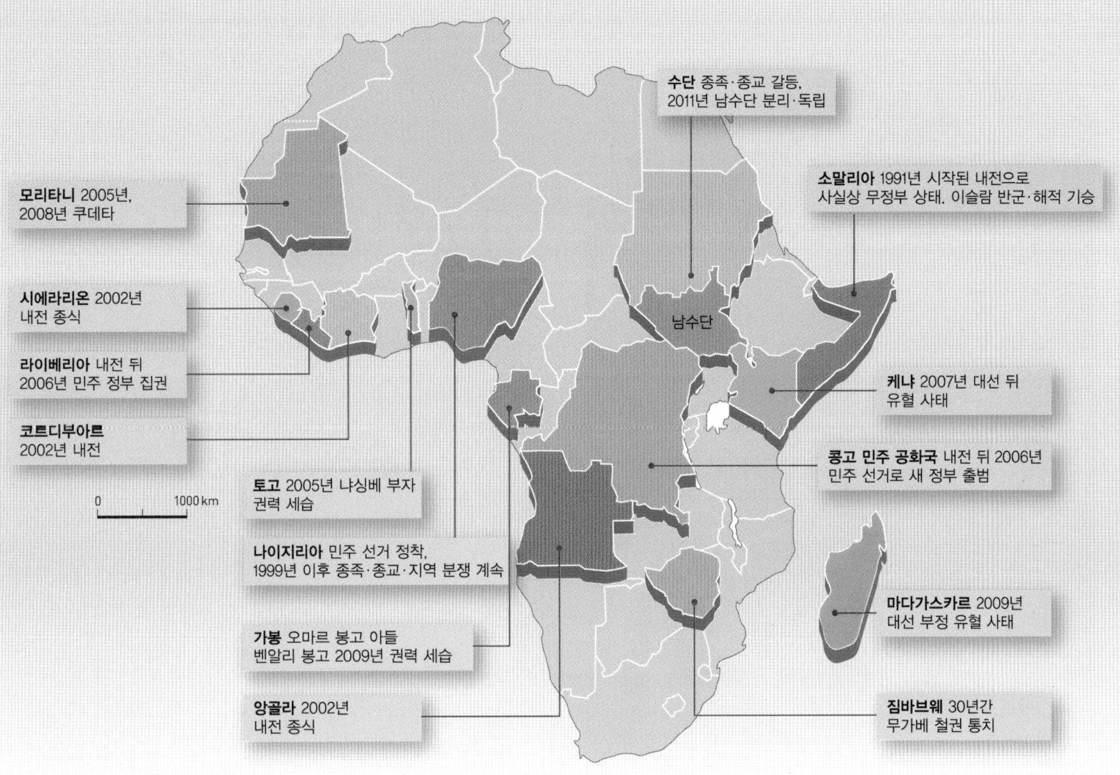

아프리카 주요 갈등 지역의 정치 상황

트는 데 걸림돌이 된다.

어느 대륙, 어느 나라를 막론하고 독재는 부패를 부르게 마련이다. 아프리카의 경우 식민 지배 시스템이 고스란히 남아 있던 국가 독립 초기에 이권은 대부분 중앙 정부에 집중되었다.

그러나 정권이 안정된 기반을 확보하지 못하자 정부는 국가 비상사태를 선포하며 각 부족들을 탄압했다. 그리고 자신이 속한 부족에게 온갖 특혜를 주고 충성을 요구하며 그들을 관료와 공무원으로 채용했다. 여기에서 소외되고 차별을 당한 사람들은 시간이 지날수록 적개심이 커졌다.

독립 후 쿠데타와 내전의 악순환

폭력과 부정부패는 꼬리에 꼬리를 물었고, 결국 독재 정부에 대항하는 반군 세력이 아프리카 곳곳에 등장했다. 독립 이후 아프리카에서는 100건이 넘는 쿠데타가 성공했다. 이런 상황에서 아프리카 각 나라의 지도자들은 국민의 복지보다는 정권 유지를 위한 군사력 증강과 자신을 도와줄 정치적 동지를 찾는 데 온 힘을 기울였다.

정치적 반대자나 반군이 발생하면 그것은 곧 정부의 전복과 정권 획득을 위한 내전으로 이어졌다. 내전에 휩싸인 국가에서는 성별이나 연령에 상관없이 국민을 전쟁터로 내몰고, 국민은 이런 내전을 피해 자신이 살던 땅을 버리고 도시의 빈민가로 향하는 것이다.

불안한 정치로 인해 발생하는 문제점은 이뿐만이 아니다. 집권자를 중심으로 하는 엘리트 집단, 부족 집단은 부정부패를 저지른다고 해도 견제할 만한 세력이 없다. 부패한 공무원들은 국제 원조로 들어온 자금을 약품, 모기장, 콘돔 등을 구매한 것처럼 꾸며 놓고 개인 재산으로 빼돌린다. 또 독재자들은 국가 재산을 스위스 은행에 빼돌리고 그 돈으로 호사스러운 생활을 한다.

2008년 국제 사회에서 아프리카를 돕기 위해 원조한 자금은 225억 달러인데, 아프리카의 권력자와 그의 추종자들은 원조 기금보다 훨씬 큰 금액을 착복했다. 아프리카 연합(AU)의 한 보고서는 아프리카에서 매년 1500억 달러에 가까운 돈이 탈세와 부패로 사라지고 있다고 지적했다.

민간인에 대한 잔혹 행위로 악명이 높았던 시에라리온의 반군들

생계형 해적이 된 소말리아 국민

지도에서 '아프리카의 뿔'에 위치한 소말리아는 내전으로 인해 국토가 만신창이가 되어 버렸다.

소말리아 내전은 1991년 1월 26일 모하메드 시아드 바레 정권이 군벌 연합의 쿠데타로 무너지면서 시작되었다. 바레 정권은 미국이 지원한 700만 달러 상당의 무기를 반대파 숙청을 위해 사용했고, 반군은 에티오피아가 보내 준 무기로 맞서 싸웠다. 결국 바레 정권은 군벌 연합의 쿠데타로 몰락했다. 그러나 이후 군벌 간의 연합이 깨지고 각 군벌이 정권을 잡기 위해 서로 대립하면서 또 한 번 치열한 내전이 시작되었다.

이슬람 반군 지지 시위를 벌이는 소말리아 여성들

소말리아에서는 20여 년 동안 내전이 지속되어

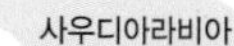

체포된 소말리아 해적 포르투갈 해군이 2010년 11월 19일 아덴 만에서 소말리아 해적선 선원들을 체포, 감시하고 있다.

약 40만 명의 사망자와 세계를 떠도는 67만 명의 난민이 발생했다. 소말리아 내에서 삶의 터전을 잃은 유랑민도 142만 명에 달한다.

부족에 뿌리를 둔 군벌 세력이 벌인 내전으로 인해 소말리아 국민은 빈곤과 죽음으로 내몰렸고, 이런 상황은 소말리아 해적의 등장으로 세상에 알려지게 되었다.

소말리아의 극도로 혼란한 상황을 틈타 외국계 원양 어선들이 소말리아 영해에 들어와 불법 조업을 하기 시작했다. 이에 소말리아 어부들은 자체 경비대를 조직하여 불법 어선들을 단속했고, 무장을 강화하여 조직을 체계적으로 만들어 갔다.

그런 와중에 2004년 인도양에 몰아닥친 지진 해일은 소말리아 연안 어업을 초토화시켰다. 생계 기반을 잃어버린 어민들은 급기야 조직적인 해적단을 구성하기에 이르렀다.

그들은 가족들을 먹여 살리기 위한 '생계형 해적'들로서, 소말리아에서는 다국적 기업 어선에 맞선 투사들로 추앙받고 있다. 사회 전체가 병들면서 국민의 상당수가 해적이 되어 버린 상황인 것이다.

칼라하리 사막 다이아몬드 광산의 비극

칼라하리 사막은 생명체가 거의 없을 정도로 메마른 황무지이지만, 주변 광산은 귀금속의 재료인 금과 다이아몬드 생산지로 유명하다.

아프리카에서 공업이 가장 발달한 남아프리카 공

보츠와나의 오라파 다이아몬드 광산

화국은 금, 백금, 다이아몬드 등 귀금속 자원은 물론 다양한 광물 자원이 풍부한 나라이다. 칼라하리 사막에 위치한 내륙국 보츠와나도 다이아몬드 생산국으로 유명하며, 남아프리카 공화국의 항구를 통해 무역을 하고 있다.

그러나 이 풍족한 다이아몬드가 지역 사람들에게는 크나큰 고통을 안겨 주고 있다. 1980년대 초반 칼라하리 사막에서 다이아몬드가 발견되면서 보츠와나 정부는 광산 개발을 이유로 산족(부시먼족)의 집을 철거하고 이들을 내쫓았다. 정부는 사막을 보호한다는 명분을 내세웠지만 속셈은 다이아몬드 광산과 관광지 개발이었다. 다행히 보츠와나 법원은 산족이 정부의 강제 퇴거를 막기 위해 낸 소송에서 2006년 산족의 손을 들어 주었다.

다이아몬드 때문에 발생한 문제는 이뿐만이 아니다. 정부는 재정 수입의 원천을 확보하기 위해 다이아몬드 광산이 필요했고, 정부에 대항하는 반군들도 군사비를 충당하기 위해 다이아몬드 광산을 확보하는 것이 중요했다.

이 때문에 아프리카에서는 1990년에서 2005년 사이 23개국에서 전쟁이 벌어졌고, 이로 인해 소모된 인적·물적 자원과 무기 암거래 비용은 3000억 달러에 이른다. 아프리카의 에이즈 예방과 치료, 식수 공급, 말라리아 예방 접종 등을 실시할 수 있

르완다 대학살을 다룬 영화 〈호텔 르완다〉 1994년 르완다의 대통령이 암살되면서 촉발된 후투족의 투치족 대학살 사건을 다루고 있다.

는 이 막대한 비용이 다이아몬드 확보를 위한 전쟁으로 허비된 것이다.

이런 사실이 국제 사회에 알려지자 2003년 1월, 전 세계 40개국은 남아프리카 공화국에 모여 '분쟁 지역에서 생산한 다이아몬드는 유통을 금지한다'는 내용을 담은 '킴벌리 협약'에 서명했다.

20세기 최대의 인종 학살, 르완다 내전

콩고 분지에 위치한 두 나라 부룬디와 르완다는 후투족과 투치족의 종족 간 분쟁을 겪고 있는 아픔의 땅이다. 부룬디와 르완다는 1899년 독일의 식민지로 병합되었다가, 1919년 1차 세계 대전 이후 베르사유 조약에 의거하여 벨기에가 점령했다.

과거 영국 탐험가 존 스피크는 르완다에서 유럽인과 비슷한 외모를 가진 투치족을 발견했다. 투치족은 콧대가 높고 키가 큰 서구적인 생김새였다. 존 스피크는 외모를 근거로 투치족이 다른 흑인 종족보다 우월하다는 가설을 세웠다.

그때부터 벨기에 식민 당국은 이들이 백인과 유사한 민족이라며 투치족의 우월함을 공식적으로 인정하고 그들에게 고등 교육을 받을 기회, 공무원 임용 기회 등의 특혜를 주었다. 인구의 10%도 안 되는 소수의 투치족을 내세워 다수의 후투족 통치에 이용하는 부족별 분리 식민지 정책을 실시한 것이다. 이에 후투족은 벨기에 식민 통치의 앞잡이 노릇을 하는 투치족에게 심한 반감을 갖게 되었고, 두 종족의 갈등은 극대화되었다.

이후 1962년 르완다와 부룬디가 분리 독립을 함에 따라 벨기에로부터 받은 투치족의 권력과 특혜도 반환되었다. 다수인 후투족은 그동안 눈엣가시였던 투치족에 대한 보복 테러를 자행해 1973년 집권에 성공했다. 후투족을 피해 우간다로 망명한 투치족은 르완다 애국 전선(FPR)을 결성하고 정부군과의 전투를 개시했다.

다행히 후투족 출신의 하비아리마나 대통령은 종족 간의 갈등을 해소하기 위해 1993년 투치족 반군 세력과도 평화협정을 체결하는 등 적극적인 화합의 길을 걸었다. 그런데 1994년 하비아리마나 대통령을 실은 비행기가 폭격을 받아 전원이 사망하는 사건이 벌어졌다. 후투족은 이를 투치족의 소행으로 단정하고 3개월 동안 100만 명이 넘는 투치족을 학살했다. '르완다 대학살'이라고 부르는 20세기 최대의 종족 학살이 벌어진 것이다.

그해 7월 전쟁에서 투치족의 르완다 애국 전선이 수도를 점령하면서 학살은 끝났고, 투치족이 정권을 잡아 지금에 이르고 있다.

르완다와 분리 독립한 부룬디에서도 후투족과 투치족 간의 싸움이 치열하기는 마찬가지이다. 사정이 이렇다 보니 콩고 분지에는 석유, 철광석, 보크사이트, 다이아몬드, 금 등 엄청난 자원이 있지만, 이 지역의 국가들은 내전에 시달리며 세계 최빈국에서 벗어나지 못하고 있다.

핸드폰이 고릴라를 위험에 빠뜨린다?

아프리카 내전의 불똥이 엉뚱하게도 밀림에 사는 고릴라에게 튀고 있다. 콩고 분지의 열대 우림에 사는 마운틴고릴라는 현재 멸종위기종으로, 유엔 환경 계획(UNEP) 보고서는 15년 뒤 콩고 분지에서 고릴라가 사라질 것으로 전망했다. 사람들이 가난에서 벗어나고자 밀렵과 벌목을 일삼기 때문이다. 고릴라를 이보다 더 큰 위험에 빠뜨린 것은 다이아몬드, 금, 주석, 콜탄과 같은 막대한 양의 광물 채취이다.

콜탄은 노트북 컴퓨터와 휴대 전화에 사용되는 광물 자원이다. 콩고, 우간다, 르완다 등의 내전 지역에서는 전쟁 자금 조달을 위해 막대한 양의 콜탄을 암시장에 거래한다. 우리가 휴대 전화를 최신 기종으로 바꿀수록 더 많은 콜탄이 필요해지고, 그럼 이 자원을 둘러싼 아프리카 내 종족 간 분쟁이나 환경 파괴는 더욱 심해지는 것이다.

서식지가 파괴된 동물들, 밀렵으로 쫓기는 동물들에게 멸종 외에 다른 선택지는 무엇이 있을까? 결국 고릴라의 멸종은 우리와도 무관하지 않다.

르완다 화폐의 주인공, 마운틴고릴라

멸종 위기에 처한 마운틴고릴라 정치·경제적 이해에 따라 움직이는 인간들에 의해 열대 밀림의 진짜 주인들이 신음하고 있다.

아프리카 종족 갈등을 이용하려는 국내외 세력들

아프리카 국경선이 직선인 이유

아프리카에서 한 국가 안에 여러 종족이 살고 있는 곳에는 분쟁의 불씨가 항상 도사리고 있다.

기니 만 연안의 가봉은 인구 약 130만 명에 40여 개 종족이 분포하고 있다. 반면 토고는 프랑스의 식민 지배 과정에서 남북으로 긴 국토를 갖게 되었는데, 남부의 에웨족은 인위적인 국경 설정 때문에 가나·토고·베냉 세 나라로 흩어지게 되었다. 또한 정부가 남부 지역만 집중 개발함으로써 에웨족 중심의 남부 주민과 북부 볼타계 주민 간의 갈등이 지속되고 있다.

이처럼 한 국가 내 다양한 종족의 분포는 분쟁의 가능성을 높이면서 사회 통합의 심각한 장애 요인으로 작용하여 국가의 발전 속도를 더디게 하고 있다. 그러나 분명한 것은 이 모든 것이 아프리카 국가 자신들의 선택이 아니었다는 점이다.

19세기 유럽 국가들이 아프리카 침략에 온 힘을 기울이며, 식민지 쟁탈전은 과열 양상을 띠었다. 프랑스는 세네갈·다호메이, 영국은 감비아·시에라리온, 포르투갈은 앙골라·모잠비크에 거점을 두었다. 벨기에는 콩고 분지에서 영토를 병합했고, 독일도 토고·카메룬·탕가니카와 남서부 아프리카(현재 나미비아)를 수중에 넣었다.

결국 유럽 열강들은 1884~1885년 베를린에서 독일 비스마르크 총리 주재로 '베를린 서아프리카 회의'를 열어 아프리카를 둘러싼 이해관계와 갈등

19세기 유럽 열강들의 아프리카 식민지 쟁탈전

상황을 정리하기로 했다. 그 결과 1900년대에 유럽 열강들의 아프리카 식민 지배 상황은 더욱 고착화되었다.

이때 유럽 열강들은 아프리카 땅을 자신들이 나누기 편한 대로 직선 위주로 선을 그어 분할 통치를 하기로 했다. 분할선은 물론 부족이나 종족 분포를 고려하지 않은 것이었고, 결국 아프리카 국가들이 독립할 때 이것이 국경선이 되어 지금까지 수많은 갈등과 분쟁의 불씨가 되고 있는 것이다.

전쟁터의 군인으로, 떠도는 난민으로

1차 세계 대전에서 영국, 프랑스, 독일 등은 자신들의 식민지를 지키고 전쟁 상대국의 식민지를 최대한 빼앗기 위해 노력했다. 아프리카 식민지는 전쟁 물자를 지원하는 후방 기지로서 중요했으며, 전후 평화협정 시에는 상대국으로부터 빼앗은 식민지를 협상 카드로 이용할 수 있었다.

이 같은 식민지 지배국들의 이해관계는 아프리카 젊은이 약 200만 명을 전장에 내몰았고, 그들 중 20여만 명의 목숨을 잃게 했다. 게다가 2차 세계 대전의 전쟁터는 유럽뿐만 아니라 북부 아프리카까지 확대되어 그 피해를 고스란히 입게 되었다.

식민 지배가 종료된 뒤에도 아프리카에는 평화가 찾아오지 않았다. 식민지 시대 겪었던 종족 간 차별과 갈등은 고스란히 상처로 남아 부족 간의 전쟁과 인종 청소로 이어졌고, 정치적 불안 속에 난민이 속출했다.

이런 상황은 아프리카의 독립 국가들에 유럽의

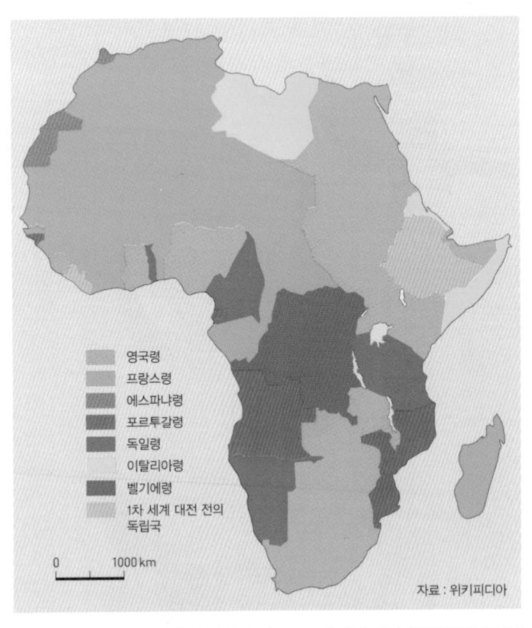

아프리카 국가들의 독립 전 영유권 지도 19세기 말부터 유럽 열강들은 경쟁적으로 아프리카로 진출해 식민지 쟁탈전을 벌였다.

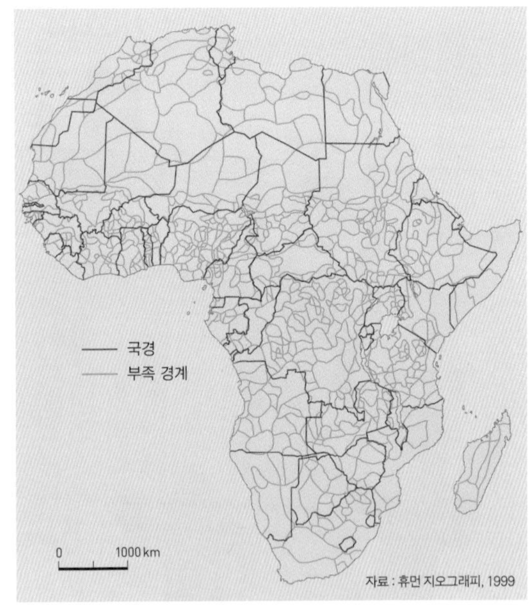

아프리카의 부족 경계와 국가 경계 유럽 열강이 인위적으로 설정한 분할선은 아프리카 국가들이 독립할 때 그대로 국경선이 되었다.

권력이 다시 침투할 수 있는 빌미를 제공했다. 유럽 열강은 물론이고, 1960년대 자이르·앙골라·모잠비크 등지에 소련이 영향력을 행사했으며, 1970년대에는 미국·중국이 영향력 확대를 시도했다.

갈등을 이용하는 세력은 아프리카 외부에만 있는 것은 아니었다. 리비아의 지도자였던 카다피는 1999년 아프리카를 배경으로 서구 세력에 대응할 아프리카 합중국(United States of Africa) 건설을 주장했다.

반미 감정이 강했던 카다피는 오일머니를 배경으로 빈곤한 사하라 이남 아프리카 국가들의 재정을 지원해 주었고, 그 대가로 지지를 얻어 미국에 대응할 아프리카 통합 국가를 건설할 계획을 세웠다. 자신에게 동조하지 않는 국가에는 정부에 대한 반군을 지원해 줌으로써 압박을 가했다. 결국 전쟁에 의해 수많은 희생자와 난민이 발생했다.

리비아 반정부 시위대에 붙잡힌 카다피의 용병들 카다피가 반정부 시위대를 진압하기 위해 고용한 용병들 중에는 보상금을 받고 가입한 사하라 이남 아프리카인들도 많다.

카다피는 2011년 장기 집권과 철권 통치에 반발해 일어난 반정부 시위로 권좌에서 물러나 은신 중 사살되었다.

도움이 절실한 아프리카의 난민들 독재 정치와 내전으로 난민이 속출한 콩고의 난민 캠프에 많은 사람들이 등록을 하고 있다.

희망의 신호탄을 올린 **아프리카**

가난과 질병, 낮은 교육 수준, 부패한 정치인, 종족 간 분쟁, 외세 개입 등, 아프리카가 풀어 나가야 할 과제들은 실로 엮인 촘촘한 그물 같다. 이를 해결할 주체는 제3자가 아닌 바로 그 땅의 주인들. 문제를 제대로 인식하고 이를 해결하려는 '아프리카 사람들의 실천'이야말로 아프리카의 가장 큰 희망이다.

에이즈 퇴치 기금 마련을 위한 46664 콘서트에서 인사하고 있는 만델라 남아프리카 공화국 전 대통령 만델라 탄생 90주년을 기념하여 2008년 6월 27일 런던의 하이드파크에서 열렸다. 만델라의 죄수 번호인 46664는 이제 자유와 인간 구원의 표상이 되었다.

아프리카 주요국 자원 분포 아프리카는 풍부한 천연자원을 바탕으로 한 성장 잠재력이 매우 큰 대륙이다.

 아프리카를 밝히는 희망의 불빛들

흑인 인권 운동의 상징, 넬슨 만델라

아프리카에 희망의 불을 밝힌 사람으로 만델라를 빼놓을 수 없다. 넬슨 만델라(1918~2013)는 27년의 수감 생활을 견디고 흑인 인권을 위해 투쟁하며 남아프리카 공화국(남아공)의 첫 흑인 대통령이 된 인물이다.

다른 아프리카 국가들에 비해 백인 비율이 높은 남아프리카 공화국에는 '아파르트헤이트'라는 정책이 있었다. 이는 신분을 백인, 흑인, 유색인, 인도인 등 4등급으로 나누어 거주지 및 출입 구역을 분리한 역사상 유례없는 인종 차별 정책이었다.

만델라가 대통령으로 선출되자 남아공의 백인들은 보복을 두려워했지만, 만델라는 "남아프리카 공화국 국민이라면 피부색, 종교, 남녀 구분 없이 동등한 권리를 갖게 될 것입니다. 백인도 남아공의 형제요 국민이니까요."라며 공존을 선언했다. 또한 1994년 4월 27일, 아파르트헤이트를 완전히 폐지하는 사회적 합의를 이끌어 냈다. "인생의 가장 큰 영광은 넘어지지 않는 데 있는 게 아니라 넘어질 때마다 일어서는 데 있다"고 말하며 실천하는 그의 의지는 아프리카의 미래를 비추는 희망이 되었다.

전쟁을 멈추게 한 축구 선수, 드록바

여기 '전쟁을 멈추게 한 사나이'가 있다. 영국 프리미어리그에서 득점왕을 두 번이나 거머쥐었던 축구 선수, 디디에 드록바. 그는 자신의 조국 코트디부아르를 월드컵 본선에 최초로 진출시킨 장본인이기도 하다.

코트디부아르는 아프리카 서부 지역에 있는 세계 최대의 카카오 생산국이다. 프랑스 식민지로부터 독립한 코트디부아르는 크리스트교 세력인 남부와 이슬람 세력인 북부 지역 간 갈등이 심하다.

2002년 정부를 장악한 남부 세력이 카카오 수출 이득을 부당하게 가져간다며 북부 세력이 쿠데타를 시도했다. 이것이 실패한 뒤 이어진 5년간의 내전으로 수만 명이 희생되었다. 이때 카카오가 양측의 전쟁 자금으로 쓰이면서 '피의 초콜릿'이란 말까지 생겨났다.

이처럼 치열했던 전쟁이 2005년 10월에 잠깐 중단되었다. 당시 코트디부아르 축구 국가 대표팀이 월드컵 본선 티켓을 획득하면서 드록바 선수가 텔레비전 생중계 카메라 앞에 무릎을 꿇고 호소했기 때문이다. "사랑하는 조국의 국민 여러분, 적어도 일주일만이라도 무기를 내려놓고 전쟁을 멈춥시다." 이 감동 어린 호소가 기적을 가져왔다.

일주일 동안 코트디부아르에서는 건국 최초로 총성이 울리지 않았고, 2년 뒤에는 내전이 종식되었다. 드록바는 꾸준한 자선 활동은 물론 아프리카의 문제를 세상에 알리며, 아프리카의 교육 환경 개선 및 에이즈 치료를 위한 활동에 참여하고 있다.

"당신에게 조국은 어떤 의미를 갖느냐?"는 기자의 질문에 그는 이렇게 말했다. "내 심장은 언제나 코트디부아르와 함께 뛰겠습니다. 내 조국의 주장 완장을 달고 뛴다는 사실만으로도 내 자신이 늘 자랑스럽습니다."

환경 운동으로 독재 정권에 저항한 왕가리 마타이

조국을 넘어 아프리카 대륙 전체를 사랑한 한 여성이 있다. 아프리카 최초의 여성 노벨 평화상 수상자인 왕가리 마타이는 당시 영국의 식민지였던 케냐에서 가난한 소작농의 딸로 태어났다. 그녀는 자식 교육에 열성적인 아버지 덕분에 미국과 독일에서 생물학을 공부하고 석사 학위를 취득한 후 고국으로 돌아왔다.

그녀가 걸어온 길은 모두 '아프리카 여성으로서는 처음' 있는 일이었다. 나이로비 대학의 첫 여성 교수가 된 그녀는 케냐 농촌의 가난과 물 부족, 영양 결핍 등 비참한 현실을 개선하고자 했다. 케냐의 여성들은 땔감과 식수를 얻기 위해 매일 수십 킬로미터를 걸어야만 했다.

당시 케냐 정부는 외국 자본을 끌어들여 국유지나 공유지를 개발해 부패한 정권의 이익 챙기기에 급급할 뿐, 국토가 파괴되고 국민의 삶이 망가지는 데는 무관심했다.

왕가리 마타이는 그린벨트 운동을 조직해 여성들에게 나무 심는 법, 가난을 벗고 자립하는 법, 남성의 소유물이 아닌 인간으로 사는 길을 제시했다.

그녀의 환경 운동은 독재 정권에 대한 저항이자 남성들의 권위에 대한 도전이었기 때문에 그녀는 구속과 가택 연금, 폭행, 테러에 시달려야 했다.

하지만 그녀는 결코 포기하지 않았다. 아프리카

전쟁을 멈추게 한 사나이, 드록바 2005년 10월, 코트디부아르 월드컵 축구 본선 티켓을 획득하면서 드록바 선수는 TV 생방송을 통해 조국에서 잠시 동안이라도 내전을 중지할 것을 호소했다. 그리고 일주일간 총성이 멈추는 기적이 일어났다.

왕가리 마타이(1940~2011) 케냐의 환경 및 정치 운동가인 그녀는 지속 가능한 발전과 민주주의, 평화에 기여한 공로를 인정받아 아프리카 여성으로는 처음으로 2004년 노벨 평화상을 수상했다.

전역에 3500만 그루의 나무를 심고, 녹색당을 결성하여 야당과 연대해 케냐의 독재 정권을 물리치고 민주화의 기초를 다졌다. 환경 운동을 통해 무지로 인한 빈곤의 악순환을 끊고자 노력했고, 독재 정권에 대한 저항을 넘어 천연자원을 잠식하고 경제적 불균형을 조장하는 거대 자본의 문제를 해결하고자 했다.

아프리카의 자연환경이 나아지면 주민들의 삶이 나아질 것이라는 신념으로 한길을 걸은 '나무의 어머니', 그녀의 삶은 아프리카 대륙에 수많은 희망의 싹을 틔워 내는 밑거름이 되었다.

아프리카 원조, 그들에게 약인가 독인가?

아프리카가 빈곤과 질병으로부터 벗어나기 위해서는 외부 세계의 도움도 절실하다. 그런데 지난 수십 년간 세계 각지에서 적지 않은 원조가 제공됐는데 왜 아프리카는 아직까지도 최악의 빈곤에서 벗어나지 못하는 걸까? 앞에서도 말했듯이 부패한 정부와 불안한 정치 상황이 아프리카 빈곤의 가장 고질적인 원인이다.

유럽 연합이 아프리카 차드에 보낸 보건 지원금 중 실제 지역 보건소에 전달된 액수는 1%도 되지 않았다고 한다. 그렇다면 나머지 99%는 어디로 간

국제 구호 기구의 도움으로 식량을 원조받는 부룬디의 난민들

것일까? 많은 원조 금액이 독재 정부나 군대로 흘러 들어갔으리라 추측할 뿐이다.

오늘날 '원조 산업'에 종사하는 인구만 해도 50만 명에 달한다. 하지만 국제 연합(UN), 세계은행, 국제 통화 기금(IMF), 각종 비정부 기구(NGO), 민간 자선 단체 등, 각 국가나 단체의 원조가 '아프리카의 발전'이라는 애초의 목적은 온데간데없이, 아프리카 내 입지 강화를 위한 생색 내기 수단이 된 현실도 그 원인이라고 해야 할 것이다.

아프리카를 살리는 진정한 원조가 되려면 각 지역의 실정에 맞는 원조로 바뀌어야 한다. 말라리아 방지를 위해 아프리카에 모기장을 제공한다고 치자. 원조 물품을 무상으로 시장에 풀면 지역의 영세 제조업자들이 다 망하게 된다. 그 사회 내의 모기장 생산 능력이 완전히 없어지고, 제공된 모기장의 수명이 다했을 때 외부 원조도 없다면, 이들은 말라리아에 고스란히 노출될 것이다.

그래서 미국의 국제 인구 서비스(PSI)는 모기장에 낮은 가격을 매겨 시장에 파는 방식을 택했다. 그 결과 적은 돈조차 낼 수 없는 사람들에게는 보급이 어렵다는 문제가 남긴 했어도, 모기장 보급률을 혁신적으로 높일 수 있었다. 이처럼 아프리카 사람들이 스스로 원조를 자생의 기회로 삼을 수 있도록 하는 배려와 고민이 필요하다. 그래야만 원조가 독이 아니라 약이 될 수 있는 것이다.

수많은 아프리카 문제의 해결책을 찾는 것은 상당히 어렵겠지만, 해결 주체가 누구여야 할지는 명확하다. 제3자가 아닌 바로 그땅의 주인들. 문제를 제대로 인식하고 이를 해결하려는 '아프리카 사람들의 실천'이야말로 아프리카의 가장 큰 희망이다.

국제 연합이 제공한 모기장을 받고 환하게 웃는 아프리카 어린이 이 모기장은 아프리카 사람들에게 약이 되는 원조일까, 독이 되는 원조일까?

말라위의 축복, 바람을 길들인 풍차 소년 캄콤바

"나는 아프리카를 살리는 혁신 기술자가 될 거야!"

안녕? 나는 '풍차 소년'으로 알려진 윌리엄 캄콤바야. 내 고향은 아프리카 남동부에 자리한 말라위의 농촌 마을이지. 우리나라는 '심칼리차(난 어차피 죽을 거예요)', '펠란투니(빨리 죽여 주세요)', '말리로(장례)', '만다(비석)' 같은 이름을 가진 사람이 많을 만큼 배고프고 가난한 나라야.

내가 열네 살 되던 해에 유난히 가뭄이 심했어. 우리 가족도 하루에 한 끼만 먹을 정도로 어려웠고, 난 학비 80달러를 내지 못해 카초롤로 중등학교에서 쫓겨났지. 하지만 나는 과학자의 꿈을 포기할 수 없어서 농사일 하는 틈틈이 초등학교 도서관을 찾아가 과학책을 읽었어.

어느 날 발견한 책 한 권이 내 인생을 바꾸어 놓았어. 미국 초등학교 과학 교과서 『에너지의 이용』이란 책의 표지 사진을 보면서 그게 바람을 이용해 전기를 만드는 풍차라는 걸 나중에야 알았지. 바람이라면 우리 동네에도 얼마든지 있는데……. 순간 바람은 하느님이 말라위에 주신 선물이라는 생각이 들었어. 우리나라에는 국민의 2% 정도만 전기를 사용하고 있었거든. 풍차를 만들어 전기를 생산하면 밤에도 책을 읽을 수 있고, 펌프로 물을 길어 올려 1년 내내 농사를 지을 수도 있잖아. 그럼 굶주림에서도 벗어나고 학교도 다닐 수 있게 되겠지. 그건 내게 자유를 의미해.

난 풍차를 만들겠다고 결심했고, 재료를 구하기 위해서 쓰레기 더미를 뒤지기 시작했어. 사람들이 미쳤다고 놀려댔지만 나는 고장 난 자전거 바퀴와 체인, 빨랫줄로 쓰던 전선, 녹슨 트랙터에서 떼어 낸 송풍 팬을 이용해 풍차를 만드는 데 성공했지. 이 사실이 세상에 알려지면서 나는 혁신적 기술자와 기업인들의 모임인 TED의 글로벌 연구원이 되었고, 남아프리카 공화국에서 못다 한 공부를 계속하게 되었어.

사람들이 내게 만드는 법도 모르면서 어떻게 했냐고 물어서 내가 대답했지. "I tried and I made it(난 시도했고, 그것을 만들었어요)." 풍차를 만들면서 내가 깨달은 건, 뭔가를 이루고 싶다면 무조건 시도해 봐야 한다는 거야. 난 앞으로 아프리카 전역의 시골 마을에 물과 전기를 공급하는 일에 힘쓰고 싶어.

캄콤바가 만든 12m 높이의 풍차 그가 만든 것은 단순한 풍차가 아니었다. 어두운 말라위의 현실에 희망의 불을 밝힌 동력이었다.

카다피의 본거지 점령 소식에 환호하는 리비아 사람들 2011년 8월 24일 리비아의 트리폴리 시민들이 독재자 카다피의 본거지가 점령되었다는 소식에 환호하고 있다.

 재스민 혁명은 계속된다

민중의 힘으로 독재 정권을 무너뜨리다

1950년 이후 아프리카 국가들은 속속 독립했지만, 노예 매매부터 식민지로 이어진 500년 질곡의 역사를 50년 만에 정상으로 만들기는 어려운 일이었다. 수많은 문제를 떠안은 아프리카의 신생 독립국가 대부분은 군부 출신 독재자들이 정권을 장악했다. 이들은 서구 열강의 지원을 등에 업은 채 권력을 유지했고, 그 대가로 국부를 해외에 유출했다.

아프리카의 대농장 소유권은 대부분 유럽이나 미국의 다국적 기업에게 있고, 아프리카의 자원 역시 유럽과 미국의 소비자를 위해 사용되고 있다. 아프리카 사람들은 독립 후 지금까지 부족한 식량과 불안한 물가, 부패한 정치에 시달리며 고통으로 신음해야 했다.

그런데 최근 아프리카에 새로운 장이 열리는 희망적인 사건이 있었다. 만성적인 실업과 높은 물가에 고통 받던 튀니지 시민들이 2010년, 23년간 권력을 잡고 있던 벤 알리 독재 정권을 무너뜨린 것이다. 이른바 '재스민 혁명'이다. 재스민은 튀니지 어디서나 볼 수 있는 꽃으로, 민중을 상징한다.

재스민 혁명이 불씨가 되어 북아프리카에서 서남아시아에 이르는 이슬람 지역에 민주화 운동이 일어나 '아랍의 봄'을 맞이했다. 이로써 2011년 튀니지 대통령의 해외 망명에 이어 이집트의 독재자

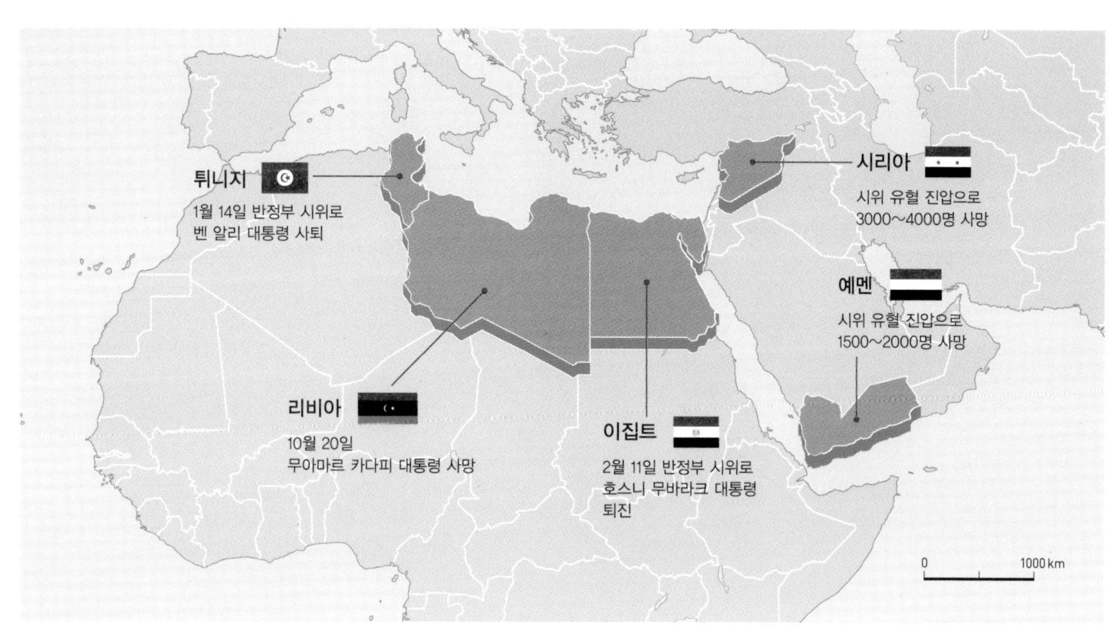

2011년 '아랍의 봄' 각국별 주요 진행 현황

무바라크 대통령이 물러났고, 스스로 아프리카 왕이라 자처했던 리비아의 카다피도 최후를 맞았다.

혁명의 불길, 사하라 이남으로 번지진 못했지만

이 소식은 지구촌 곳곳으로 퍼져 나갔다. 아프리카의 민주화를 갈망하는 세계 사람들은 시민 혁명을 응원했다. 혁명의 소식은 스마트폰에 담겨서 세계에 실시간으로 전달되었고, 그 영향으로 사하라 이남 아프리카 각국에서도 크고 작은 반정부 시위가 일어났다.

세계 사람들은 사하라 이남 아프리카의 민주화 여부에 관심을 모았다. 장기 집권과 부정부패, 극심한 실업률, 소득 양극화 등의 문제를 사하라 이남 국가들도 갖고 있었기 때문이다. 그러나 안타깝게도 사하라 이남에서 벌어진 반정부 시위는 대부분 진압되었고 더 이상 확산되지 못했다.

사하라 이남의 아프리카 사람들은 왜 타오르는 혁명의 분위기를 살리지 못했을까? 그 이유는 크게 두 가지로 볼 수 있다.

첫 번째 이유는 사하라 이북 아프리카가 문화적 동질성이 큰 데 비해 사하라 이남 아프리카는 동질성이 매우 미약하다. 재스민 혁명과 관련한 튀니지, 리비아, 이집트는 이슬람 문화를 공유하여 '무슬림 형제'라는 동질감을 갖고 있다. 튀니지의 한 젊은이가 분신자살을 했을 때 그들은 서로 간에 연대감을 느끼고 혁명에 뛰어들었다. 그에 비해 사하라 이남 아프리카는 부족 중심의 사회이기 때문에 연대감이 매우 부족한 편이다.

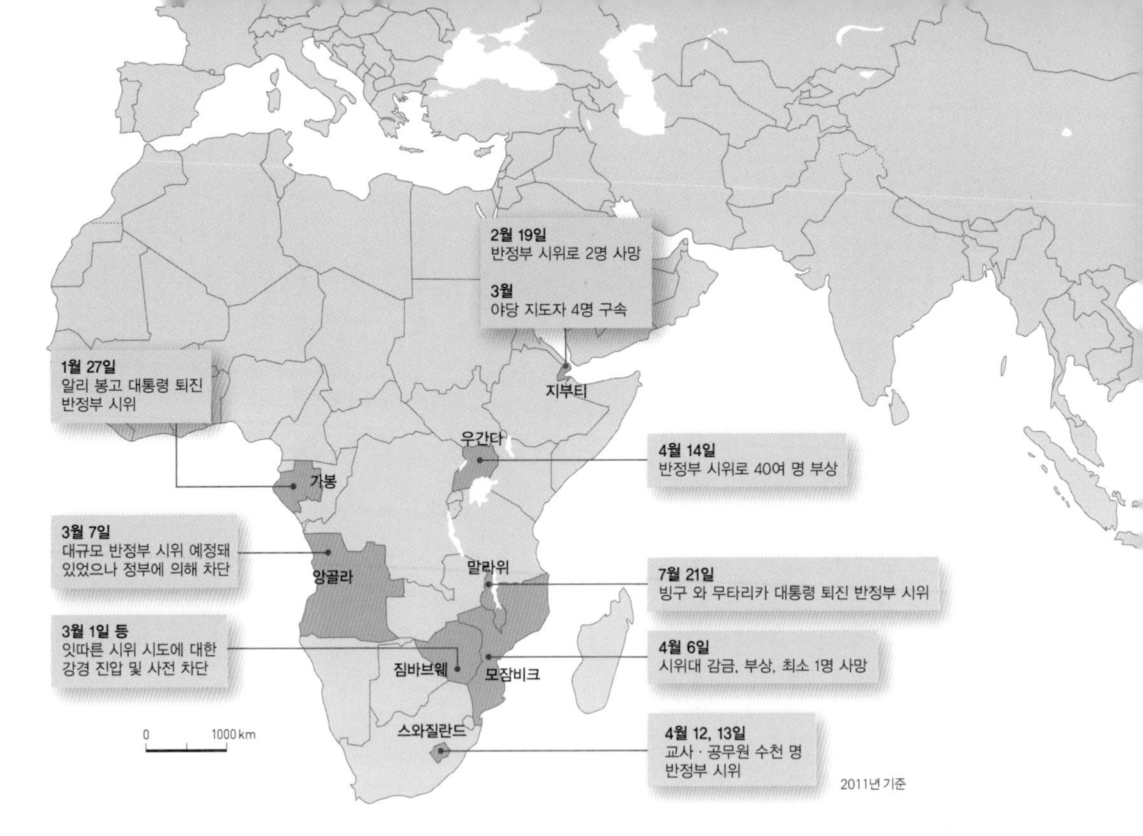

'아랍의 봄' 직후 사하라 이남 아프리카 주요 반정부 시위

두 번째 이유는 사하라 이북의 아프리카가 사하라 이남보다 경제적 수준이 높다는 것이다. 튀니지와 이집트에서 반정부 시위를 시작한 사람들은 청년층이었지만, 이들을 지지하여 지속적으로 힘을 실어 준 것은 중산층이었다. 소득 수준이 높은 중산층들은 각종 매체를 접할 수 있는 계층이다. 그들은 인터넷과 위성 텔레비전을 통해 다른 국가의 민주화를 확인했고, 자신들의 국가가 얼마나 비민주적인지 비교할 수 있었다.

반면 사하라 이남 아프리카의 경우 대부분의 사람들이 극빈층이다. 교육을 제대로 받지 못하고 간신히 굶주림에서 벗어난 그들에게 시민 의식이나 사회 구조 개혁을 기대하기는 어려운 일이다.

이런 이유로 재스민 혁명은 사하라 이남 아프리카 지역으로 전파되진 못했지만, 이를 지켜본 수많은 사하라 이남 아프리카 사람들의 마음에 변화의 바람이 부는 것까지 막을 수는 없었다. 2012년 3월에 치러진 세네갈 대통령 선거에서 결선 투표까지 가는 접전 끝에 기존 대통령인 와데 후보가 마키 살 후보에게 패배하자 이를 순순히 인정하며 평화적인 정권 교체가 이루어졌다. 재스민 혁명은 앞으로 사하라 이남 아프리카에서도 서서히 그 영향력을 발휘할 것이다.

서서히 기지개를 켜는 아프리카의 경제

해발 2400m 고지대에 위치한 에티오피아의 수도 아디스아바바는 지금 수많은 공사가 진행 중이다. 한때 세계 최대의 빈민촌이었다는 사실이 믿기지 않을 만큼 고급 호텔과 빌딩이 속속 들어서고 있다.

이런 성장세는 비단 에티오피아만의 현상은 아니다. 아프리카는 지금 풍부한 천연자원과 성장 잠재력을 바탕으로 '기회의 땅'으로 주목받고 있다. 2001~2010년 동안 전 세계에서 가장 빠른 경제 성장률을 기록한 상위 10개국 안에 아프리카, 그것도 사하라 이남 국가가 무려 6개국이 들어 있다.

또한 국제 통화 기금(IMF)이 신정한 2011년부터 향후 5년간 급성장할 세계 10개국 가운데 7개국이 사하라 이남 아프리카 국가였다.

이처럼 전 세계가 아프리카의 경제적 잠재력에 주목하는 가장 큰 이유는 풍부한 천연자원에 있다. 세계에서 두 번째로 넓은 대륙 면적에다, 시원생대 이래 생성된 지질 구조 덕분에 금, 은, 다이아몬드, 보크사이트 등의 광물 자원과 석유, 천연가스 등 에너지 자원의 매장량이 어마어마하다.

아직 땅속에서 잠자는 자원까지 생각하면 그 양은 가늠하기조차 어렵다. 그래서 전 세계 정치인들은 자원을 얻기 위해 아프리카 순방길에 오르고, 세계 각국의 다국적 기업이나 투자자들은 아프리카에서 일확천금을 노리기도 한다.

특히 중국은 아프리카에 공적 개발 원조(ODA)를 전폭 지원하며, 현지 인프라를 건설해 주고 자원 개발권을 얻어 가고 있다. 뿐만 아니라 아프리카에 '제2의 홍콩'을 건설한다며 나이지리아의 레키 자유 무역 지대를 조성하고 있다. 홍콩의 1.5배 규모의 부지에 항만 · 공항 · 호텔 · 쇼핑몰 · 대규모 전시 공간 등을 마련하고, 이곳에서 제품을 생산해 아프리카는 물론 유럽으로 수출하겠다는 계획

아프리카 주요 광물 보유 현황과 외국인 직접 투자 유입액

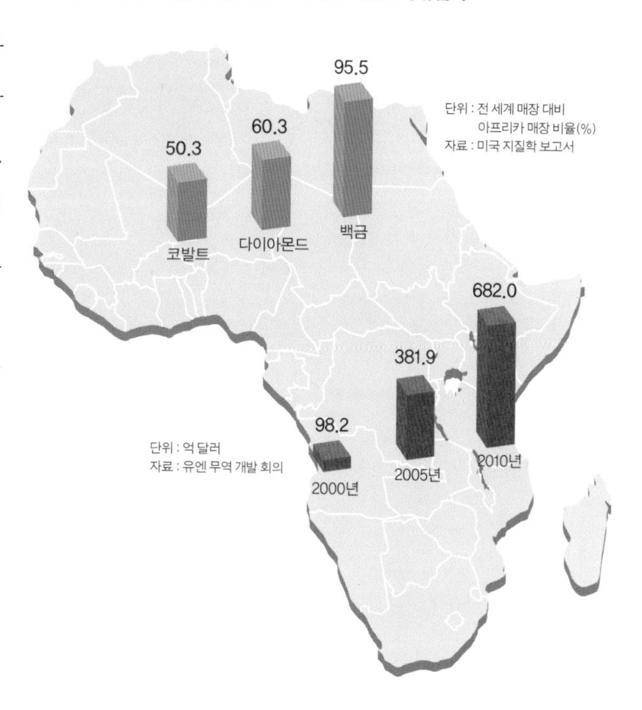

세계 최빈국에서 놀라운 경제 성장을 이루고 있는 에티오피아 수도인 아디스아바바는 도시 전체가 거대한 공사장을 방불케 할 정도로 현재 개발이 한창이다.

가나의 초등학교 수업 시간 가나는 아프리카에서 교육열이 높은 국가로 손꼽힌다. 적극적인 교육 정책 덕분에 아프리카의 다른 국가들에 비해 상대적으로 교육 수준이 높은 편이다.

이다. 이처럼 아프리카 관련 프로젝트들은 대부분 중국을 비롯해 해외 메이저 업체들이 휩쓸고 있다.

아프리카 대륙이 또다시 자원을 둘러싼 선진국들의 총성 없는 전쟁터가 되는 것은 아닌지 우려스러운 부분이 있다. 하지만 아프리카 국가들에게서 과거 식민지 시절의 모습과는 확연히 달라진 주체적인 모습들이 보인다.

나이지리아는 아프리카 최대의 원유 생산국이자 2013년 현재 인구가 1억 7000만 명이 넘는 아프리카 최대의 인구 대국이다. 이런 강점을 바탕으로 나이지리아는 2020년 세계 20위권의 경제 대국으로 발돋움하겠다는 포부를 밝히고 있다.

아프리카의 미래를 밝히는 교육 투자

10억 인구의 아프리카는 향후 소비 시장으로의 가치도 높아질 것이다. 지금은 부유층이 소수이지만 경제가 성장하면 소비층도 자연히 증가할 것이다.

아프리카 개발 은행(ADB)의 발표에 따르면, 아프리카 중산층은 지난 30년간 3배나 증가해 3억 1300만 명에 달하는 반면 빈곤층은 꾸준히 감소하는 추세이다. 아울러 분쟁이나 부정부패, 범죄, 질병 등 아프리카의 발전을 가로막던 요인들이 점차 줄어들고 있는 것도 매우 희망적이다.

무엇보다 아프리카의 미래가 밝은 것은 교육 때문이다. 아프리카 지역의 초등학교 졸업 비율이 해마다 꾸준히 상승하고 있는 것은 아프리카의 미래

아디스아바바에 세워진 아프리카 연합 컨벤션 센터 2012년 1월에 세워진 약 100m 높이의 이 복합 건물은 에티오피아 정부가 제공한 부지에 중국이 2억 달러(약 2240억 원)를 들여 완공하고 기증했다.

를 짊어질 '사람'에 대한 투자가 이루어지고 있음을 말해 준다.

우간다 정부의 경우, 교육에 적극적으로 투자하여 2008년 현재 건설 사업 다음으로 국가 예산에서 교육이 두 번째 자리를 차지하고 있다. 우간다에서는 초등학교와 중·고등학교 교육 과정이 무상으로 이루어지고 있다. 이 때문에 우간다가 머지않은 미래에 아프리카의 리더로 도약할 것이라고 전망하는 견해도 있다.

'황금 해안'으로 알려진 가나는 아프리카에서 교육열이 높은 국가이다. 1만 2000여 개의 초등학교와 5400여 개의 중·고등학교, 27개의 대학교가 있어 아프리카에서 학교가 많은 나라로 손꼽힌다.

2012년 1월, '아프리카 내부 무역의 촉진'에 관한 논의를 위해 에티오피아 아디스아바바에 있는 아프리카 연합(AU) 본부에 각 나라의 대표가 모였다. 아프리카 연합은 50여 개 아프리카 국가로 구성된 정부 간 기구이다.

식민 잔재·빈곤·기아·난민·에이즈, 분쟁 등 해결해야 할 문제가 쌓여 있지만, 아프리카 사람들은 주저앉지 않고 새로운 도약을 준비하고 있다.

희망을 품은 아프리카가 국제 무대에 21세기의 주역으로 등장하고 있다. 바로 지금 세계는 인류가 시작된 곳, 생명력이 넘치는 땅, 문화적인 저력을 간직한 대륙, 경제적 잠재력을 지닌 아프리카를 주목할 때이다.

Ⅱ

알록달록 모자이크
유럽

수많은 나라들이 오밀조밀 모여 모자이크를 이룬 유럽, 근대 세계에 큰 영향을 끼쳤지만 동시에 큰 상처를 안겨 준 대륙. 각양각색의 특징을 간직한 유럽의 나라들은 서로 어울려 조화롭게 살아가기 위한 다양한 시도를 하고 있다. 하나 된 유럽을 만들기 위해 이들은 현재 어떠한 노력을 기울이고 있을까?

그리스의 산토리니 섬

유럽 통합 50주년 기념 축하 공연

Polonia
Rep.Checa
Eslovaquia
Austria
Hungria
Eslovenia
Rumania
Bulgaria
Grecia

물의 도시, 이탈리아의 베네치아

1 음식으로 보는 유럽의 자연환경

같은 유럽이라 해도 북서 지역과 남부 지역 간의 음식은 형태와 맛이 천차 만별이다. 이렇게 음식 문화의 차이가 생긴 데에는 유럽의 가운데에 우뚝 솟아 있는 알프스 산맥의 영향이 매우 크다. 알프스 산맥을 중심으로 남북 간의 기후 차가 크기 때문에 두 지역에서 자라는 식물이나 주요 생산물이 다를 수밖에 없는 것이다.

유럽의 다양한 빵들 단순하고 투박한 빵에 치즈와 버터, 올리브 오일, 과일 등을 곁들여 먹는 것이 유럽 사람들의 한 끼 식사이다.

빵에 담긴 북서유럽의 자연

유럽의 들판을 닮은 빵

길을 가다가 빵집에서 막 구워 낸 고소한 빵 냄새를 맡았을 때 '매일 빵을 먹는 유럽 사람들은 얼마나 좋을까!' 생각해 본 적은 없는가? 특히 온갖 모양으로 예쁘게 구워진 다양한 빵들은 맛도 좋을 뿐 아니라 시각, 후각까지 사로잡으며 많은 사람들의 사랑을 받고 있다.

오래전 유럽 사람들이 즐겨 먹던 빵의 모습은 지금과는 많이 달랐다. 우리가 프랑스의 가장 대표적인 빵으로 생각하는 바게트 빵도 실은 19세기에 등장한 것으로, 역사가 그리 길지 않다.

그보다 훨씬 전부터 서민들이 전통적으로 즐겨 먹던 빵은 자연 발효시켜 만든 둥글고 투박한 모양의 커다란 빵이다. 생긴 것만큼이나 재료도 간단해서, 밀가루에다 물과 약간의 소금만 넣는다. 크기도 지금보다 훨씬 커서 어른 머리만 한 것도 있었다. 작게 만들면 금방 굳어서 딱딱해지기 때문에 크게 만들어서 장기간 보관해 두고 먹은 것이다. 프랑스의 오래된 빵집에서는 지금도 전통 방식으로 구운 둥글고 커다란 빵을 팔고 있다.

이처럼 빵은 예나 지금이나 유럽 사람들의 주식이고, 빵의 주재료가 되는 밀은 유럽에서 재배 비

프랑스의 유명 전통 빵집에서 구워지는 빵 프랑스 시내에 있는 100년 전통의 빵집 '푸알란'에서는 예전 방식 그대로 밀과 물, 소금만으로 둥글고 투박한 모양의 큰 빵을 만든다.

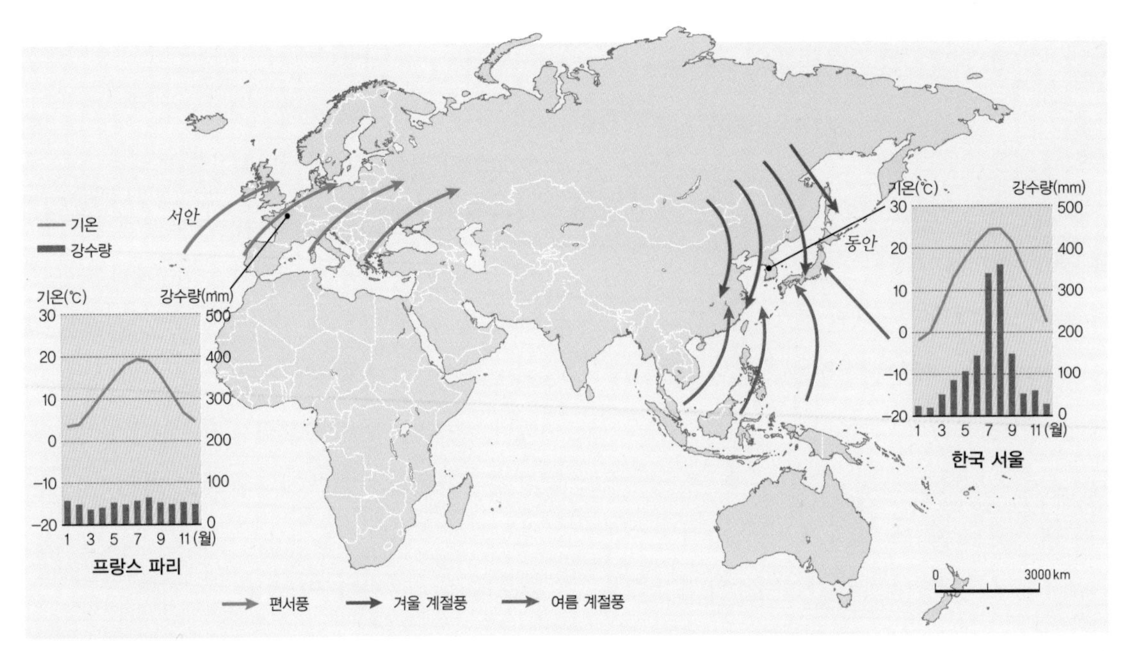

대륙 서안과 대륙 동안의 기후 차이 대륙의 서안에 속하는 유럽은 1년 내내 편서풍과 난류의 영향으로 연교차가 적은 해양성 기후의 특징이 나타난다. 반면 대륙 동안에 속하는 동아시아 지역은 계절풍의 영향으로 연교차가 큰 대륙성 기후의 특징이 나타난다.

중이 가장 높은 식량 자원이다. 밀은 생장 조건이 까다롭지 않아 강수량이 적어도 잘 자라는 편이다. 반면 더위에 약해 열대 지방에서는 잘 자라지 않는다.

밀이 잘 자라는 서안 해양성 기후

북서유럽 지역은 북대서양 난류와 편서풍의 영향으로 같은 위도상의 대륙 동안보다 기온의 연교차가 작아 겨울은 온난하고 여름은 서늘하다. 또한 한 해의 강수량도 비교적 고르다. 밀은 바로 이런 서안 해양성 기후•에서 잘 자란다.

반면 벼는 성장기에는 고온 다습하고 수확기에는 건조한 기후에서 잘 자란다. 밀보다 재배 조건이 까다로운 셈이다. 그런 이유로 쌀은 여름철 고온 다습한 계절풍의 영향을 받는 동남아시아 지역에서 많이 생산되는 것이다.

유럽은 계절에 따른 기후 변화가 적어 사람이 살기에는 좋지만 벼를 재배하는 데는 적합하지 않다. 하지만 밀은 벼보다 기온이 낮고 비가 적게 오는 환경에서도 열매를 맺기 때문에 유럽 사람들은 자연스럽게 유럽의 기후 조건에서 잘 자라는 밀을 재배하게 되었다.

• 서안 해양성 기후
남북위 40~60°의 대륙 서안에 분포하는 온대 기후로 북서유럽, 북아메리카 서안, 칠레 남부, 오스트레일리아 남동부, 아프리카 남동부 등에서 나타난다. 목초 재배에 유리한 기후 조건으로 낙농업과 혼합 농업이 발달했다.

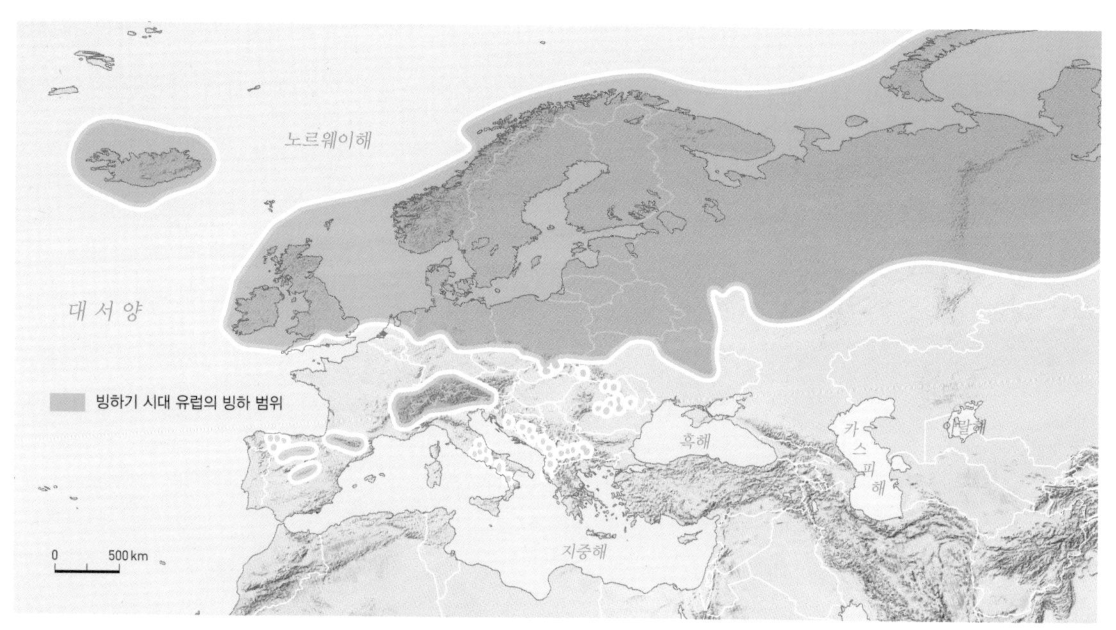

유럽의 빙하 분포 빙하기에 북유럽 대부분의 지역과 서유럽의 상당 부분이 빙하에 덮여 있었는데, 이로 인해 다양한 빙하 지형이 만들어지기도 했다.

빙하의 영향을 받은 유럽의 토양

기후 조건이 맞았다 해도 밀을 재배하는 것이 쉬운 일은 아니었다. 밀 재배는 기후의 제약이 적은 대신 지력(농작물을 길러 내는 땅의 힘) 소모가 크다는 단점이 있다. 빙하의 영향을 받은 유럽의 토양은 아주 척박해서 밀을 재배하는 데 어려움이 많다.

신생대 제4기(약 260만 년 전~현재)에 들어서면서 지구에는 현재보다 평균 기온이 3~5℃ 정도 내려가는 빙하기가 여러 차례 반복되었다. 빙하기 때 북위 50° 이상의 고위도 지역에는 눈이 녹지 않고 차곡차곡 쌓여 빙하가 만들어졌다. 유럽도 예외가 아니어서 지금의 남부 지역을 제외한 북서유럽 지역은 대부분 빙하로 덮여 있었다. 빙하 아래 토양은 무거운 빙하에 짓눌리고 긁혀서 토양층이 벗겨지고 곳곳이 움푹 파인다. 또 새로운 퇴적물이 쌓이지 못해서 영양분이 제대로 공급되지 못한다.

지금처럼 농업 기술이 발달하지 않았던 과거의 유럽 사람들은 이런 토양에서 연속해서 밀농사를 짓기가 어려웠다. 그래서 매년 농작물을 재배하면서도 지력을 유지할 수 있도록 경작지를 여름 작물 재배지, 겨울 작물 재배지, 휴경지로 3등분하여 돌려 짓는 삼포식 농업, 혹은 감자나 사탕무 같은 작물과 밀을 여러 개로 나누어 놓은 경작지에서 순서대로 재배하는 돌려 짓기 농업을 했다.

빵의 맛을 결정하는 유럽의 바다

빵을 만들 때 소금은 빵 맛을 결정하는 중요한 역할을 한다. 유럽에서는 다양한 빵과 더불어 품질 좋은 소금을 생산하기로 유명하다.

유럽의 소금은 갯벌에서 바닷물을 증발시켜 만드는 천일염이 많다. 그중 최상품은 프랑스의 브르타뉴 반도에서 생산되는 '플뢰르 드 셀(소금의 꽃)'이다. 이 소금은 조그만 양념통 정도의 양이 10유로(약 1만 5000원)나 하고, 특히 프랑스의 고급 요리에는 반드시 들어갈 정도로 귀한 대접을 받는다.

유럽의 북해 연안과 브르타뉴 반도를 포함한 프랑스 북서쪽 지역은 조수 간만의 차이가 크고 해안선의 드나듦이 복잡하여 갯벌이 발달해 있다.

드넓은 갯벌은 유럽 사람들에게 깨끗하고 풍부한 소금만 가져다 준 것이 아니다. 네덜란드는 프랑스, 덴마크, 독일이라는 강대국의 틈바구니에서 식량 생산을 늘리기 위해 북해 연안의 널따란 갯벌을 간척하여 농경지를 확보했다. 풍차는 이 과정에서 갯벌이나 늪지대의 물을 퍼내기 위해 이용했던 시설이다.

큰 조차는 최근 화석 연료의 대안으로 떠오르는 신재생 에너지 중 하나인 조력 발전에 이용되기도 하는데, 프랑스의 랑스 조력 발전소, 영국 북아일랜드의 스트랭퍼드 만 조력 발전소가 대표적이다.

유럽에서 품질 좋은 소금이 나오는 이유 유럽의 북해 연안, 프랑스 북서부 해안뿐만 아니라 우리나라의 황해안, 북아메리카 북동부의 펀디 만, 아마존 강 하구 등 조수 간만의 차가 4m 이상으로 큰 해안은 세계적인 갯벌 지대를 이루며 품질 좋은 천일염을 생산하고 있다.

큰 조차를 활용한 프랑스의 랑스 조력 발전소 1967년 완공된 세계에서 두 번째로 큰 조력 발전소이다. 최근엔 조력 발전소 건설로 인한 주변 생태계 파괴, 해안 환경 변화 등의 문제가 커지면서 조력 발전의 친환경성에 대한 의문이 제기되기도 한다.

 유럽 농업의 특징과 낙농업의 발달

산업 혁명이 가져온 농업의 변화

산업 혁명은 18세기 후반부터 약 100년 동안 유럽 사회의 많은 분야에 큰 변화를 가져왔다. 농업도 그중의 하나였다. 산업 혁명으로 경제가 성장하고 인구가 늘어나자 농작물에 대한 수요도 폭발적으로 증가했다. 하지만 기존의 농업 방식으로는 그 수요를 감당할 수가 없었다.

그즈음 아메리카와 오스트레일리아 대륙 등의 식민지에서 막대한 양의 곡물이 쏟아져 들어왔다. 좋은 자연환경에서 적은 인건비를 들여 생산된 식민지 곡물은 싼 가격에 생산량이 월등히 많았기 때문에 유럽에서 생산된 곡물과의 가격 경쟁에서 큰 우위를 보였다.

유럽의 농부들은 경쟁력이 없는 밭농사 대신 가축 사육을 특화할 수 있는 방안을 모색했다. 당시엔 냉동선이 발명되기 전이라 식민지의 좋은 환경에서 제아무리 질 좋은 고기를 생산해도 유럽까지 상하지 않게 수송할 방법이 없었기 때문이다.

또한 북서유럽은 1년 내내 난류와 편서풍의 영향을 받는 서늘하고 습윤한 기후여서 목초지 조성에 유리하다는 이점도 있었다. 이에 더해 빙하의 침식으로 만들어진 넓은 평야는 가축을 기르는 데 더없이 좋은 환경을 제공해 주었다. 이렇게 해서 탄생한 새로운 농업 방식이 바로 경작지의 일부에

아일랜드 워터퍼드의 젖소 목장 북서유럽 국가들은 유제품 생산을 위한 낙농업 기술을 발전시켜 세계적인 경쟁력을 갖추었다.

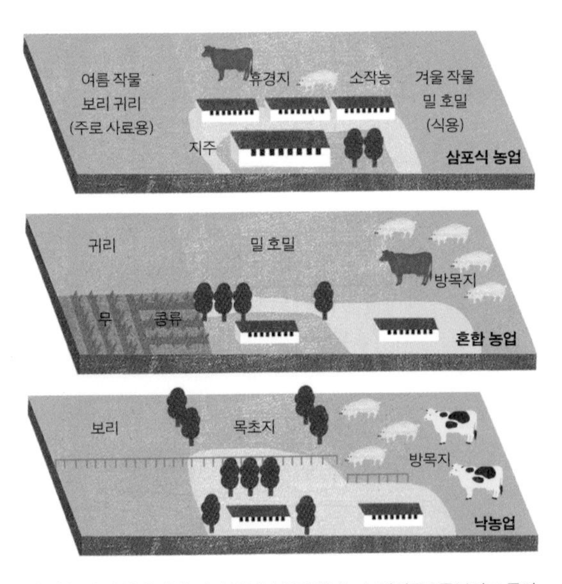

유럽 농업 방식의 변화 과거 북서부 유럽에서는 농경지를 3등분하고 돌아가면서 경작하는 방식(삼포식 농업)으로 식량을 생산했다. 이후 사회·경제적인 변화로 인해 가축 사육에 높은 비중을 둔 혼합 농업으로 변화했고, 최근엔 대도시 주변을 중심으로 부가가치가 높은 낙농업이 발달하고 있다.

서는 밀농사를 짓고 일부에서는 가축을 기르는 형태의 혼합 농업으로, 현재 유럽의 많은 농장에서 볼 수 있다.

냉동선의 발명으로 대중화된 스테이크

19세기 중반으로 접어들면서 유럽의 농업은 또 한 번 큰 변화를 맞이한다. 냉동선이 발명되면서 아메리카와 오스트레일리아 대륙 등 좋은 환경에서 생산된 값싼 고기들을 대량으로 실어 나를 수 있게 된 것이다. 이후 유럽의 식문화에서 스테이크의 비중이 높아지게 되었다. 냉동선이 발명되기 전에는 상류층이 아니고서는 일반 대중들이 즐겨 먹기 힘들었던 음식이 스테이크였다.

하지만 냉동선의 발명이 모든 유럽 사람에게 환영을 받은 것은 아니다. 유럽의 농부들은 해외에서 들어오는 곡물과 고기 모두와 경쟁을 해야 하는 처지가 된 것이다.

고민 끝에 농부들은 고기소를 사육하는 목축보다는 유제품을 생산하기 위한 낙농업으로 가축 사육의 방향을 바꾸었다. 그리고 꾸준히 낙농 기술을 발전시켜 상당수의 유럽 국가들이 세계에서 손꼽히는 낙농 국가로 자리매김하게 되었다.

물 대신 와인과 맥주를 마시는 사람들

"와인 없는 식사는 태양이 없는 날과 같다"라는 프랑스 속담이 있을 만큼 와인은 유럽의 식생활과 떼려야 뗄 수 없는 음료이다. 역사적으로도 와인은 유럽의 왕실과 상류 사회의 일상에서 중요한 위치를 차지했고, 지금도 귀중한 손님 접대에 빼놓을 수 없는 요소 중 하나이다.

최근의 연구 결과에 따르면, 와인은 적당량을 꾸준히 섭취할 경우 심혈관 질환 예방, 비만 억제, 시력 보호 등의 효과가 있다고 한다. 식사 시간에 물 대신 술을 같이 마신다는 것은 우리 문화로는 이해하기가 어렵지만, 유럽의 자연환경과 문화를 살펴보면 충분히 공감할 수 있다.

와인의 원산지는 지금의 터키와 이란 지역으로 알려져 있다. 하지만 현재 전 세계에서 와인을 가장 많이 생산하는 지역은 유럽이다. 특히 남유럽에 속하는 프랑스, 이탈리아, 에스파냐는 재배 면적, 생산량, 소비량에서 세계 1~3위를 다투는 나라들로, 다른 유럽 지역에 비해서도 그 비중이 압도적으로 높다.

유럽에서 와인을 많이 마시는 가장 큰 이유는 자연환경 때문이다. 남유럽에는 석회암 지역이 많다. 석회암은 빗물에 잘 녹기 때문에 석회암이 기반암인 지역에서는 깨끗한 물을 얻기가 힘들다.

게다가 중세 시대 유럽에는 상수도 시설이 잘 정비되어 있지 않아서 깨끗한 물을 구하는 것이 그야말로 지상 과제였다. 와인이 식생활에서 없어서는 안 되는 음료로 자리 잡은 것은 바로 이런 이유들 때문이다.

지중해 주변 지역은 여름에 아열대 고압대의 영향을 받아서 기온이 높고 매우 건조한 날씨가 지속된다. 과일은 고온 건조한 기후가 지속될수록 당도가 높고 육질이 치밀해져 씹는 맛이 아삭해진다. 특히 남유럽의 고온 건조한 여름 기후는 과일을 재

지하 와인 저장소 와인은 어둡고 서늘한 지하 창고에 보관하는 것이 가장 이상적이다. 또한 커다란 오크통에 담아 숙성시키면 와인의 맛과 향이 더욱 깊어진다.

배하는 데 매우 이상적인 환경이 된다.

이런 자연적인 영향으로 지중해 주변 지역에서는 오래전부터 포도 재배가 널리 이루어졌고, 포도를 원료로 하는 와인은 유럽 지역에서 쉽게 구할 수 있는 음료로서 깨끗한 물을 대신할 수 있는 좋은 대안이 될 수 있었다.

유럽에 와인이 널리 퍼진 것은 이 자연적인 조건에 역사·문화적인 요인이 더해졌기 때문이다. 과거 로마 제국의 군대는 진군하는 과정에서 식수 대신 마실 포도주를 확보하고 적국의 경작지를 없앤다는 목적으로 포도나무를 심었다. 이때 와인 생산 지역이 급속도로 확장되었는데, 이는 로마 제국의 영토 범위와 와인 생산지(포도 재배지)의 범위가 대체로 일치하는 것에서도 확인할 수 있다.

또한 유럽 대부분의 나라는 오래전부터 가톨릭교와 개신교를 국교로 삼고 있는데, 이들 종교에서는 와인을 신성한 음료로 취급한다. 이 때문에 와인은 각종 종교 의식에서 반드시 활용되었고, 자연스럽게 와인을 권장하는 분위기가 형성되었다.

현재 와인은 유럽에서 빼놓을 수 없는 주요 소득원의 하나로 자리 잡았다. 특히 20세기 후반 동아시아 국가들의 경제가 성장하고 삶의 질이 높아지

세계 최대의 와인 생산지인 프랑스의 포도밭 여름에 고온 건조한 지중해성 기후가 나타나는 남유럽은 포도 재배에 이상적인 환경으로 일찍부터 와인 산업이 발달했다.

면서 유럽 문화에 대한 동경이 커졌는데, 이 과정에서 와인 소비가 증가했다.

한편 기후가 맞지 않아 포도를 재배하기 어려운 곳에서는 와인 대신 맥주를 즐겨 마셨다. 대표적인 지역이 맥주를 물보다 더 자주 마신다는 독일이다.

독일 사람들은 매년 9월 말에서 10월 초에 걸쳐 온 국민이 함께 맥주를 마시고 즐기는 '옥토버 페스트'라는 맥주 축제를 개최한다. 옥토버 페스트는 브라질의 리우 카니발과 일본의 삿포로 눈 축제와 함께 세계 3대 축제로 꼽힐 만큼 행사 규모가 크다.

맥주가 독일 사람들의 사랑을 듬뿍 받게 된 이유도 이 지역의 기후 때문이다. 맥주의 원료인 보리와 밀은 기후가 서늘한 북서유럽에서 주로 재배하는 작물이기 때문에 손쉽게 구할 수 있었고, 맥주 역시 어렵지 않게 만들 수 있었다. 포도는 오랫동안 저장하기 힘들어서 수확기에만 와인을 담글 수 있지만, 밀과 보리는 쉽게 저장할 수 있어서 언제나 맥주를 담글 수 있다는 점 때문에 맥주는 독일뿐 아니라 보리와 밀을 주식으로 하는 지역에서 많은 사랑을 받아 왔다.

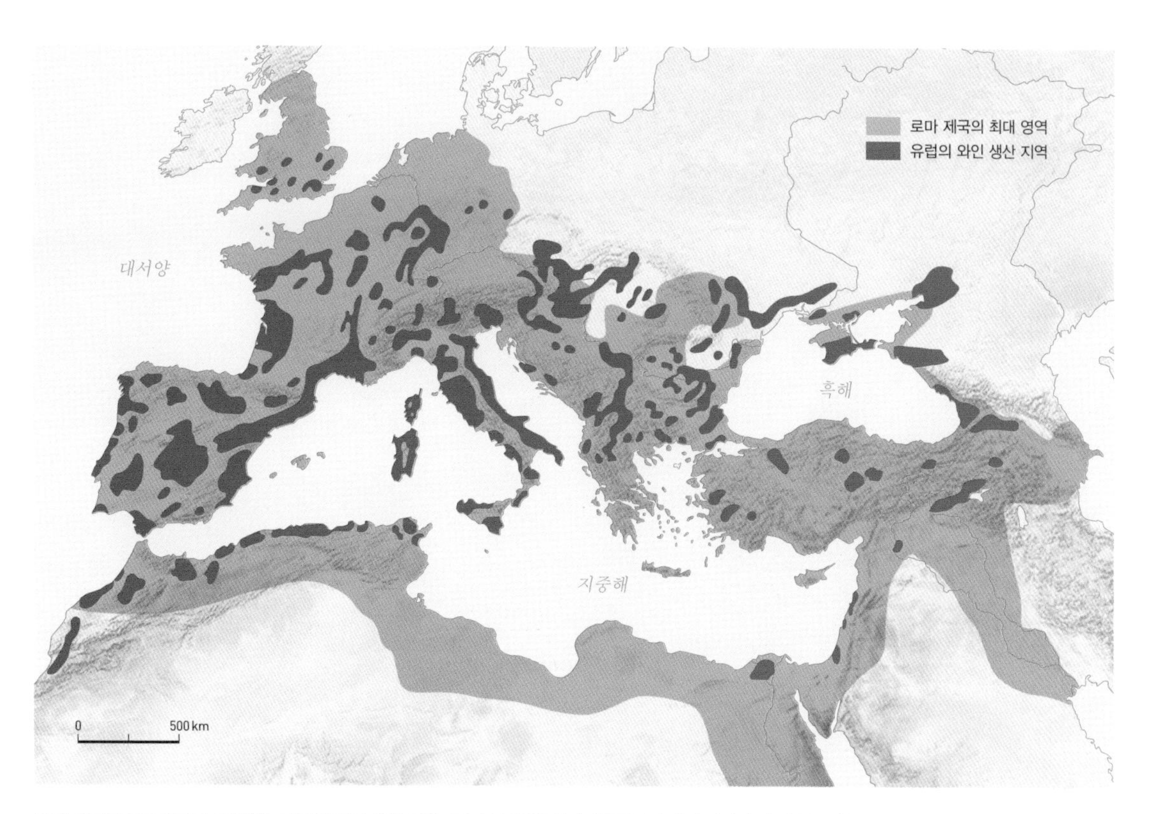

로마 제국의 영토 범위와 일치하는 유럽의 와인 생산 지역 오늘날 남유럽이 세계적인 와인 생산 지역이 된 이유는 기후 조건이 포도 재배에 유리한 데다 과거 로마 제국이 영토를 넓히면서 전략적인 목적으로 포도나무를 심었기 때문이다.

빙하가 만든 세계의 지형

빙하란 눈이 녹지 않고 쌓여 오랜 시간에 걸쳐 단단한 얼음덩어리로 변하여 중력과 압력으로 천천히 움직이는 것을 말한다. 과거 빙하에 덮여 있던 지역에는 빙하 지형이 형성되어 있다. 북아메리카 오대호 이북과 유럽 중북부 지역 등 넓은 대륙에는 대륙 빙하가, 알프스·히말라야 등 높은 산지의 정상부에는 곡빙하가 발달했다. 빙하는 흘러내리면서 침식·운반·퇴적 작용으로 특수한 지형을 형성했다. 빙하의 침식으로 형성된 지형에는 U자곡(빙하곡), 카르(권곡), 혼, 현곡, 빙하호, 피오르 등이 있다. 특히 피오르 해안은 수심이 깊어 배가 드나들기 좋으며, 주변의 깎아지른 듯한 절벽은 좋은 관광 자원이 된다. 빙하의 퇴적 작용으로 형성된 지형으로 모레인(빙퇴석), 드럼린(빙퇴구), 에스커 등이 있다.

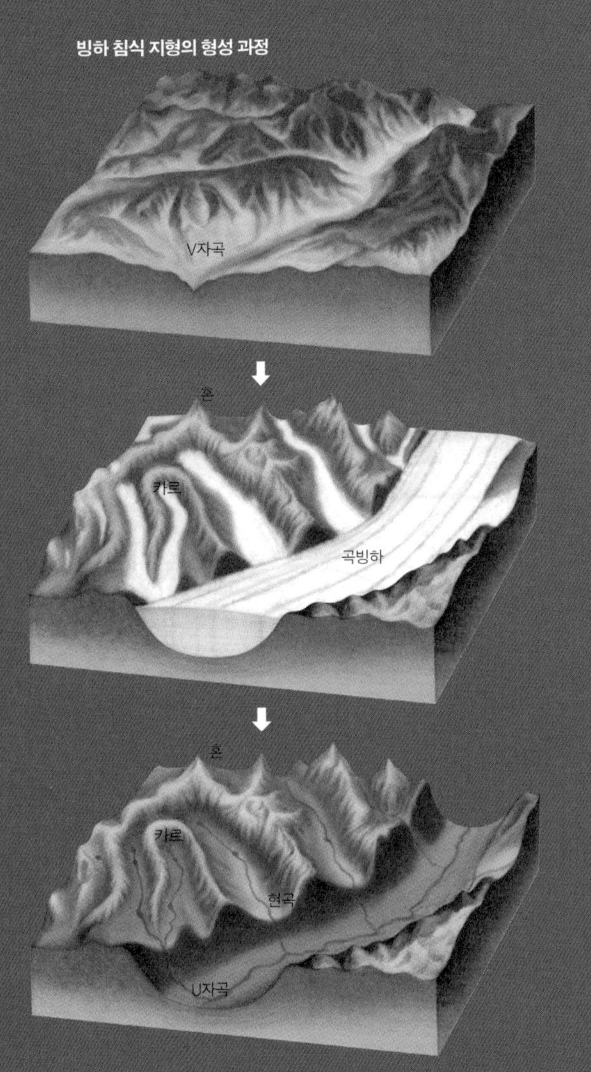

빙하 퇴적 지형 모식도

드럼린
모레인(종퇴석)
대륙 빙하
하천

U자곡 빙하의 침식으로 생긴 U자 모양의 계곡

카르(권곡) 산정 부근에 빙하에 의해 생긴 반원상의 오목한 지형

혼 빙식을 받은 산지에서 카르와 카르가 만나는 지역에 형성된 뾰족한 봉우리

현곡 U자곡이 더 큰 U자곡과 만나는 지점에서 폭포나 급류를 이루는 상태. 노르웨이 · 스위스 등에 많이 발달되어 있다.

빙하호 빙하의 침식으로 낮아진 지역에 빙하가 녹으면서 만들어진 호수. 후빙기에 날씨가 따뜻해지면서 엄청난 양의 빙하가 녹아 대규모의 빙하호들이 형성되었다. 가장 큰 빙하호는 북아메리카의 오대호이며, 독일 · 오스트리아 · 스위스 세 나라에 걸쳐 있는 보덴호가 유명하다.

피오르 깊게 파인 골짜기에 바닷물이 들어와 만들어진 해안 지형. 세계에서 가장 긴 피오르는 노르웨이의 송네피오르이며, 그린란드 · 알래스카 남부 · 아이슬란드 · 칠레 · 뉴질랜드 남부 등에 전형적으로 나타난다.

모레인(빙퇴석) 빙하가 운반한 물질이 빙하의 말단부에 퇴적된 지형. 자갈에서 모래와 점토에 이르는 다양한 크기의 물질들이 뒤섞여 있다. 빙하의 최말단부까지 이동한 모레인을 종퇴석이라고 한다.

아일랜드에 있는 빙하 바닥을 따라 운반되던 물질이 숟가락 모양으로 퇴적된 지형인 드럼린

대표적인 혼 지형인 스위스의 마터호른

빙하의 퇴적물인 캐나다 누나부트 주의 모레인

빙하가 만든 U자곡에 바닷물이 들어와 만들어진 뉴질랜드의 피오르 지형

북아메리카 북동부, 미국과 캐나다의 국경에 있는 오대호 중 가장 큰 슈피리어 호의 겨울

곡빙하인 알래스카의 케니코트 빙하

유럽을 남북으로 가르는 알프스 산맥

지금도 솟고 있는 알프스 산맥

알프스 산맥은 남쪽의 아프리카 판과 북쪽의 유라시아 판이 충돌하여 만들어졌으며, 중생대 말기 이래 판의 이동이 계속되고 있기 때문에 지금도 솟아오르고 있다. 그래서 알프스 산맥 남부의 지중해 주변 지역은 지각이 불안정하여 화산과 지진 활동이 빈번하게 일어난다. 오래전 폼페이의 비극을 만들어 낸 베수비오 화산과 같은 폭발이 다시 일어날 수도 있는 것이다.

화산 지형이 많은 이탈리아에서는 땅속의 마그마로 데워진 땅의 열기를 이용한 지열 발전이 이루어지고 있으며, 화산재가 쌓인 비옥한 토양 위에서 다양한 작물을 재배하기도 한다.

알프스는 마터호른(4477m), 융프라우(4158m) 등 4000m가 넘는 봉우리가 즐비한 험준한 산맥이다. 그중에서 가장 큰 봉우리는 프랑스 남부에 있는 몽블랑 산으로 해발 고도가 4807m에 달한다. 이렇듯 높은 지형에 가로막혀 북서유럽과 남유럽 사이는 이동이 어려웠다.

알프스 산맥은 봄이면 특별한 바람을 일으키는 원인이 되기도 한다. 봄철에 지중해 지역에서 불어온 습윤한 바람은 알프스 산맥을 오르면서 비를 내

판의 충돌로 만들어진 험준한 알프스 산맥 아프리카 판과 유라시아 판이 계속해서 이동하고 있어 알프스 산맥은 지금도 솟아오르고 있다.

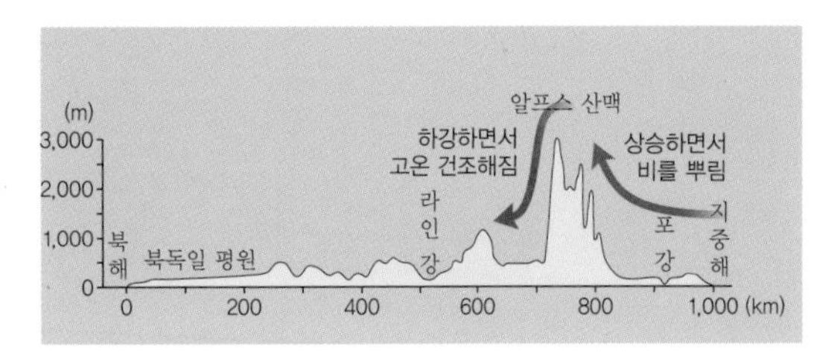

유럽 지형의 단면도와 푄 현상 봄철에 지중해에서 불어오는 바람은 알프스 산맥을 오르면서 비를 내리고, 산맥 북쪽으로 내려가면서 고온 건조한 바람으로 변한다.

리고, 알프스 산맥의 북쪽으로 내려가면서 고온 건조한 바람으로 변한다. 이 바람을 '푄'이라 하는데, 푄이 불 때 알프스 산맥의 북쪽에 해당하는 독일 남부 지역은 이상 고온 현상과 가뭄에 시달리기도 하고, 알프스 산맥의 눈이 녹아 라인 강의 물이 증가하기도 한다. 이런 기후를 이용해서 이 지역 주민들은 포도나무를 기르거나 불어난 라인 강의 물로 농사를 짓는다.

여름철에는 알프스 산맥을 중심으로 남쪽과 북쪽의 기후가 큰 차이를 보인다. 지중해 연안의 남유럽 지역은 여름철에 아열대 고압대의 영향을 받아 고온 건조한 날씨가 나타나는 반면, 북서유럽은 여름철에도 상대적으로 서늘하고 습윤한 날씨가 나타난다. 이것은 북서유럽이 편서풍의 영향을 받는 지역이기도 하지만, 높고 험준한 알프스 산맥이 남쪽에서 오는 고온 건조한 공기를 차단해 주기 때문이기도 하다.

알프스 산맥으로 나뉜 유럽의 음식 문화

알프스 산맥으로 인해 유럽의 음식 문화도 남북으로 큰 차이를 보인다. 남유럽에서는 여름철 고온 건조한 기후에 견딜 수 있는 경엽수를 많이 재배한다. 올리브는 대표적인 경엽수 품종으로, 지중해 연안 지역에서는 어디를 가나 흔하게 볼 수 있다. 올리브 열매와 올리브 오일은 지중해 지역의 중요한 식재료이다. 열매는 전채 요리와 샐러드에 없어서는 안 되는 재료이고, 오일은 거의 모든 요리에 듬뿍 들어간다. 특히 올리브 잎과 열매에 들어 있는 항산화 물질이 노화를 방지하고 콜레스테롤 생성을 막아 주며 다이어트에도 도움이 된다고 알려져 큰 인기를 얻고 있다.

반면 북서유럽은 서늘하고 습윤한 기후와 빙하로 인해 척박해진 흙 때문에 주로 혼합 농업이 이루어졌다. 이에 따라 가축의 젖으로 만드는 버터와 치즈 등 유제품 가공이 폭넓게 발달했다.

와인도 마찬가지이다. 레드 와인용 포도 품종은 화이트 와인용 포도 품종보다 더 높은 기온과 많은 일조량이 필요하다. 그러나 독일을 비롯한 북서부 지역은 기온이 서늘하고 일조량이 부족해 주로 화이트 와인용 포도를 재배하기 때문에 화이트 와인의 생산 비중이 높게 나타난다.

남유럽의 지중해 연안에서 흔히 볼 수 있는 올리브

에스파냐와 프랑스의 전혀 다른 해산물 요리

유럽 대륙은 삼면이 바다로 둘러싸여 있어 예부터 해산물 요리가 발달했다. 그런데 같은 해산물 요리라 해도 지역에 따라 전혀 다른 음식이 된다.

예를 들어, 남유럽인 에스파냐에 파에야가 있다면, 북서유럽인 프랑스 브르타뉴 지방에는 해물 모둠요리가 있다. 두 지역 간 조리법의 가장 큰 차이는 음식 맛을 내는 기본 양념이다. 북서유럽에서는 버터를 많이 사용하지만, 지중해 연안의 남유럽에서는 주로 올리브 오일을 사용한다.

남유럽을 찾는 관광객이라면 꼭 한 번은 먹어 보는 에스파냐 전통 음식 파에야는 다음과 같이 만든다. 우선 팬에 올리브 오일을 두르고 양파와 마늘, 파프리카, 토마토 등의 야채와 고기를 넣고 볶는다. 여기에 쌀을 넣고 새우, 홍합, 오징어 등 해산물을 올린다. 그 다음 노란색 향료 시프란으로 맛을 낸 생선 국물로 밥을 짓고 소금으로 간한다.

한편 프랑스 브르타뉴 지방의 해물 모둠요리는 굴, 소라, 조개, 새우, 게 등 해물이 얼음 위에 듬뿍 올려져 나오는데, 해산물 위에 레몬을 뿌리고 빵과 버터를 같이 곁들여 먹는다.

해산물 요리뿐 아니라 유럽 사람들의 주식인 빵에 넣는 재료도 지역에 따라 천차만별이다. 이렇게 음식 문화의 차이가 생긴 데에는 유럽 한가운데 우뚝 솟아 있는 알프스 산맥이 큰 원인이 되었다. 알프스 산맥을 중심으로 남쪽과 북쪽의 기후 차가 크기 때문에 그 지역의 식생이나 주요 생산물이 다를 수밖에 없는 것이다.

남유럽에 위치한 에스파냐의 전통 해산물 요리 파에야

북서유럽에 위치한 프랑스 브르타뉴 지방의 해물 모둠요리

민족과 문화가 다양한
유럽의 이모저모

네덜란드·스위스·벨기에 등 작지만 강한 나라들이 많은 서유럽, 복지 국가의 모델을 제시하는 곳이 북유럽이라면, 남유럽 국가들은 관광 산업의 전범을 보여준다. 그리고 소련 붕괴 후 독립 욕구가 격렬하게 분출된 동유럽. 그곳엔 분쟁의 불씨가 아직 꺼지지 않았다.

작지만 강한 나라들이 많은 유럽

유럽의 물류 중심 국가로 거듭난 네덜란드

네덜란드는 2002년 한·일 월드컵 대회에서 우리나라 축구를 4강까지 이끈 히딩크 감독으로 인해 친숙해진 나라이다. 또한 조선 시대에 우리나라를 최초로 유럽에 소개한 『하멜 표류기』의 저자 하멜이 태어난 나라이기도 하다.

'낮은 땅'이라는 의미를 가진 네덜란드는 국토 면적이 한반도의 1/5에 불과할 정도로 작다. 게다가 가장 높은 곳의 해발 고도가 321m밖에 안 되며, 국토의 25%가 해수면보다 낮다. 네덜란드의 상징이 된 풍차는 간척 사업을 하면서 저지대에 고인 바닷물을 바람을 이용해 퍼 올리던 시설이다. 땅이 해수면보다 낮아 홍수와 해일 피해가 반복되었지만, 네덜란드 사람들은 이런 불리한 자연환경을 극복하고 세계에서 꽃과 치즈를 많이 수출하는 나라가 되었다.

네덜란드는 작은 면적, 저지대의 땅 등 불리한 자연 여건을 극복하는 과정에서 동인도 회사•를 통해 식민지 개척에 나서기도 했다.

식민지 선주민들을 착취하여 막대한 부를 축적했던 네덜란드는 이후 영국과의 해상 무역에서 패

● **동인도 회사**
17세기에 네덜란드가 인도 및 동남아시아 각지에서 무역 활동을 벌이기 위하여 동인도에 세운 무역 독점 회사

네덜란드의 벰스터 간척지 17세기에 만들어진, 네덜란드에서 가장 오래된 해안 간척지. 지금까지 촌락·제방·운하·도로·들판 등의 고풍스러운 풍광을 잘 보존하고 있다.

유럽 최대의 관문인 로테르담 항구 로테르담은 유럽 대륙을 관통하는 라인 강과 마스 강의 하구에 자리해 중·상류의 풍부한 공업 지대를 배후지로 한다. 유럽의 중계항이자 석유의 대량 수입항으로 정유 및 석유 화학 공업 시설도 집중되어 있다.

배하여 쇠퇴의 길을 걷다가, 근대에 와서 2차 세계 대전 때 독일의 침공을 받는 등 또다시 어려움을 겪었다. 이런 네덜란드가 다시 세계적 부국으로 일어서는 데 큰 역할을 한 곳이 바로 유럽의 관문이라 불리는 로테르담이다.

북해로 유입되는 라인 강 하구에 위치한 로테르담은 19세기까지만 하더라도 조그마한 어촌에 지나지 않았다. 하지만 20세기 이후 유럽 최대의 공업 지대인 루르 지역 등 내륙의 주요 공업 지대들과 대서양을 연결할 수 있는 지리적 이점을 이용해 천혜의 항구 도시로 성장했다. 2차 세계 대전 이후 유럽의 에너지 소비가 석탄에서 석유로 바뀌고 대형 선박이 수송하는 화물량이 증가하면서 수출과 수입에 편리한 임해 지역의 중요성이 커진 점도 성장의 디딤돌이 되었다.

로테르담 항구는 공항과 철도·도로망 등과 연결되어 48시간 이내에 유럽 어디에나 화물을 배송할 수 있는 기능을 갖추면서 다른 나라들도 많이 이용하는 항구가 되었다. 지금은 세계 각국의 1000여 개 도시와 연결되어 명실공히 세계 최대의 항구로서 네덜란드 경제에 큰 역할을 하고 있다.

한편 네덜란드의 경제를 말할 때 빼놓을 수 없는 것이 바로 튤립을 중심으로 한 화훼 산업이다. 유럽의 물류 중심 국가가 된 네덜란드는 신선도가 생명인 화훼 산업에서도 그 역량을 발휘하여 세계 최대의 꽃 수출국이 되었다. 네덜란드에서 이루어지는 꽃 거래량은 전 세계의 80%를 차지한다. 특히 알스미어에 있는 세계 최대의 화훼 경매 시장 '플로라 홀란트'에서는 주문된 꽃들을 인근의 스키폴 국제공항을 통해 전 세계 어디든지 하루 안에 보낼 수 있다.

알프스 지붕 아래 4개의 공용어, 스위스

유럽의 지붕이라는 알프스 산맥을 이야기할 때 자연스레 떠오르는 나라가 바로 스위스이다. 실제로 스위스는 국토의 절반이 알프스 산맥으로 이루어져 있다. 스위스는 험준한 알프스 산맥과 외교적으로 중립을 지켜 온 덕분에 오랜 세월 유럽 지역에서 벌어진 크고 작은 전쟁에서 안전을 보장받았고,

● **영세 중립국**
한 나라가 다른 나라에 대해 전쟁을 일으키지 않을 뿐만 아니라 다른 나라 간의 전쟁에 대해서도 중립을 지킬 의무를 가진 국가를 말한다. 이는 영세 중립 조약이라는 국제법상 조약을 체결함으로써 발생하며, 조약 체결국으로부터는 영세 중립국으로서 영토의 보전과 독립이 보장된다. 현재 영세 중립국으로는 스위스, 오스트리아, 라오스의 3개국이 있다.

현재도 영세 중립국*을 유지하고 있다.

하지만 산악 지형의 특성상 오랫동안 여러 세력으로 나뉘어 나라의 이름을 내걸지 못하다가 19세기 중반 제대로 된 통일 헌법을 만들면서 독자적 자치권을 갖는 26개의 주(칸톤 : canton)로 형성된 연방 국가 체제를 구성했다.

스위스는 유럽 내륙 중앙에 자리한 지리적 특성으로 인해 독일어, 프랑스어, 이탈리아어, 레토로망스어(라틴어와 이탈리아어 혼합) 등 네 가지 언어가 공용어로 사용되는 다민족 국가이다. 종교 또한 가톨릭, 개신교, 이슬람교 등 다양하게 분포한다. 이렇게 언어, 종교가 다양한데도 스위스 국민들은 조화롭게 공존하고 있을까?

사실 유럽의 많은 지역에서는 지금도 언어나 종교적 차이로 인한 분쟁이나 분리 독립 운동이 일어나고 있다. 하지만 스위스는 이를 정책적으로 잘 조절해 왔다. 즉 연방의 모든 정책은 주 정부와 상의하여 결정하고, 철저한 지방 자치 제도를 실시했다. 연방 정부는 주 정부 간의 이해 충돌을 조절하고 사회적 인프라 조성에만 주력했다. 각 주에서는 시민들이 직접 투표를 하는 직접 민주 정치 제도를 실시했고, 소수 정치 세력에게도 중앙 정치에 참여할 수 있도록 배려하는 등 적절한 균형 정책으로 지역 간 대립과 갈등을 줄일 수 있었다.

아름다운 풍광을 가진 영세 중립국, 스위스 알프스 산맥을 가로질러 철도가 놓여 전 세계의 수많은 관광객을 실어 나른다.

강대국 사이에 끼인 작지만 강한 나라, 벨기에

북대서양 조약 기구(NATO)와 유럽 연합(EU)의 본부가 있어 유럽의 수도로도 불리는 벨기에에는 우리나라의 경상도만 한 영토에 비정부 기관 1750여 개, 다국적 기업의 유럽 본부 1300여 개가 몰려 있다.

또 수도 브뤼셀에는 159개 국가에서 파견된 외교관과 함께 언론인 1200여 명, 1000개가 넘는 로비 단체, 840개에 달하는 비정부 기구(NGO)가 활동하고 있어서, 이곳에서 형성된 국제 여론이 세계 각국에 미치는 영향력은 그야말로 막강하다.

그럼 작은 나라 벨기에가 유럽의 수도가 될 수 있었던 이유는 무엇일까? 프랑스·네덜란드·독일은 강대국이었고, 벨기에는 이 세 나라 사이의 중간 위치해 있다는 지리적 이점 때문이다. 특히 인접한 세 나라가 강국이었던 것이 벨기에에는 큰 장점이 되었다.

프랑스에 북대서양 조약 기구와 유럽 연합의 본부를 세운다고 하면 독일과 네덜란드가 구경만 할 리가 없고, 네덜란드에 세운다면 프랑스와 독일이 두고 볼 리가 없다. 이런 상황이 세 나라에 비해 힘은 약하지만 중간에 낀 벨기에에는 유리하게 작용했던 것이다. 미국 기업인 제너럴일렉트릭(GE)이 같은 언어권인 영국에 유럽 본부를 두었다가 최근 벨기에로 옮긴 것도 같은 까닭이다.

물론 공용어가 프랑스어, 네덜란드어, 독일어 세 가지일 정도로 오래전부터 개방적인 문화를 갖고 있었던 것도 벨기에의 숨은 저력이 되었을 것이다.

벨기에의 수도 브뤼셀에 있는 북대서양 조약 기구 본부 전경

벨기에의 언어 분포

복지 국가의 모범 사례, 북유럽의 노르딕 국가

국가 개입으로 복지 국가를 실현하는 나라들

전 세계에서 복지 제도가 가장 잘 되어 있는 나라들로 북유럽의 노르딕 국가를 꼽는다. 일반적으로 북유럽이라 하면 노르딕 국가와 발트 3국을 가리키는데, 소련에서 분리 독립한 발트 3국(에스토니아, 라트비아, 리투아니아)을 뺀 다섯 나라, 즉 노르웨이 · 스웨덴 · 핀란드 · 덴마크 · 아이슬란드가 노르딕 국가이다.

노르딕 국가들은 시장에 대한 국가 개입을 강조하는 경제 체제로, 국내 총생산의 절반 이상을 공공 지출에 사용할 정도로 사회적 평등과 사회 안전망 확충에 힘쓰는 복지 정책들을 채택하고 있다.

높은 복지 비용 지출이 국가 경제 발전을 저해한다는 주장도 있다. 하지만 최근 세계적으로 경기가 불안한데도 이 나라들이 꾸준한 경제 성장을 보이자, 복지에 대한 재정 확대가 장기적으로 경제 발전에 기여한다는 주장에 힘이 실리고 있다.

최근 경제 협력 개발 기구(OECD) 국가들의 행복 지수 현황 자료를 보면 상위에 이들 노르딕 국가들이 모두 포함되어 있다(1위 덴마크, 3위 노르웨이, 5위 아이슬란드, 6위 스웨덴, 12위 핀란드). 이를 통해 복지 국가의 실체가 형식적인 것이 아니고 실제 국민들의 행복에도 크게 영향을 끼친다는 것을 알 수 있다.

OECD 주요국 행복 지수 현황

*행복 지수 10에 가까울수록 삶의 만족도 높음

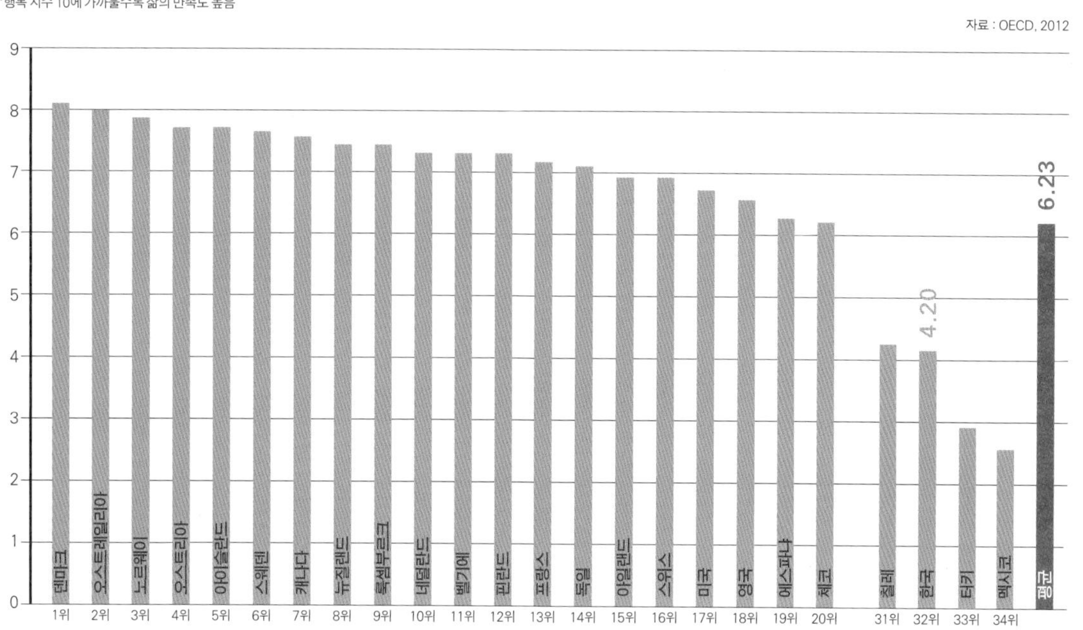

최고의 복지 국가, 노벨상과 교육의 나라, 스웨덴

유럽 여러 나라의 복지 제도는 세계의 다른 지역에 비해 전반적으로 수준이 높다. 그중에서도 현재 전 국민을 대상으로 하는 보편적 복지 국가의 모범으로 알려진 나라가 바로 스웨덴이다. 이른바 '요람에서 무덤까지' 국민들의 생활상의 어려움을 차별 없이 덜어 주는 복지 제도를 잘 갖춰 세계 여러 나라의 부러움을 받고 있다.

하지만 20세기 초만 하더라도 스웨덴 역시 100만 명이 넘는 자국민들이 미국으로 이민을 갈 만큼 가난한 나라였다. 철광석과 목재 자원은 풍부했지만 산업화는 유럽의 다른 나라에 비해 다소 늦었다. 본격적인 사회 복지 정책들도 1932년 이후 사회민주당이 집권하면서 시작되었다.

이후 복지 제도가 정착되는 데는 많은 시간이 소요되었다. 국민들은 소득의 절반에 달하는 많은 세금을 내야 했고, 정부도 일자리 창출 및 경제 성장을 위한 지속적인 노력을 기울여야 했다. 또한 신체적 장애자나 사회적 약자들을 위한 복지 제도를 확충하는 데는 사회적인 합의도 필요했다. 국민과 정부의 꾸준한 노력으로 국민들은 수입의 40% 이상을 세금으로 내고, 국가는 그에 상응하는 복지 제도를 만들어 국가와 국민의 신뢰를 구축했다.

스웨덴은 무엇보다 어린이들을 존중하는 나라

스웨덴의 공립 보육 시설 광경 스웨덴의 보육 시설은 공립이 70% 이상이며, 시설 이용료는 부모의 경제력과 무관하게 모두에게 지원된다.

이다. 어린이라면 누구나 공원이나 박물관에 공짜로 들어갈 수 있는데, 한편으로 어린이를 대상으로 어떠한 광고도 할 수 없다. 국가에서 대학까지 보내주며, 식사는 물론 학용품도 무료로 지원해 준다.

이런 복지 제도를 실현시키기 위해서는 국가의 부를 축적하는 것이 무엇보다 중요한 과제이다. 스웨덴 부 축적의 기초는 바로 교육에 있다. 실용적이고 창의적인 교육, 순수 기초 과학에 대한 지원 등이 탄탄하게 이루어져 인재들이 길러지고 이들을 통해 수많은 발명품들이 만들어졌다. 종이 팩의 원형인 테트라 팩, 볼베어링, 지퍼, 다이너마이트, 자동 착유기(우유 짜는 기계), 임플란트 등이 모두 스웨덴에서 발명되었다. 또한 매년 12월 10일 노벨상 수상자가 발표될 때마다 전 세계의 언론은 스웨덴의 스톡홀름(노벨의 유언대로 평화상만 오슬로에서 시상한다.)을 주목한다. 다이너마이트로 엄청난 부를 획득한 노벨이 자신의 재산을 '노벨상'이라는 형식으로 기부한 것은 이미 잘 알려진 사실이다.

스웨덴의 질 높은 공교육이 국가의 부를 쌓는 기초가 되고, 이 부를 기반으로 보편적 복지 제도를 운영하는 것이다. 복지 제도는 부의 재분배, 노사 화합, 정치적 안정을 가져다주고, 이것이 경제에 또 좋은 영향을 주는 출발점이다.

북유럽 국가들의 국기가 비슷한 이유

노르딕 국가인 노르웨이, 스웨덴, 핀란드, 덴마크, 아이슬란드의 국기는 모두 중앙에서 한쪽으로 치우진 십자 무늬가 특징이다. 이렇게 국기가 비슷한 것은 이 나라들 모두 독일의 종교 개혁자 마르틴 루터의 복음주의 사상에 따라 세워진 개신교 국가임을 나타낸다.

이 국기 문양은 덴마크에서 처음 사용되었다. 덴마크, 스웨덴, 노르웨이는 1397년부터 1523년까지 칼마르 동맹을 맺고 덴마크 왕을 수장으로 하는 3국 연합체를 결성했다. 이때 사용한 칼마르 동맹기가 바로 십자가 모양이었다. 당시 실제 동맹의 주도권을 덴마크가 쥐고 있었기 때문에 동맹기 역시 덴마크 국기에서 영향을 받았다는 것을 알 수 있다. 현존하는 가장 오래된 국기로 알려진 지금의 덴마크 국기 '단네브로'는 이미 1219년 십자군 원정 때부터 사용되었다.

덴마크, 스웨덴, 노르웨이, 핀란드, 아이슬란드는 인접국으로 서로 영향을 주고받는 관계였다. 발트해를 둘러싸고 북유럽의 중심에 있던 덴마크와 스웨덴이 강한 힘을 행사했고, 노르웨이, 핀란드, 아이슬란드는 이들 나라의 지배를 받았다. 노르웨이는 1905년 스웨덴으로부터 독립했고, 아이슬란드는 1944년 2차 세계 대전 중 덴마크로부터 독립했다. 핀란드는 스웨덴의 점령을 받다가 1917년 독립했다.

북유럽의 노르딕 5개국

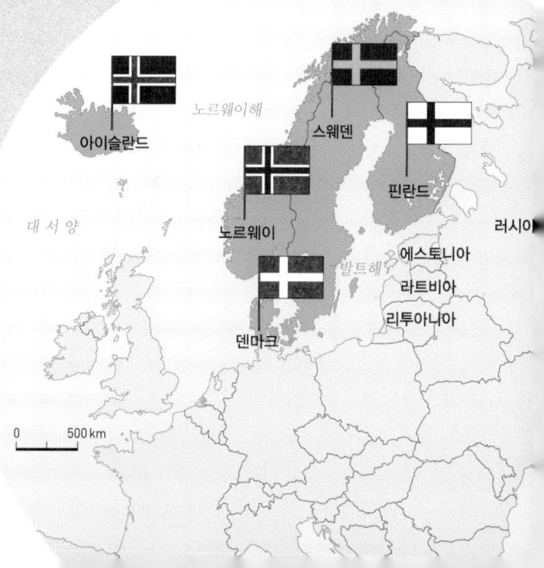

노르웨이해
아이슬란드
스웨덴
핀란드
대서양
노르웨이
러시아
발트해
에스토니아
라트비아
리투아니아
덴마크
0 500 km

덴마크의 레고 랜드 5000만 개가 넘는 레고 블록으로 세계의 멋진 성과 건축물들을 만들어 놓은 가족 테마파크. 전 세계의 가족 단위 방문객들이 찾아오는 명소로 손꼽힌다.

덴마크의 식사 배달 서비스 덴마크에서는 노인이 있는 가정마다 식사를 배달해 준다. 이 밖에도 가사 도우미, 가정 간호사 등이 집으로 와서 노인을 돌본다. 덴마크에서는 국가가 노인을 모시는 셈이다.

OECD 국가 중 가장 행복한 나라, 덴마크

치즈와 버터를 만드는 낙농 국가로 잘 알려진 덴마크는 복지 제도가 훌륭한 나라로, OECD 국가 가운데 국민들의 행복 지수가 가장 높다(2012년). 또 유럽 연합 통계에서 2008년부터 2011년까지 기업을 경영하기 가장 좋은 나라 1위로 뽑히기도 했다.

덴마크에는 1934년에 창립된 조립식 블록 완구 브랜드 '레고', 세계적인 오디오 브랜드인 '뱅앤올룹슨', 세계 최대의 펌프 제조 기업인 '그런포스' 등 중소 규모이지만 탄탄한 기업들이 많다. 이들이 창출하는 부가 국가의 경제적 힘이 되어 복지 제도를 지탱해 주고 있다.

북유럽의 다른 복지 국가와 마찬가지로 덴마크도 무상 교육과 무상 의료 서비스, 실업·노후·육아·장애에 대한 보조와 제도적 뒷받침이 잘 되어 있다. 이런 복지 제도의 재원은 세금이기 때문에 국민 모두가 많은 세금을 부담해야 한다. 누진율을 적용하는 덴마크의 소득세는 40~60%에 이른다. 이것 말고도 부가가치세가 25%나 붙는다. 그러나 국민들은 높은 세금 정책을 대체적으로 인정하고 이를 따른다. 자신이 낸 세금이 복지 혜택이 되어 투명하게 되돌아온다는 것을 알기 때문이다.

덴마크는 노사 관계도 매우 유연하다. 기업주는 언제든지 직원을 해고할 수 있고, 게다가 최저 임금에 대한 규제도 없다. 그런데도 불구하고 노사 관계가 유럽의 어느 나라보다 안정된 것은 해고된 직원을 국가에서 책임지는 복지 제도가 있기 때문이다.

직장에서 해고된 사람은 국가로부터 최대 2년 동안 전 직장에서 받던 임금의 80%까지 실업 급여를 받을 수 있다. 물론 국가에 자신의 재취업 노력과 재교육을 받았다는 사실을 증명해야 한다.

생생 지리토크

핀란드의 여고생 요안나가 보낸 편지

"핀란드에 태어나서 행복해!"

안녕? 나는 핀란드에 사는 요안나야. 지금 고3이고.

나는 핀란드에서 태어난 것을 로또에 당첨된 것처럼 큰 행운이라고 생각해. 물론 1년의 반 이상이 추운 겨울인 우리나라의 자연환경이 그렇게 좋은 것은 아니야. 세계에서 돈을 가장 많이 버는 나라도 아니고. 하지만 이런 것들이 나의 행복을 방해하지는 않아. 사랑하는 친구들이랑 가족들과 지금 행복하게 살고 있으니깐.

우리는 8시 30분까지 학교에 가고, 오후 3시 반이면 수업이 모두 끝나. 나머지 시간에는 친구들과 함께 산책도 하고 책을 읽기도 하지. 공부는 학교에서 하는 것이 전부인데, 그 시간이 정말 즐거워. 모르는 세상에 대해서 알아 가는 것이 너무나 재미있기 때문이야. 나는 언어치료사가 꿈인데, 그 꿈을 이루기 위해 대학에 진학할 예정이야. 핀란드는 대학원까지 무상 교육이니까 부모님이 대학 등록금을 걱정하지는 않으셔.

한국에 대해서 얘기를 들은 적이 있어. OECD가 주관한 국제 학업 성취도 평가(PISA)에서 핀란드가 1위, 한국이 2위를 했을 때 말이야. 하지만 한국 학생들은 시험 준비에 잠도 제대로 못 자면서 공부를 하고 바로 옆의 친구들과도 경쟁을 한다는 소리를 듣고 많이 놀랐어. 그리고 힘들겠다는 생각도 들었지. 우리들은 일제고사 같은 시험을 초등학교, 중학교 과정이 끝나고서야 본단다. 그 시험을 보는 이유는 시험을 잘 본 아이를 가려 좋은 고등학교에 보내기 위한 게 아니라, 단 한 명의 낙오자도 없도록 테스트를 하는 거지.

같은 지구에 참 다양한 나라들이 있다는 사실을 새삼 느끼게 돼. 너희들도 우리나라 학생들처럼 즐겁게 공부하는 날이 빨리 오기를 바랄게.

핀란드의 한 고등학교 수업 시간

 다양한 문화 체험을 관광 산업으로 발전시킨 남유럽

오래된 관광 대국, 프랑스

복지 제도의 벤치마킹 대상 국가들이 북유럽이라면, 관광 산업의 벤치마킹 대상 국가들은 남유럽이다. '굴뚝 없는 황금 산업'으로 불리는 관광 산업에서 벌어들이는 외화도 외화이지만, 자국의 이미지를 높이는 기회가 되기 때문에 많은 나라들이 관광 산업에 노력을 기울이고 있다.

그렇다면 세계에서 외국인이 가장 많이 찾는 나라는 어디일까? 2012년 국제 연합 세계 관광 기구 통계에 따르면 1위 프랑스, 2위 미국, 3위 중국, 4위 에스파냐, 5위가 이탈리아이다.

유럽 여행의 관문 역할을 하는 프랑스

미국과 중국을 제외하면 모두 남유럽의 국가들이다. 온대 기후대에 위치한 미국과 중국은 국토 면적이 워낙 넓은 데다 볼거리도 많아 관광객을 유치하기에 유리한 조건을 갖고 있다.

그에 비해 프랑스, 에스파냐, 이탈리아 등 남유럽의 국가들은 국토 면적은 작지만 관광 대국으로 자리매김한 지 오래이다. 아름다운 자연환경, 고대 로마 시대부터 이어진 유서 깊은 역사 유적들과 아름다운 건축물들, 유명한 화가들의 작품들이 가득한 미술관, 다양한 체험을 할 수 있는 축제 등으로 세계의 여행객들을 끌어당기고 있다.

19세기까지만 해도 프랑스는 유럽의 고급 문화를 이끄는 안방마님이었다. 영국·독일·러시아·이탈리아 등 유럽의 왕족과 상류층 귀족 사이에서는 프랑스어를 사용하고, 프랑스 문화를 즐겼다. 이런 유럽인들의 프랑스에 대한 동경은 프랑스가 관광 대국으로 성장할 수 있는 밑바탕이 되었다.

프랑스는 유럽 여행의 관문 역할을 하고 있다. 유럽의 지도를 보면 알 수 있듯이 영국, 독일, 에스파냐, 이탈리아 어디를 가든지 가장 유리한 위치에 있는 곳이 프랑스이다. 현재 유럽 관광객들이 가장 많이 찾는 나라도 프랑스이다.

특히 예술의 도시라고 알려진 프랑스의 수도 파리에는 모네, 세잔, 르누아르, 드가와 같은 화가들이 그림을 그렸던 몽마르트르 언덕과 오르세 미술관, 루브르 박물관의 작품들을 보려고 전 세계 사람들이 끊임없이 찾아온다.

프랑스에는 에펠 탑, 노트르담 성당, 베르사유 궁전 등 아름다운 건축물도 많다. 이런 미적 감성을 바탕으로 프랑스인들은 세계인의 마음을 사로잡는 수많은 명품들을 탄생시켰다.

프랑스는 관광 대국으로서의 지위를 유지하기 위해 다양한 마케팅 정책을 펴고 있다. 정부에서는 매년 관광객 수, 관광 지출, 방문 횟수, 성장률, 성장 잠재력 등의 통계 분석을 통해 전체적인 시장

1 파리 교외에 있는 베르사유 궁전 루이 14세가 거처했던 궁으로, 화려한 건물과 넓고 아름다운 정원이 유명하다.

2 르누아르의 〈피아노 앞의 소녀들〉 19세기 프랑스의 인상파 화가 르누아르는 부드러운 필치로 자유로운 주제의 그림을 그렸다.

3 파리 몽마르트르 언덕의 화가들 거리의 화가들 사이로 멀리 사크레 쾨르 대성당이 보인다.

잠재력을 평가하고 마케팅 목표를 세운다.

프랑스 관광청은 12클럽제라는 특별 프로그램을 운영하고 있다. 즉 프랑스 관광의 주요 테마 상품을 국제회의, 청소년 관광, 골프, 온천, 나체주의(자연주의), 고성, 박물관, 기념관, 성지 순례, 와인 투어, 해안 관광, 오지 탐방의 12개 테마로 구분하여 1클럽당 20~25명의 위원을 위촉하고 있다. 12클럽제의 위원들은 관광 상품 개발을 모색할 뿐만 아니라 실제 정책까지 만들고 있다.

또한 관광청 산하 프랑스 관광 공사에서는 26개국에 33개의 해외 지사를 두어 외국인 관광객 유치에 힘을 쏟고 있다. 프랑스가 관광 대국이 된 데에는 이렇듯 국가의 강력한 지원 정책도 큰 역할을 했다.

유럽에서 관광 수입이 가장 많은 에스파냐

투우와 플라멩코 등 볼거리가 많은 에스파냐는 벨라스케스와 피카소, 달리 같은 유명한 화가들이 태어난 곳이고, 『돈키호테』를 쓴 세르반테스가 탄생한 나라이기도 하다. 건축가 안토니 가우디도 에스파냐의 자랑이다. 가우디가 설계한 아파트인 카사밀라는 세계 문화유산으로 등재되어 있다.

에스파냐는 고대 로마, 이슬람, 가톨릭의 역사·문화 유적이 풍부해서 세계 문화유산으로 등재된 것만 2012년 현재 43건이다. 이는 이탈리아보다 6건 적어 세계 2위이다. 에스파냐는 관광으로 벌어들이는 수입이 2010년 세계은행 추산 588억 달러에 달하여 유럽에서 관광 수입이 제일 많은 나라로 꼽혔다(관광 수입 세계 1위는 미국으로 1657억 달

가우디의 설계로 유명한 카사밀라 에스파냐 바르셀로나에 있는 고급 주택. 물결치는 구불구불한 외관은 가우디 건축물의 특징 중 하나이다. 현재 유네스코 세계 문화유산에 등재되어 있다.

러, 3위는 프랑스로 566억 달러). 관광객이 가장 많은 프랑스보다 실제 이익은 더 많은 것이다.

에스파냐의 관광 산업은 지중해 대서양의 아름다운 해안이 북유럽인들의 휴가지로 각광받으면서 발달하기 시작했다. 에스파냐에는 오랜 전통을 자랑하는 지역 축제들도 많다. 발렌시아의 불 축제, 세비야의 봄 축제, 팜플로나의 산페르민 축제가 세계적으로 유명하다. 다양한 문화적 기반, 오랜 전통에 기인한 색다른 체험 등은 에스파냐의 관광 만족도를 더욱 높여 주는 데 일조한다.

유네스코 세계 문화유산 보유 세계 1위, 이탈리아

장화처럼 생긴 이탈리아는 아름다운 자연과 풍부한 역사 유물을 바탕으로 오랫동안 관광 대국으로서의 지위를 누려 왔다. 이탈리아는 나라 전체가 유적지라 할 수 있을 정도로 고대부터 현대에 이르는 풍부한 문화유산을 자랑한다. 실제로 유네스코 세계 문화유산 보유 세계 1위 국가이기도 하다.

유럽 여행의 필수 코스로 전 세계 관광객들의 발길이 끊이지 않던 이탈리아는 지난 20년간 관광객 수가 계속 줄고 있다. 소련 붕괴 이후 동유럽이 개방되면서 많은 관광객들이 상대적으로 물가가 낮은 동유럽을 찾았기 때문이다. 이탈리아의 경우 독일인 관광객 비중이 높았는데, 폴란드와 체코가 개방되자 다수의 독일인 관광객의 발길이 동유럽 쪽으로 옮겨 갔다. 이에 이탈리아는 부진해진 관광 산업의 경쟁력 강화를 위해 관광 산업 진흥 기금의 확대 등 대책 마련에 고심하고 있다.

에스파냐의 산페르민 축제 팜플로나의 주교였던 산페르민을 기념하는 축제이다. 축제 기간 동안 매일 아침 6마리의 소를 사육장에서 투우장까지 몰고 가는 소몰이가 이 축제의 하이라이트이다.

도시 전체가 유네스코 세계 문화유산으로 지정된 이탈리아의 베네치아 물의 도시 베네치아는 118개의 작은 섬이 400여 개의 다리로 촘촘히 연결되어 있다. 골목마다 운하가 흐르고 그 위로 수상 택시, 곤돌라 등이 다닌다.

민족·종교 간의 갈등이 많은 유럽

피카소의 〈게르니카〉를 아시나요?

에스파냐를 대표하는 화가 피카소의 〈게르니카〉는 폭이 무려 7m 80cm나 되는 큰 그림이다. 그림을 자세히 보면 끔찍한 장면들이 묘사되어 있음을 알 수 있다. 죽은 아기를 안고 절규하는 엄마, 고통스럽게 소리치는 남자, 부러진 칼을 쥐고 쓰러진 군인처럼 보이는 남자. 이 그림의 제목은 게르니카라는 마을에서 따왔고, 소재는 게르니카에서 있었던 학살을 그린 것이다.

1937년 에스파냐의 게르니카에서는 무슨 일이 일어났던 것일까? 에스파냐에서는 1936년부터 1939년까지 우파 프랑코 정권과 좌파 인민 전선 정부 간의 치열한 내전이 벌어졌다. 주변국의 개입도 심해서 2차 세계 대전의 전초전이라고 불릴 정도였다. 프랑코 정권을 지원했던 독일의 나치 정권은 프랑코 정권의 요청으로 게르니카 일대를 비행기로 무차별 공격했고, 이때 인구 2000여 명의 게르니카에 무려 1540명의 사상자가 발생했다. 피카소는 아무 죄 없는 민간인들까지 학살한 이 비극적인 소식을 접하고 한 달 만에 그림을 완성하여 전쟁의 비극과 잔학성을 폭로했다.

그런데 게르니카는 왜 폭격을 받았을까? 이에 대한 답을 얻기 위해서는 먼저 게르니카가 속한 바스크 주의 특성을 알아야 한다.

바스크 지방은 이베리아 반도 북부의 피레네 산맥 서쪽에 자리하고 있는데 일부는 프랑스에도 걸쳐 있다. 이곳에 사는 바스크족은 이베리아 반도에서 가장 오래된 민족으로, 유럽의 다른 민족들과 연계성이 없고 언어학적으로도 유사성을 전혀 발견할 수 없는 독특한 민족으로 알려져 있다.

게르니카 마을의 폭격을 세계에 알리는 포스터

피카소의 〈게르니카〉(1937년) 피카소는 독일의 나치 정권이 게르니카의 민간인을 학살한 사건을 그린 이 작품을 통해 전쟁의 비극과 잔학성을 폭로했다.

바스크족은 기원전 1세기 로마군이 이베리아 반도에 진출한 이후 수없이 많은 외부 세력의 침입과 지배를 받았다. 그런 이유로 어떤 민족보다 특히 민족주의와 저항 의식이 강했다. 20세기 들어 에스파냐의 지배를 받게 되자 바스크족은 계속해서 독립 운동을 전개했고, 1933년에야 겨우 자치권을 얻게 되었다.

이후 에스파냐 내전이 일어나자 당시 바스크 자치 정부는 프랑코에 반대해서 인민 정부를 지지했다. 이것이 빌미가 되어 결국 게르니카의 비극이 빚어진 것이다. 한마디로 게르니카는 바스크 민족에 대한 에스파냐의 뿌리 깊은 차별과 독재 정권 수립을 위한 희생양이 되었던 것이다.

이후 바스크족은 에스파냐의 지속적인 탄압에 대항하여 1959년 '바스크 조국과 자유(ETA)'라는 무장 투쟁 단체를 만들어 지속적인 독립 활동을 벌여 왔으며, 이 과정에서 많은 유혈 사태가 발생했다. 한때는 에스파냐 정부와 영구 휴전 협정을 맺은 적도 있지만 다시 무산되어 독립 투쟁을 계속하던 ETA는 2011년 무장 투쟁 포기를 선언했다.

유럽의 영원한 이방인, 유대인과 집시

바스크족은 자신들의 터전에서 투쟁을 해 왔지만, 이런 터전도 없이 영원한 이방인으로 낙인찍힌 민족도 있다. 바로 유대인과 집시들이다. 그들은 유럽의 역사에서 늘 약자이자 이방인으로 차별과 멸시를 받아 왔다.

스스로 야훼(유일신)의 선택을 받은 민족이라고 믿는 유대인들은 기원전 2000년경 메소포타미아에서 팔레스티나(팔레스타인, 지금의 이스라엘 지역)로 옮겨가 기원전 11세기에 이스라엘 왕국을 세웠다. 그러나 주변 서남아시아의 여러 민족과 다툼이 잦았고, 서기 60년경 로마가 수도 예루살렘을 점령하면서 나라를 잃고 만다. 그 후 1차 십자군 원

바스크 조국과 자유(ETA)가 일으킨 폭탄 테러로 파괴된 건물의 모습 2009년 7월 29일 바스크 지방의 독립을 요구하는 ETA가 에스파냐 북서부의 부르고스에서 폭탄 테러를 시도해 최소 64명이 부상하는 사태가 발생했다. 파괴된 건물은 에스파냐 민병대원들의 숙소였다.

갈 곳 없는 집시들 집시는 유럽을 중심으로 떠돌이 유랑 생활을 하는 민족으로, 미신적이고 쾌활하며 음악에 뛰어난 재능을 갖고 있다고 알려져 있다.

유대인 격리 지역인 게토의 살벌한 풍경 2차 세계 대전 당시 나치 독일을 피해 폴란드로 이주한 유대인들은 이곳에서도 그들만의 거주 지역인 게토에서 따로 살며 생명의 위협을 느껴야 했다.

정 때 유럽인들에게 학살되거나 노예로 끌려갔고, 1948년 팔레스타인 지방에 이스라엘이라는 이름으로 나라를 다시 세우기까지 2000여 년 동안 삶의 터전을 마련하지 못하고 전 세계를 방랑했다.

유대인이 유럽에서 배척을 받았던 이유는 무엇일까? 유대교는 유일신 야훼의 선택을 받았다는 선민의식이 강해서 타민족에 대해 폐쇄적이었다. 또한 로마인들에게 예수를 고발하여 십자가에 못 박혀 죽게 한 사람들이 유대인이었기 때문에, 크리스트교가 종교와 사상, 문화 등 사회 전반에 걸쳐 영향을 끼치던 유럽 사회에서 유대인이 설 자리는 없었다.

죄인으로 낙인찍힌 유대인들은 유럽 내에서 토지를 소유할 수 없어 고리대금업이나 무역업에 종사하여 부를 축적했지만, 이 역시 주변 민족으로부터 빈축을 사기 일쑤였다. 2차 세계 대전 당시 히틀러가 자행한 아우슈비츠 수용소에서의 유대인 대량 학살은 그 정점에 이른 사건이었다.

한편, 히틀러가 학살한 것은 유대인만이 아니었다. 40만 명에서 100만 명에 이르는 집시들도 그들과 함께 희생되었다. 집시는 북부 인도에서 유럽으로 흘러 들어온 것으로 추정되는 유랑 민족이다.

유대인들과 달리 집시에 대한 기록은 어디에서도 찾아볼 수 없다. 2차 세계 대전이 끝난 후 나치 독일의 전범자들을 처벌하기 위해 열린 뉘른베르크 재판에서도 집시 문제는 다루어지지 않았다.

유럽 내의 유대인 문제는 많은 부분이 해결되기는 했지만, 집시에 대한 차별은 여전히 남아 있어서 교육, 거주, 취업 등에서 많은 불이익을 받고 있다. 가령 2010년 프랑스 정부는 범죄와 폭력을 추방한다는 명목으로 집시들을 추방했다. 이에 대해 인권 단체들은 전형적인 인종 차별 정책이라고 비난했지만 결국 정부의 정책을 막을 수는 없었다. 심지어 대다수 일반 국민들도 찬성하는 입장을 보였다.

이렇듯 유럽 어디에서나 갈 곳이 없는 집시들은 지금도 여전히 이곳저곳을 옮겨 다니며 힘든 나날을 보내고 있다.

민족적 자긍심이 강한 나라, 아일랜드

원래 영국 본토인 그레이트브리튼 섬에는 켈트족이 거주했으나 5~6세기에 앵글로색슨인이 들어와 그들을 쫓아냈다. 이후 켈트족은 오늘날의 아일랜드·웨일스·스코틀랜드 지역에 머무르게 되었다. 오늘날 아일랜드·웨일스·스코틀랜드가 잉글랜드에 대해 감정의 골이 깊은 이유는 바로 여기에서 비롯된 것이다.

작은 섬나라 아일랜드는 무려 800년 동안이나 영국의 식민 지배를 받아 왔다. 켈트족이 세운 나라 아일랜드에는 5세기에 가톨릭교가 들어와 급속히 전파되었다. 영국은 12세기 후반에 아일랜드를 침입해 자신들의 국교인 성공회(개신교)를 강요했고, 아일랜드인들이 반항하자 무력으로 억압했다.

종교적 탄압 외에도 영국과 아일랜드의 사이가 악화된 결정적 계기가 있었는데, 바로 1847년에 발생한 대기근이었다. 당시 감자 이외에 식량 작물이 거의 없던 아일랜드에 '감자 마름병'이 번져 아일랜드 전체 인구 800만 명 중 200만 명이 굶어 죽었다. 그 와중에 영국인 지주들이 그나마 남아 있던 식량 작물이나 가축들을 모두 아일랜드 밖으로 빼돌리자 이 상황을 못 견딘 아일랜드 사람들이 200여만 명이나 해외로 이주했다. 결국 인구가 절반인 400만 명으로 줄어들어 국가적 위기가 닥치게 되었고, 그 후 영국과의 사이는 더욱 멀어졌다.

아일랜드는 오랜 독립 운동 끝에 1922년 전쟁에서 승리하여 아일랜드 공화국을 수립했다. 이런 역사를 거치면서 아일랜드 사람들은 강한 민족 정체성을 갖게 되었다. 민족에 대한 자긍심도 매우 강해서 자신들의 문화를 세계에 널리 알리는 데도 적극적이다. 우리가 잘 알고 있는 '아서 왕 전설'이나 '성배 전설'이 모두 켈트 신화에서 나왔다. 『다 빈치 코드』, 『해리 포터』, 『반지의 제왕』, 『나니아 연대기』 등도 이 전설들을 모티프로 하고 있다.

조너선 스위프트, 윌리엄 버틀러 예이츠, 오스카 와일드, 조지 버나드 쇼, 제임스 조이스, 새뮤얼 베케트 등은 아일랜드가 낳은 세계적인 문학가들이다. 특히 제임스 조이스는 『율리시스』를 통해 아일랜드의 신화, 역사, 철학, 구전 민요까지 문학에 영구 보존시켜 전 세계인에게 아일랜드의 문화를 각인시키는 데 큰 기여를 했다.

세계 지도에서 사라진 유고슬라비아 연방

7개의 국경, 6개의 공화국, 5개의 민족, 4개의 언어, 3개의 종교, 2개의 문자, 1개의 국가. 이는 옛 유고슬라비아의 복잡한 역사와 문화적 배경을 나타내는 말이다. 구 유고슬라비아 연방이 이런 복잡한

1 북유럽의 켈트 신화를 모티프로 한 〈반지의 제왕〉 영화 포스터 2 아일랜드를 대표하는 세계적인 작가 제임스 조이스

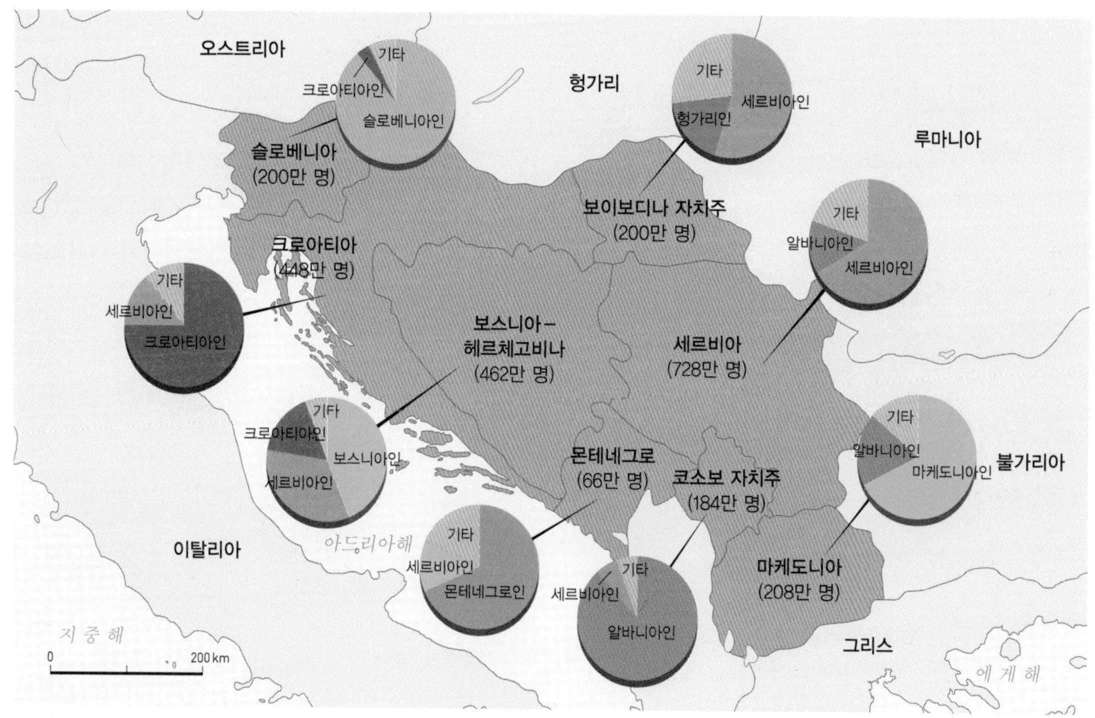

민족 구성이 복잡한 구 유고슬라비아 연방 세르비아인은 정교, 알바니아인은 이슬람교, 크로아티아인은 주로 가톨릭교를 믿는다.

상황이 된 것은 지리적·역사적 배경 때문이었다.

지중해와 흑해 사이에 있는 발칸 반도 일대는 서부의 게르만족과 동부의 슬라브족 간의 문화 교차점이 되었던 곳으로, 역사적으로 주변 강국들의 침입과 여러 민족의 유입이 잦았던 곳이다. 거기에다 15~17세기에는 이슬람 세력인 오스만 제국까지 진출하여 결국은 가톨릭교, 그리스 정교, 이슬람교 등 여러 종교와 민족이 섞이게 된 것이다.

20세기 이후 이런 복잡한 지역을 하나의 국가로 건국한 사람이 요시프 브로즈 티토였다. 2차 세계대전 당시 사회주의 무장 투쟁 단체에서 파르티잔으로 활동하며 독립 운동에 앞장섰던 티토는 1945년 6개의 공화국과 2개의 자치주(보이보디나, 코소보)로 구성된 유고슬라비아 사회주의 연방 공화국(유고 연방)을 수립했다.

집권 후 티토는 과감한 경제 개혁과 자치권을 확대하여 일단 연방 내 주민들의 불만을 해소하고 결속을 다져 나갔다. 하지만 1980년 티토가 사망하고 이어 소련이 붕괴하면서 동유럽의 소수 민족 사이에 독립 욕구가 격렬하게 분출되었고, 유고 연방 역시 분열되기 시작했다.

1991년, 유고 연방 중 서방 세계와 동질성이 많고 경제적으로도 유리한 조건을 갖춘 슬로베니아와 크로아티아가 먼저 독립을 선언했으며, 그 해 9월에는 마케도니아가 독립했다.

1992년에는 세르비아와 몬테네그로가 구 유고

보스니아 내전 당시 가장 끔찍한 인종 학살이 자행되었던 스레브레니차 지역의 집단 학살 발굴 현장 원래 무슬림들의 집단 거주지였던 이곳에서 7000명이 넘는 무슬림들이 세르비아 군에게 무참하게 학살당했다.

슬라비아의 정신을 계승한다는 의미에서 유고슬라비아 연방 공화국(신유고 연방)을 창설했으나, 같은 해 보스니아-헤르체고비나가 독립을 선포했다.

2006년, 신유고 연방이던 몬테네그로가 다시 독립하면서 결국 유고 연방은 완전히 분열되었다.

꺼지지 않은 분쟁의 불씨, 보스니아 · 코소보 내전

유고슬라비아 연방의 분리 독립 과정에서 분쟁이 시작되어 1990년대 이후 이 지역은 전쟁의 소용돌이에 휩싸이게 되었는데, 대표적인 것이 보스니아 내전과 코소보 내전이다.

보스니아 내전의 직접적인 발단은 1992년 보스니아-헤르체고비나의 독립이었다. 유고 연방의 중심 세력이며 그리스 정교를 신봉했던 세르비아는 이슬람교가 우위를 차지하는 보스니아 내의 세르비아인들을 보호한다는 명분으로 수도인 사라예보를 공습했다. 게다가 세르비아의 초대 대통령 슬로보단 밀로셰비치가 세르비아 민족주의를 강하게 내세우며 보스니아 내 무슬림들에 대해 대규모 학살을 감행했다.

학살에 대한 비난이 국제적으로 여론화되자 국제 연합(UN)과 북대서양 조약 기구(NATO)가 적

2008년 코소보의 독립 선언 코소보의 수도 프리슈티나 국회 의사당 주변에 모인 수만 명의 알바니아계 주민들이 코소보의 독립을 지지한 미국과 영국 등의 국기를 흔들고 있다.

극적으로 개입하여 내전은 1995년 종식되었지만, 4년의 전쟁 기간 동안 25만 명이 넘는 희생자와 200만 명이 넘는 난민이 발생하여 씻을 수 없는 큰 상처만 남게 되었다.

코소보 내전은 1998년 신유고 연방으로부터 분리·독립을 요구하는 다수의 알바니아계 코소보 주민과 세르비아계 정부군 사이에 벌어진 충돌 사태이다. 이 사태는 미국과 북대서양 조약 기구가 개입하고 러시아가 중재하면서 끝났지만, 1만여 명이 사망하고 수십만 명의 난민이 발생했다. 코소보는 국제 연합의 보호 하에 불안한 상태로 유지되다가 2008년 다시 일방적으로 독립을 선언했다.

2010년 국제 사법 재판소에서 코소보의 독립이 적법하다는 판결을 내렸지만 아직 완전 독립의 상태는 아니다. 미국이나 유럽 연합(EU) 대부분의 국가들은 판결에 찬성하는 입장이지만 세르비아, 러시아, 중국 등은 강력하게 반대하여, 코소보 독립은 여전히 국제적인 문제로 남아 있다.

이제 유고슬라비아 연방은 역사 속으로 사라졌지만, 전쟁으로 인한 민족 간의 대립과 복잡하게 얽힌 여러 강대국의 이해관계 등, 이 지역에서 분쟁의 불씨는 아직도 꺼지지 않고 있다.

유럽 축구의 열기는 어디서 시작되었을까?

유럽에서 축구의 인기는 우리의 상상을 초월한다. 전 세계인이 즐기는 축구 대회는 월드컵이지만, 유럽에서는 오히려 영국의 프리미어리그나 에스파냐의 프리메라리가와 같은 자국 내 리그, 그리고 유럽 국가들 간의 대항전인 챔피언스리그나 유럽선수권대회에 훨씬 열광한다.

유럽의 축구 경기에서는 다양한 민족 정체성이 가장 강렬하고 첨예하게 드러나고, 민족 간의 갈등이 라이벌 관계로 나타난다. 따라서 유럽을 이해하는 데 있어 축구만큼 좋은 길잡이도 없을 것이다.

영원한 아일랜드의 팀, 글래스고 셀틱

과거 아일랜드 대기근으로 영국 북부에 있는 스코틀랜드의 글래스고로 유입된 아일랜드 사람들은 영국 사회에 동화되지 못한 채 사회적 차별을 받았다. 1888년 글래스고의 로마 가톨릭교 소속 마리아 사제회 수사인 월프리드는 축구를 통해 가톨릭의 정체성과 아일랜드의 민족 정신을 심어 주고, 영국의 차별로부터 아일랜드 젊은이들에게 희망을 주고자 '글래스고 셀틱'이라는 축구 팀을 만들었다.

셀틱은 창단 이래 지금까지 국내 최상위 등급의 프로 축구 대회인 프리미어리그에서 총 45회 우승을 차지하여 현재 스코틀랜드 축구 리그에서 가장 강력한 팀으로 인정받고 있다.

4개의 자치주로 이루어져 있는 영국 공화국

글래스고 셀틱 (녹색 줄무늬 유니폼) vs FC 바르셀로나 경기

한 지붕 네 가족, 영국의 속사정

영국의 정식 명칭은 그레이트브리튼 북아일랜드 연합 왕국이다. 잉글랜드·스코틀랜드·웨일스(그레이트브리튼 섬)와 아일랜드 섬 북쪽의 북아일랜드, 이렇게 4개의 자치주로 이루어져 있다.

스코틀랜드는 영국과 통합된 지 300년이 지났지만 여전히 분리 독립을 요구하고 있다. 북아일랜드 역시 마찬가지이다. 영국과 달리 켈트족에 가톨릭교를 믿는 아일랜드는 과거 영국의 식민지였다. 아일랜드는 현재 하나의 국가로 독립했지만, 북아일랜드는 여전히 영국으로 남게 되면서 본격적인 갈등이 시작되었다. 결국 북아일랜드 지역의 가톨릭교도들은 독립을 위해 아일랜드 공화군(IRA)이라는 무장 단체를 조직해 영국과 수십 년에 걸쳐 유혈 충돌을 벌이기도 했다.

각 주는 서로 다른 국기를 사용하고, 네 지역 모두 따로 축구협회를 두고 있다. 월드컵에도 4개 팀이 각각 출전한다. 또한 각 지역마다 프리미어리그가 있는데, 그 중 잉글랜드와 스코틀랜드 프리미어리그가 유명하다. 우리가 잘 알고 있는 첼시·아스널·맨유가 잉글랜드 프리미어리그의 팀이고, 차두리와 기성용 선수가 뛰었던 셀틱은 스코틀랜드 프리미어리그의 팀이다.

잉글랜드 프리미어리그에서 공을 다투는
아스널(노란색 유니폼)과 맨체스터유나이티드 선수들

영국의 4개 자치주 비교

	잉글랜드	스코틀랜드	웨일스	북아일랜드
수도	런던	에든버러	카디프	벨파스트
공용어	영어	영어, 게일어	영어, 웨일스어	영어, 아일랜드어, 얼스터 스코트어
인구(2011년)	5301만 명	531만 명	306만 명	181만 명
면적	130,395km²	78,772km²	20,779km²	13,843km²
1인당 GVA(총부가가치, 2011년)	34,371달러	33,119달러	25,270달러	26,614달러

영원한 맞수, 레알 마드리드 vs FC 바르셀로나

에스파냐에서 바스크 못지않게 민족적 자긍심이 강한 곳이 북동쪽에 위치한 카탈루냐 지역이다. 최근 자치권의 확대로 갈등이 다소 완화되었지만, 1992년 바르셀로나 올림픽 당시만 해도 이곳은 에스파냐 국기가 아닌 카탈루냐 깃발을 게양했다. 학교에서도 에스파냐어 대신 자신들의 언어인 카탈란어를 가르칠 정도였다.

카탈루냐 지역은 중심 도시인 바르셀로나가 과거 에스파냐 내전 때 프랑코 장군의 독재를 반대한 인민 전선의 거점이었다는 이유로 많은 차별과 탄압을 받아 왔다. 프랑코는 소수 민족의 자긍심을 억누르기 위해 축구를 활용하기도 했는데, 그가 적극 지원한 팀이 바로 '레알 마드리드'이다. 이후 레알 마드리드는 에스파냐뿐 아니라 대외 경기에서도 여러 번 우승하며 축구 명문으로 이름을 떨쳤다.

한편 카탈루냐로서도 독재 치하에서 억눌린 민족 자긍심을 표현할 수 있는 유일한 통로가 축구였고, 이 지역의 연고 팀이 바로 또 하나의 축구 명문인 'FC 바르셀로나'였다. 이렇게 레알 마드리드와 FC 바르셀로나는 숙명적인 라이벌 관계가 된 것이다.

이 두 팀이 시합을 할 때는 에스파냐뿐 아니라 전 세계의 이목이 집중된다. 하지만 늘 앙숙이던 두 팀이 2010년 월드컵에서는 한 팀을 만들어 80년 만에 우승컵을 들어 올리기도 했다. 잠시나마 축구를 통해 서로의 해묵은 감정이 해소되는 기적 같은 일이 벌어진 것이다.

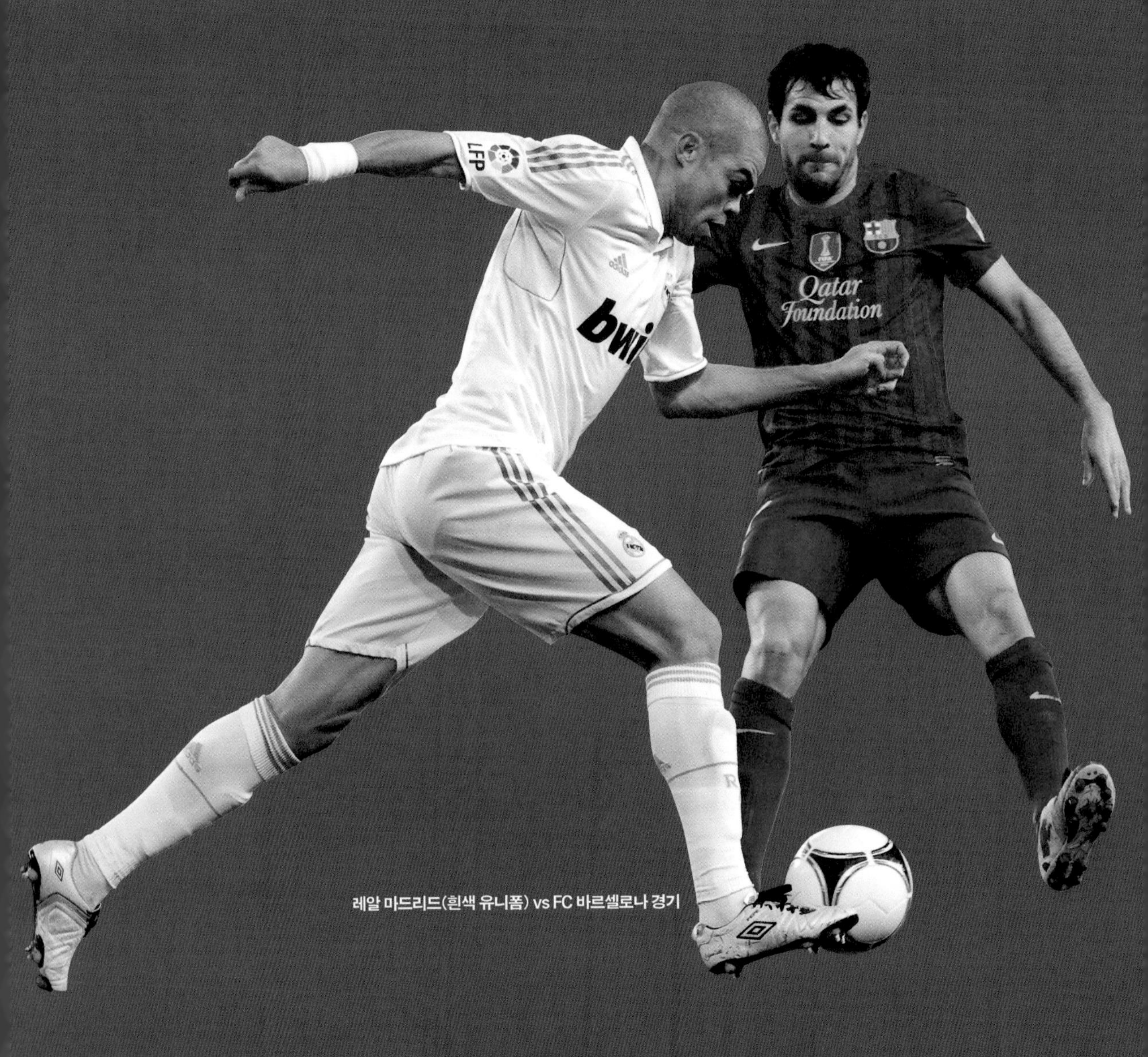

레알 마드리드(흰색 유니폼) vs FC 바르셀로나 경기

민족적 정체성이 강한 바스크의 팀, 아틀레틱 빌바오

'아틀레틱 빌바오'는 에스파냐의 소수 민족 중 민족적 정체성이 강한 바스크 지방의 축구 팀이다. 공식적인 규정은 없지만 외국인 선수를 영입하지 않는 팀으로 알려져 있다. 이런 강한 민족성 때문인지 오늘날 전 세계적으로 유명한 에스파냐 프로 축구 리그인 프리메라리가에서 단 한 번도 2부 리그로 강등된 적이 없는 4대 명문 팀으로 성장했다.

골을 넣고 기뻐하는
아틀레틱 빌바오 선수들

하나의 유럽을 향해

유럽 연합은 교통, 통신, 교육 등 여러 분야에서 유럽 사람들을 하나로 만들고 있다. 하지만 동서 유럽 간의 경제적 격차, 무슬림 및 이민자들과의 갈등 등, 유럽 연합이 확대되는 과정에서 아직 해결하기 어려운 문제들이 많아 통합 유럽에 먹구름이 드리워지고 있다.

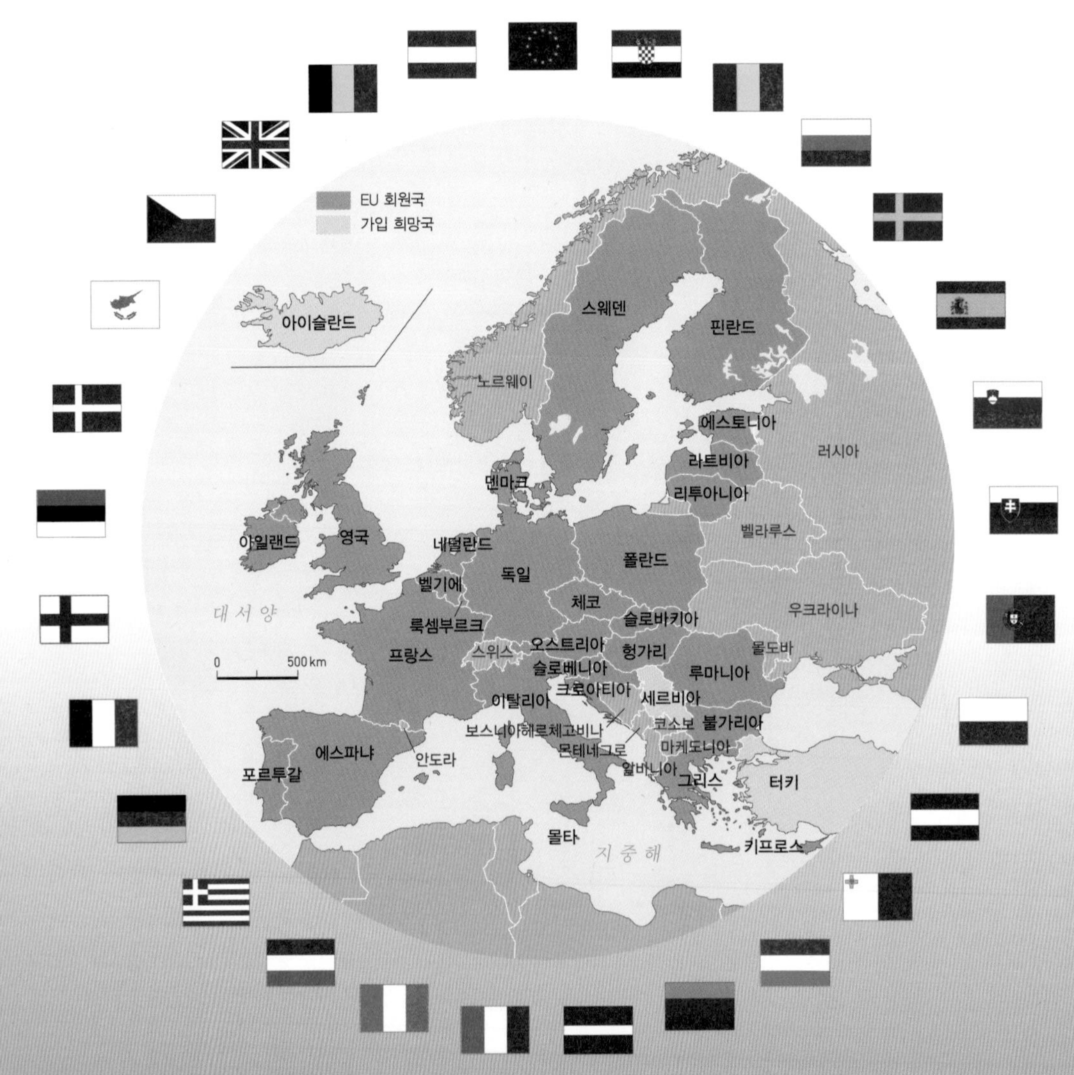

2013년 현재 28개 회원국으로 구성된 유럽 연합

끊임없이 진화해 온 유럽 연합(EU)

유럽 연합의 씨앗이 된 석탄과 철광석

유럽 연합은 어떻게 탄생했을까? 유럽 연합의 씨앗은 석탄과 철광석이었다. 원래 석탄과 철광석은 산업 혁명의 주요한 원동력이었을 뿐만 아니라 전쟁 중 무기를 생산하는 데 꼭 필요한 물자이기도 했다. 유럽에서 프랑스의 로렌 지방은 철광석이 풍부한 반면 독일의 루르와 자르 지방은 석탄이 풍부했다. 이 두 지역은 1, 2차 세계 대전 중 치열한 접전이 벌어졌던 곳이다.

전쟁이 끝나자 프랑스의 경제 자문관 장 모네는 유럽의 부흥과 전쟁의 재발 방지를 위해 독일과 프랑스의 화해와 협력이 필요함을 깨닫고, 그 매개체로 철강 공업의 기초가 되는 석탄과 철광석을 자유롭게 이용하자는 생각을 당시 프랑스 외무장관이던 슈만에게 전달했다.

이렇게 해서 두 전략 자원을 교환하고 공동 관리함으로써 양국의 평화 유지와 경제 부흥을 꾀하는 이른바 '슈만 플랜'이 나오게 되었다. 이를 기초로 1951년 유럽 연합의 시초라고 할 수 있는 유럽 석탄 철강 공동체(ECSC)가 탄생했다. 당시 6개국(독일, 프랑스, 이탈리아, 벨기에, 네덜란드, 룩셈부르크)으로 결성되었던 유럽 석탄 철강 공동체는 그 뒤 1957년에 결성된 유럽 경제 공동체(EEC)와 1958년에 결성된 유럽 원자력 공동체(EURATOM)를 합하여 1967년에는 유럽 공동체(EC)로 발전했다.

경제적 통합을 넘어 정치적 통합까지

이후 단순한 시장 통합을 넘어 정치·경제적 통합체로 결합하기 위해 1993년 유럽 공동체 정상들이 네덜란드의 마스트리히트에 모여 합의한 마스트리히트 조약의 결과 지금의 유럽 연합(EU)이 탄

유럽 연합(EU)의 통합 과정

	1951	1957	1967	1973	1981	1986	1993	1995	2004	2007	2009	2013
공동체	ECSC (석탄 철강)	EEC (관세 동맹)	EC (역내 공동 시장)				EU (단일 통화 유로)				EU (정치 통합 지향)	
조약	파리 조약	로마 조약	브뤼셀 조약				마스트리히트 조약				리스본 조약	
가입국	독일 프랑스 이탈리아 네덜란드 벨기에 룩셈부르크			영국 아일랜드 덴마크	그리스	에스파냐 포르투갈		스웨덴 핀란드 오스트리아	폴란드 체코 슬로바키아 헝가리 슬로베니아 라트비아 리투아니아 에스토니아 키프로스 몰타	불가리아 루마니아		크로아티아
누적 가입국 수	6개국			9개국	10개국	12개국		15개국	25개국	27개국		28개국

생했으며, 1999년에는 단일 화폐인 유로화가 등장했다. 2004년 이후 구 소련의 영향권에 있었던 동유럽 국가들이 많이 가입하면서 2013년 현재 유럽 연합은 28개 회원국과 5억 명에 달하는 인구, 미국을 능가하는 교역량과 전 세계 GDP의 30%를 차지하는 생산량 등 세계 최대의 단일 경제 공동체로 성장했다.

우리나라에서 보면 유럽 연합은 중국 다음으로 수출량이 많은 곳이고, 수입량도 3위를 차지할 만큼 중요한 지역이다(2009년 기준). 우리나라는 2010년 10월에 유럽 연합과 자유 무역 협정(FTA) 비준을 체결했고, 2011년 7월부터 발효되었다.

현재 세계적으로 북미 자유 무역 협정(NAFTA), 남미 공동 시장(MERCOSOUR), 아시아 · 태평양 경제 협력체(APEC) 등의 여러 경제 협력 기구가 있다. 하지만 경제 통합의 단계로 보았을 때는 자유 무역 연합이나 관세 동맹의 수준에 불과하며, 화폐를 통합하여 한 단계 높은 수준의 경제 동맹까지 이루어 낸 것은 유럽 연합뿐이다. 더구나 유럽 연합은 2009년 말 일부 회원국의 반대와 여러 가지 어려움 속에서도 리스본 조약을 체결했다.

리스본 조약은 애초에 정치적 통합을 위해 추진된 '유럽 헌법'이 일부 회원국의 반발에 부딪히자 다소 약화된 내용으로 추진된 조약으로, '일명 유럽의 대통령으로 불리는 정상 회의 상임 의장 선출 및 외무 장관 신설, 유사시 회원국 간 군사 협력 강화' 등을 주요 내용으로 하여 하나의 유럽을 향한 유럽 연합의 의지를 담았다는 평가를 받는다.

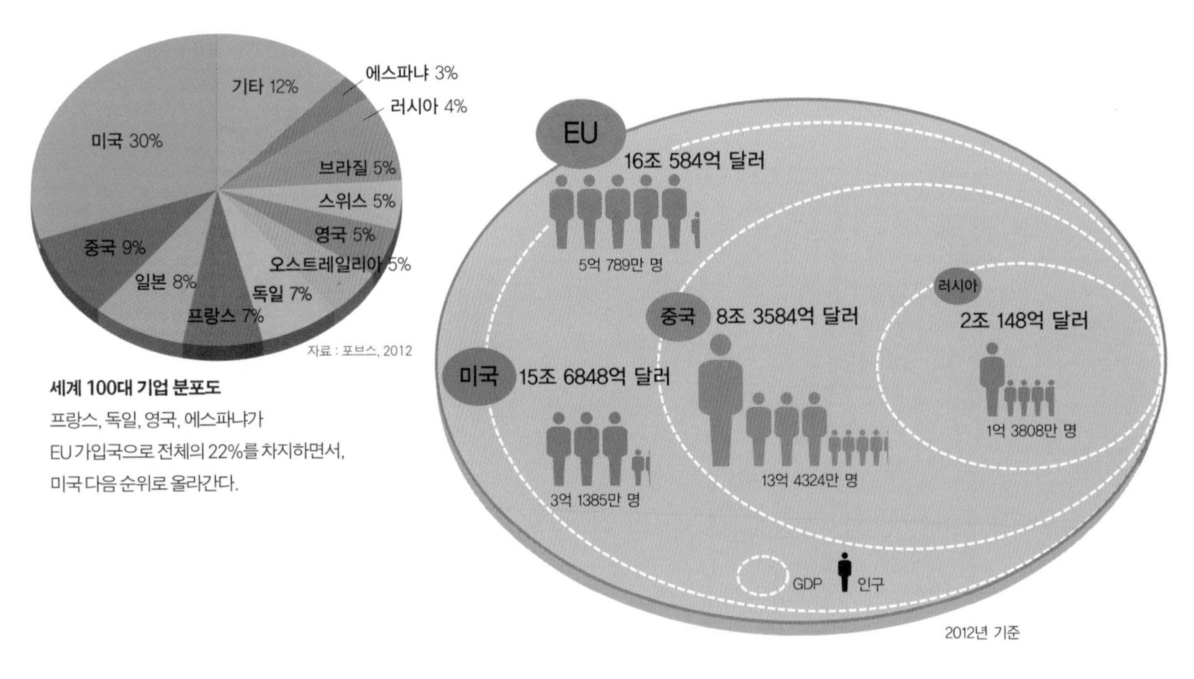

세계 100대 기업 분포도
프랑스, 독일, 영국, 에스파냐가 EU 가입국으로 전체의 22%를 차지하면서, 미국 다음 순위로 올라간다.

유럽 연합의 경제 규모

통합 유럽의 힘을 보여준 에어버스

2005년 1월 프랑스 남부에 있는 유럽 우주 항공 산업의 중심 도시인 툴루즈에서는 유럽의 다국적 항공기 제작사인 에어버스사의 초대형 여객기 A380이 그 모습을 드러냈다. 길이 73m, 날개 폭 80m인 A380은 2층 구조로 되어 있으며, 한 번에 승객 550명을 태울 수 있다.

민간 항공기 중 세계 최대 규모이며 기내 시설이 호텔에 못지않아 일명 '하늘의 궁전'으로 불리는 A380을 생산해 냄으로써 에어버스사는 세계 항공 산업의 1인자인 미국의 보잉사를 위협하는 항공사로 도약하게 되었다.

A380과 같은 에어버스는 2차 세계 대전 이후 침체되어 왔던 유럽에 새로운 도약의 힘을 불어넣어 주었으며, 하나가 되고 있는 유럽의 힘을 보여준 좋은 사례이다.

국내선이나 근거리 국제선을 위한 중단거리용 대형 수송기인 에어버스는 유럽 연합 내 여러 국가가 협동 작업하여 만들어 낸다. 주 날개와 연료 공급 장치는 영국에서, 동체 및 수직 날개는 독일에서, 꼬리와 수평 날개는 에스파냐에서 제작한 것들을 옮겨 와 프랑스의 툴루즈에서 최종 조립하는 것이다.

4개국 모두 비행기 제작에 관한 자체적인 기술을 보유하고 있지만, 보잉사와 같은 거대한 항공사와 경쟁하기 위해서는 서로 간의 긴밀한 협력 체제를 유지하면서 그 역량을 집중시키는 것이 더 효율적이었던 것이다. 이렇게 함으로써 한 나라에서 항

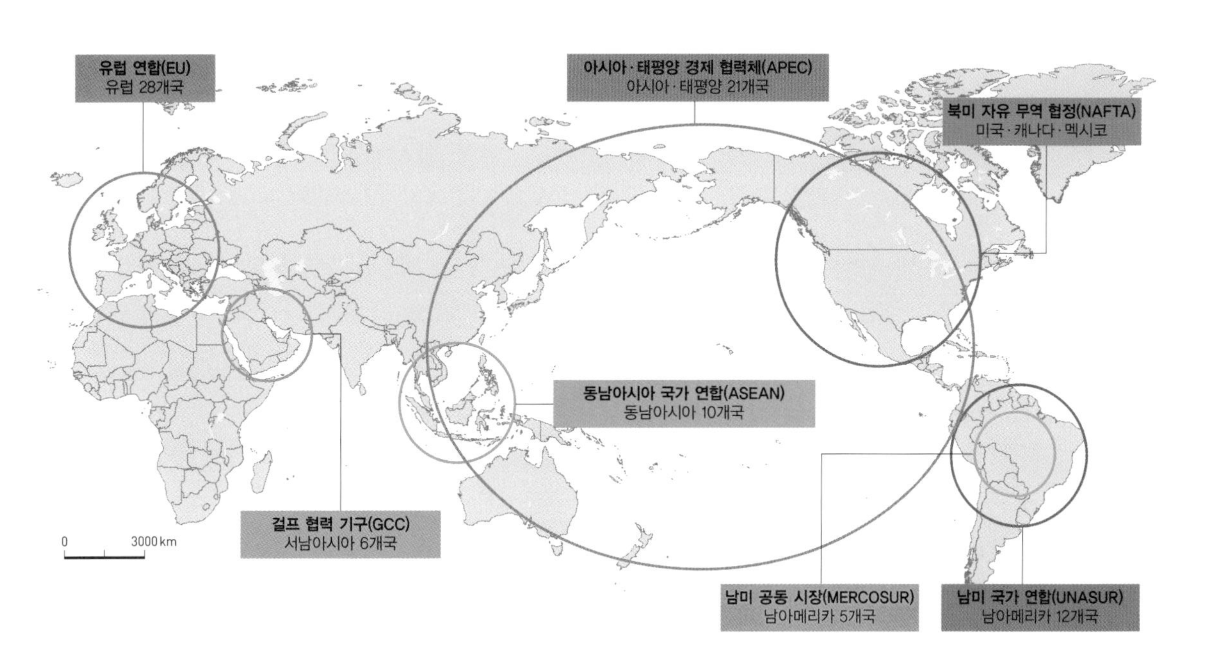

유럽 연합 및 세계의 주요 지역별 협력 기구

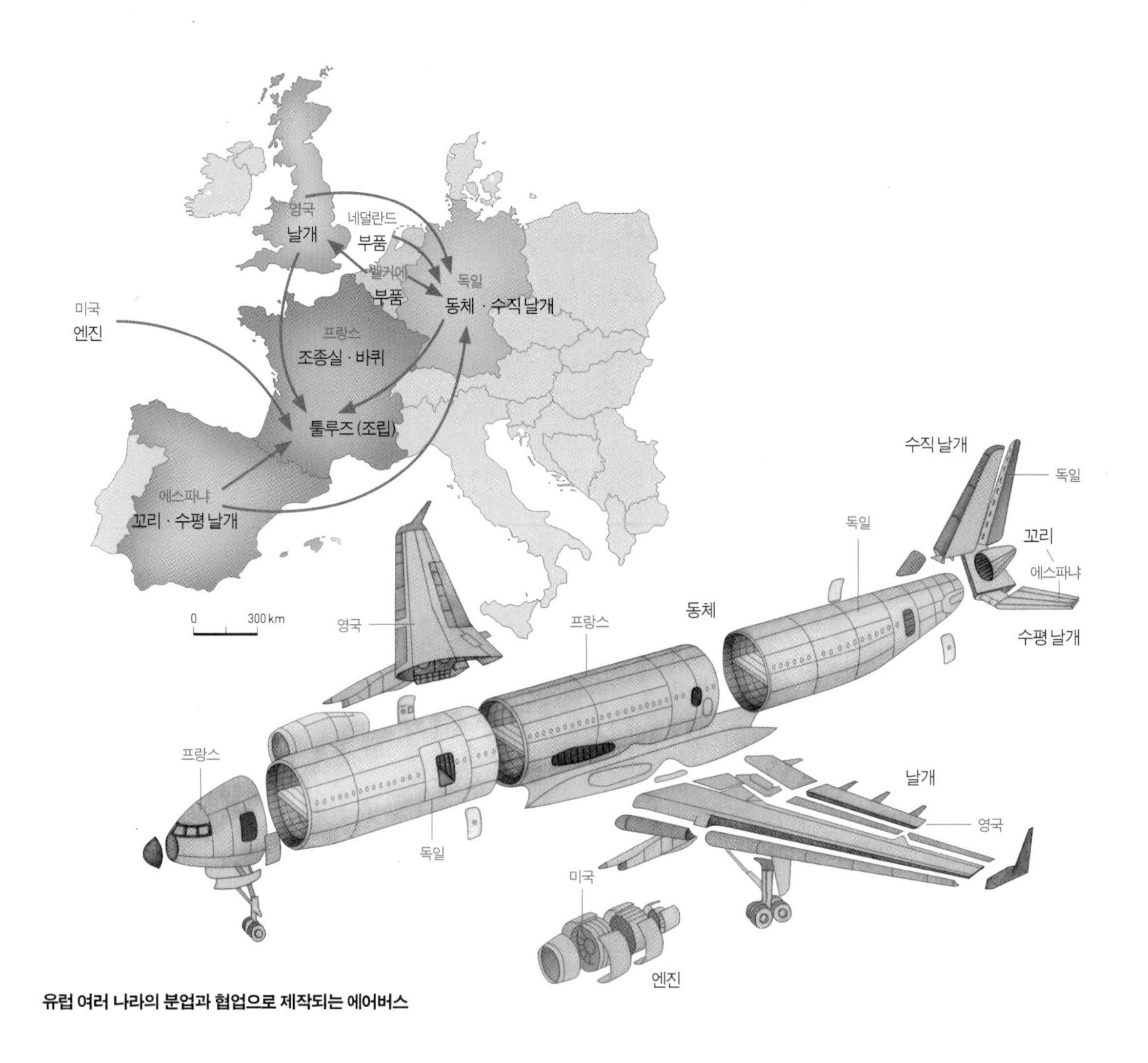

유럽 여러 나라의 분업과 협업으로 제작되는 에어버스

공기를 제작하는 것보다 자본도 적게 들이고, 분야별로 기술을 전문화할 수도 있으며, 각 나라의 일자리를 늘리는 효과도 발생했다.

현재 글로벌 항공기 제조 시장은 에어버스사와 보잉사가 양분하고 있다. 100~200개의 좌석을 가진 소형 항공기 시장에서는 에어버스사가 70%의 시장점유율을, 275~375개의 좌석을 가진 대형 항공기 시장에서는 보잉사가 75%의 시장점유율을 차지하고 있다. 2011년 100개 이상의 좌석을 가진 항공기 인도 대수를 보면 보잉사가 477대, 에어버스사가 534대였다.

최근 유럽 연합에서는 또 하나의 거대한 사업을 추진하고 있다. 바로 갈릴레오 프로젝트(인공위성을 통한 위치 확인 시스템)이다. 이는 현재 위치 확인 시스템 분야에서 독점적인 지위를 누리고 있는 미국의 위성 항법 장치(GPS) 시스템에 대항하기 위해서 나온 것이다.

기존의 미국이나 러시아의 시스템이 군사적 목적으로 출발한 것에 비해 갈릴레오 프로젝트는 처음부터 민간 분야의 활용에 중점을 두고 있다. 기술적 측면에서 미국보다 정확도가 높은 것으로 기대되는 이 사업에 현재 우리나라도 참여하고 있다.

유럽 연합으로 달라진 생활 풍속도

조깅을 하고 자전거를 타며 국경을 넘는다

요즘 유럽을 여행하다 보면 공항 출입국 심사대에서 사람들이 유럽 연합의 나라('EU')와 유럽 연합이 아닌 나라('Non-EU')로 나뉘어 서 있는 광경을 흔히 볼 수 있다. 출입국 직원은 유럽 연합 내 입국자에게는 간난하게 입국 확인 도장을 찍어 주면서 통과시키지만, 그 밖의 여행자에게는 방문의 목적 등 여러 가지 질문을 한다. 그만큼 유럽 연합 사람들은 유럽 연합 안에서 다른 나라로 이동하는 것이 예전보다 훨씬 쉬워졌다. 이 외에도 유럽 연합의 출범은 유럽 사람들의 생활에 많은 영향을 주었다.

유럽 연합에 가입한 국가끼리는 사람과 물자, 돈이 자유롭게 넘나든다. 사실상 국경이 없어진 셈이다. 그 일등공신은 바로 유럽 연합 시민들의 자유로운 이동을 보장한 셍겐 조약이다. 1985년 체결되어 현재 26개국이 가입되어 있는 이 조약은 유럽 각국이 공통의 출입국 관리 정책을 사용하여 국가 간 통행에 제한이 없게 한다는 내용을 담고 있다.

게다가 1999년 이후 유럽 연합의 단일 화폐인 유로화가 출범하면서 상품에 대한 국가별 가격이 쉽게 비교되어 최근 유럽에서는 국경 지대를 넘나들며 쇼핑을 하고 출퇴근을 하는 것이 일상이 되었다. 심지어 자전거를 타거나 조깅을 하면서 국경을 넘나드는 사람들도 있다. 또한 유로화는 외국에서 온 여행자들에게도 환전의 번거로움을 없애 주며 이동의 편의성을 제공해 유럽의 관광 산업에도 큰

유럽의 국제선 기차 안 풍경 유럽이 하나로 묶였음을 자연스럽게 실감하는 곳이 국제선 기차이다. 유럽에서는 기차를 타고 가다 보면 별다른 절차 없이 쉽게 국경을 넘어가는 체험을 하게 된다.

유로 지폐와 동전 지폐는 7가지, 동전은 8가지이다.

도움을 주고 있다.

집값이 저렴하거나 높은 임금과 편안한 노후가 보장될 경우에 거주지를 다른 나라로 옮기는 사례도 많아지고 있다. 이렇듯 유럽 연합 회원국 시민들은 자기의 '국적'을 벗어나 '거주할 국가'를 자유롭게 선택하며 새로운 삶을 살 수 있게 되었다.

다른 나라에 가서 원하는 수업을 마음껏 듣는다

유럽 연합은 교통, 통신, 에너지, 환경, 교육 등 여러 분야에서 유럽 사람들을 하나로 묶고 있다. 특히 교육 분야에서 우리가 부러워할 만한 것이 있는데, 바로 '에라스무스' 프로그램이다. 유럽 연합 내 대학생들이 다른 회원국에서 최대 1년 동안 공부할 수 있도록 학비와 일부 생활비까지 지원해 주는 이 프로그램을 통해 학생들이 자기가 원하는 대학에서 원하는 수업을 마음껏 들을 수 있게 된 것이다.

물론 여기에 소요되는 경비는 유럽 연합의 예산으로 지원되는데, 1987년에 시작된 이래 그동안 120만 명 이상의 학생이 혜택을 보았다. 유럽 연합은 비록 막대한 자금이 들기는 하지만 유럽의 진정한 통합과 유럽 시민을 육성하기 위해서는 이런 프로그램이 필수적이라고 본다. 자유로운 인적 이동으로 장차 국경 없는 취업과 경제 활동의 토대를 만들어 나가고 있는 것이다.

이제는 새로운 유럽 연합 교과서에도 나폴레옹과 같이 다른 나라를 정복한 사람보다는 평화를 추구했거나 유럽 문화를 발전시킨 인물들을 더 부각시켜 민족 간 대립보다는 공존과 평화를 가르치는 일에 더 많은 노력을 기울이고 있다.

통합 유럽의 의미를 담고 있는 영화들

영화 〈스페인 기숙사〉는 유럽의 교환 학생 프로그램인 '에라스무스'를 소재로 제작되었다. 언어와 문화가 각기 다른 학생들이 한 공간에서 살아가는 모습이 마치 현재의 유럽 연합을 보여주는 듯, 통합 유럽의 의미를 생각하게 만드는 영화이다.

작가를 지망했던 프랑스 학생 자비에. 대학을 졸업한 뒤 에스파냐(스페인)의 기숙사에서 1년 동안 어학과 경제학을 공부하게 되면서 겪게 되는 이야기가 주요 내용이다. 영국, 독일, 에스파냐, 이탈리아, 벨기에, 덴마크 등 유럽 각지에서 온 학생들과 같은 기숙사에서 지내면서 처음에는 문화적·정서적 차이로 인해 많이 충돌하지만 나중에는 서로를 이해하고 위해 주는 마음이 조금씩 싹트게 된다.

〈세 가지 색 : 블루 · 화이트 · 레드〉는 폴란드 출신의 명감독 키에슬로프스키가 제작한 3부작 영화이다. 세 편의 영화는 각각 세 명의 여자 주인공을 중심으로 남편과 가족, 친구와 이웃과의 사이에서 일어나는 이별, 배신과 미움, 타인에 대한 무관심 등 개인적인 생활사를 담고 있다.

감독은 이 3부작 영화를 통해 일상에서 일어날 수 있는 고통스런 문제들이 어떻게 치유될 수 있는가를 프랑스 혁명의 이념이기도 한 자유(블루), 평등(화이트), 박애(레드)와 접목시켜 영상에 담아내고 있다.

이 영화는 또한 궁극적으로 통합 유럽이 나아가야 할 방향도 함께 암시하여 깊은 인상을 남겼다. 영화 제작 형식만 보더라도 프랑스 정부의 지원 하에 감독은 폴란드 사람, 배우들은 유럽 여러 나라 출신, 촬영 또한 유럽 곳곳을 돌며 이루어져 제작 과정에서부터 통합된 유럽을 지향했다.

'에라스무스' 프로그램 유럽 연합이 네덜란드의 인문학자 에라스무스의 이름을 따 1987년부터 시행해 온 유럽 내 대학 교류 프로그램이다.

영화 〈스페인 기숙사〉의 한 장면 에라스무스 프로그램을 소재로 제작된 영화이다.

영화 〈세 가지 색 : 블루 · 화이트 · 레드〉 통합 유럽이 나아가야 할 방향을 암시한 3부작 영화이다.

통합된 유럽, 이후 남은 과제들

유럽 연합에 가입하지 않은 북서유럽 국가들

북서유럽 국가 대부분은 유럽 연합 회원국이지만 노르웨이, 아이슬란드, 스위스는 지금까지 유럽 연합에 가입하지 않고 있다.

북해 유전을 보유하여 경제적으로 큰 어려움이 없는 노르웨이는 다른 북서유럽 국가들에 비해 민족주의적 성격이 강하다. 또한 유럽 연합에 가입하게 되면 어획량을 제한하는 정책을 따라야 하므로 자국의 수산업이 타격을 받을 수 있어 유럽 연합 가입을 꺼린다. 아이슬란드 역시 국가의 주 수입원이 어업이기 때문에 유럽 연합 가입에 부정적이다.

스위스도 경제적으로 부유하기 때문에 가입의 필요성이 절실하지 않다. 특히 전 세계 부유층의 자금을 불러들일 수 있는 비밀 계좌를 지키기 위해서는 독자적인 금융 정책이 유리하다는 판단으로 유럽 연합의 가입을 꺼리고 있다.

경제적 격차가 심한 동·서유럽과 유로화 문제

유럽 연합이 통합·확대되어 가는 과정에서 나타나는 어두운 이면도 많다. 우선은 동·서유럽 간의 경제적 격차가 해소되지 않고 있다는 점이다. 그래서 아직까지 소득 수준이 낮은 대부분의 동유럽 근로자들과 일부 전문직에 종사하는 사람들이 임금이 높은 서유럽으로 향하면서 상대적으로 서유럽

유럽 연합 내의 국내 총생산(GDP) 지역 격차

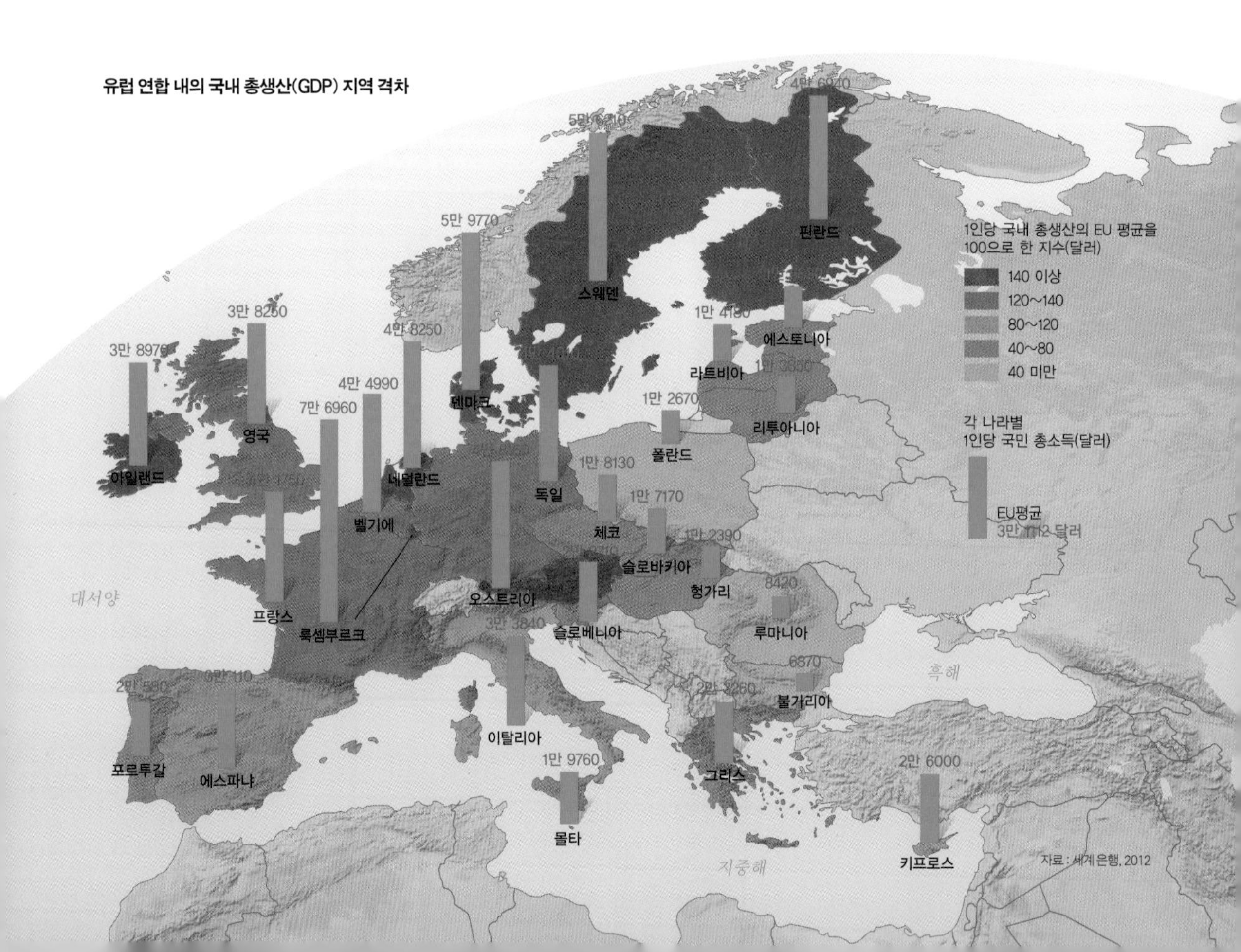

저임금의 폴란드 노동자들 유럽 연합의 확대로 국가 간 노동자들의 이동이 많아짐에 따라 상대적 임금의 차이로 경쟁이 일어나기도 한다. 그 결과 기존의 저임금 노동자들이 새로운 저임금 노동자에 밀려 일자리를 잃는 경우도 발생하고 있다.

사람들이 일자리를 잃고 실업률이 높아지는 상황이 발생하고 있는 것이다.

반면 서유럽의 다국적 기업들은 저임금을 좇아 동유럽으로 향하면서 동유럽의 상당수 기업들이 인수 합병을 당했다. 그 결과 동유럽이 경제적으로 서유럽에 종속되는 경향이 나타나고 있다. 이런 현실에서 통합 이전보다 살림살이가 더 어려워졌다는 소리가 동·서유럽 모두에게서 나오고 있다.

한편 초기에는 국제적으로 달러화에 맞설 수 있는 통화로 기대치가 높았던 유로화가 최근 큰 어려움에 직면해 있다. 원래 유로화를 쓰는 국가 간에는 환전 수수료가 사라지고, 환율 변동에 따른 경제적 손실도 줄어들게 된다. 또한 이를 통해 서로 간의 시장 확대 및 역내 교역량을 증대시켜 유로존•에 가입한 국가들에게 경제적 이익을 줄 수 있다는 긍정적 측면이 있었다. 하지만 실제로는 유로존 내의 모든 나라에게 이익이 골고루 돌아가지 않고 오히려 독일 등 일부 국가나 기업들에게만 이익이 집중되는 문제가 발생했다.

또 하나의 큰 문제점은 유로화를 독일에 있는 유럽 중앙 은행에서만 발행하기 때문에 회원국들이 개별적으로 통화량과 환율을 조절하여 재정 문제

• **유로존**
유로화를 국가 통화로 도입하여 사용하는 국가나 지역을 통칭하며, 2013년 현재 유럽 연합 내 회원국은 18개 국가이다.

유럽 주요국 무슬림 인구 현황

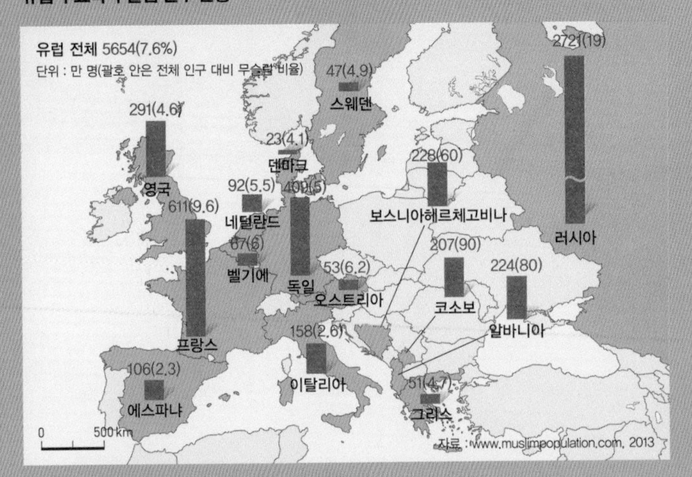

프랑스 파리의 거리에서 예배를 보는 무슬림들 무슬림을 포용하는 것도 진정한 유럽 통합의 한 의미가 될 수 있다. 2050년에는 유럽 인구의 20%가 무슬림이 된다는 전망까지 나오고 있다.

유럽 국가별 전체 인구 중 외국계 이민자 비중

단위 : %

국가	비중
프랑스	10.0
독일	12.5
영국	8.3
에스파냐	5.3
오스트리아	12.5
네덜란드	10.1
벨기에	10.7
룩셈부르크	32.6
스위스	22.4
덴마크	6.8
노르웨이	7.3
스웨덴	12.3

자료 : OECD, 2009

노르웨이 우토야 섬의 악몽 2011년 7월 노르웨이의 우토야 섬에서 캠프에 참가한 청소년들에게 총을 난사하는 사건이 벌어져 수십 명이 사망했다. 사진은 희생자들을 추모하는 모습이다. 범인은 평소 이민자 포용 정책과 무슬림에게 불만이 많았던 것으로 알려졌다.

유럽 각국의 반(反) 인종 범죄 및 다문화 정책 포기 내역

독일
- 2만 5000명의 극우파 활동
- 2008년 이후 외국인 폭행·살인 등 반 인종 범죄 매년 2만 건 발생
- 앙겔라 메르켈 총리, 2010년 10월 다문화 사회 접근법 실패 선언

러시아
- 수도 모스크바에서만 20개 이상의 스킨헤드(극우 인종주의자) 단체 활동

벨기에
- 2011년 7월 23일부터 여성의 니캅과 부르카 착용 금지법 시행

헝가리
- 극우 정당 요빅 산하 청년 조직 '헝가리 호위대'의 집시 폭행(2009년 법원이 이 조직의 해체를 명령함.)

영국
- 2011년 2월 데이비드 캐머런 총리, 영국적 가치를 존중하지 않는 무슬림 단체에 재정 지원 삭감 발표

네덜란드
- 2011년 6월 유대교와 이슬람교 방식의 도축 금지

자료 : 조선일보, 2011

를 해결할 수 없다는 것이다. 이런 상황에서 유로존 내의 한 나라가 재정이 부실해져 부채가 많이 발생할 경우 그 부채를 다른 유로존 국가들이 공동으로 떠맡아야 하는데, 이 역시 간단한 문제가 아니다.

실제로 2010년 그리스를 포함한 일부 남유럽 국가들의 재정 악화 문제가 발생하자 이를 해결하기 위해 재정을 지원하는 문제를 놓고 유로존 내의 국가들이 갈등을 겪고 있다.

이로 인해 최근 국제 사회에서는 유로화에 대한 부정적인 의견과 함께, 단순한 화폐 통합이 아닌 유로존의 실질적 재정 통합이 이루어져야 한다는 주장도 나오고 있다. 유로존 내의 경제적 격차가 완화되지 않는 한 유로화가 유럽 통합에 기여할 수 있다는 긍정적인 기능은 제대로 발휘될 수 없을 것이라는 의견에 힘이 실리고 있다.

증가하는 무슬림 및 해외 이민자들과의 갈등

유럽에서는 2차 세계 대전 이후 노동력의 부족을 해결하고자 받아들였던 무슬림 인구가 지속적으로 증가하면서 2013년 현재 러시아 지역을 포함하면 무려 5600만 명이 넘는다. 이로 인해 실질적으로 유럽 사람들의 일자리가 줄어들고 있다는 불만의 목소리가 높아지고 있는 데다, 아프리카 및 세계 각 지역에서 유입되는 이주 노동자들과 무슬림들 사이에서도 일자리를 놓고 다투는 현상까지 일어나고 있다. 또한 2001년 미국에서 발생한 9·11 사건 및 최근 유럽에서 발생한 각종 테러 사건 이후 반(反) 이슬람 정서가 팽배해져 있다.

오늘날 유럽 내부에서 무슬림에 대해 부정적 시각을 갖고 있는 사람들은 대부분의 무슬림들이 인권이나 여성 평등 등, 유럽 사회가 보편적으로 지향하는 가치를 받아들이지 않고 무슬림 고유의 공동체적 생활을 고수하고 있다고 여긴다. 이렇게 유럽 내부는 증가한 무슬림으로 인한 경제적 문제뿐만 아니라 인종·문화적 갈등까지 발생하고 있는 현실이다.

실제로 프랑스를 비롯한 일부 국가에서는 무슬림 여성들의 전통 의상인 '부르카'의 착용을 두고 찬반 논쟁이 가열되어 왔으며, 결국 2011년 프랑스와 벨기에에서는 공공장소에서 부르카 착용을 금지하는 법이 시행되었다. 스위스에서는 이슬람 사원의 상징인 첨탑의 건설을 금지하는 사안을 두고 국민 투표까지 벌여 무슬림들과 갈등을 빚기도 했다.

한편, 세계 각지에서 들어오는 이주민과 유럽 사람들의 갈등이 심해지자 최근 유럽 연합 회원국 내에서도 이민자 규제를 강화하는 정책들이 많이 나오고 있으며, 그 동안 다문화 정책에 호의적이었던 나라들도 상당 부분 입장을 바꾸고 있는 상황이다. 여기에다 반인종 범죄까지 끊임없이 발생하고 있어 통합 유럽에 먹구름이 드리워지고 있다.

늘어나는 무슬림과 이민자, 이들과 유럽 사람들의 갈등이 원만하게 해소되지 않으면 진정한 의미의 유럽 통합은 자칫 미완성의 꿈으로만 남을 것이다. 진정한 유럽 통합의 지향점은 회원국 간의 경제적 격차를 완화해 가는 한편으로 문화적 다양성을 전제로 하는 평화적 공존이 되어야 할 것이다.

자원을 통해 **부활을 꿈꾸는 러시아**

러시아는 2000년 이후 경제가 회복되어 브릭스의 일원으로 다시 국제 사회에 등장했다. 특히 푸틴 대통령은 자본주의 경제를 적극적으로 도입하는 한편, 주요 산업과 거대 기업들을 국유화하는 경제 정책을 펴고, 서방 세계와의 협력을 도모하는 실용주의를 표방하여 국제 사회의 주목을 받았다.

자료 : 월드 지오그래피 투데이, 2000

러시아의 영토 확장 과정 러시아의 현재 면적은 약 1709만 km^2로, 미국과 캐나다를 합친 넓이에 가까우며, 남북한을 합친 면적의 약 80배에 달한다.

수도 모스크바의 붉은 광장에 있는 성 바실리 대성당 러시아의 문화와 역사를 대표하는 건축물로 1560년에 완공했다.

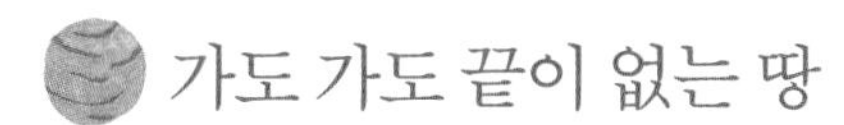

가도 가도 끝이 없는 땅

세계 지도에서 가장 찾기 쉬운 나라

세계에서 가장 넓은 면적을 가진 나라가 러시아라는 사실을 모르는 사람은 거의 없을 것이다. 이 때문에 세계 지도를 펼쳐 놓았을 때 가장 찾기 쉬운 나라도 러시아이다.

하지만 러시아가 처음부터 넓은 영토를 갖고 있었던 것은 아니다. 현재 러시아의 시초라 볼 수 있는 키예프 공국이 13세기경 몽골의 침입으로 멸망할 때만 해도 러시아의 주 무대는 우랄 산맥의 서쪽, 지금의 우크라이나 공화국이 위치한 드네프르 강 연안이었다. 거기에다 북쪽으로는 북극해와 접해 있어 해상으로 진출하기가 어려웠다.

이에 러시아는 이반 4세가 통치했던 16세기 이후부터 바다로 나가는 통로를 확보하기 위해 우랄 산맥을 넘어 끊임없이 남쪽과 동쪽으로 진출했으며, 그 과정에서 여러 소수 민족의 땅을 정복하여 오늘날 세계에서 가장 넓은 나라가 된 것이다.

러시아는 국토의 동쪽에서 서쪽까지의 길이가 9000km나 되어 시차가 많이 발생한다. 러시아의 서쪽에 자리한 모스크바 사람들이 아침을 먹을 때 상대적으로 시간이 빠른 동쪽 끝의 블라디보스토크에 사는 사람들은 이미 저녁을 먹는 것이다. 이런 현실 때문에 국민 투표를 할 경우 우리가 흔히 실시하는 사전 출구 조사도 못 하게 한다. 한쪽에서는 이미 투표를 마쳤지만 한쪽에서는 아직 투표도 하지 않은 경우가 있기 때문이다.

이렇게 시차가 크기 때문에 설정해 놓는 표준 시간대만 11개나 된다. 러시아 전역을 관통하는 시베리아 횡단 철도의 경우 이용객의 편의를 위해 대부분의 역마다 시계를 2개씩 걸어 두는데, 하나는 그 지역의 시간을, 또 하나는 모스크바 현지 시간을 나타낸다.

봄이면 물난리를 겪는 러시아의 하천

러시아는 봄만 되면 큰 몸살을 앓는다. 봄이 되면 겨울 동안 꽁꽁 언 하천들이 일시에 녹아 물이 엄청 불어나기 때문이다. 게다가 물이 흘러가는 방향이 발원지보다 훨씬 추운 북극 지역이기 때문에 상

서부 시베리아 저지를 지나 북극해로 흐르는 오브 강 봄철 해빙기에는 남쪽 상류의 물이 얼음에 막혀 북쪽의 바다로 빠지지 못해 주변에 홍수를 가져온다.

류에서 녹아 흐르는 물이 하류의 얼음에 막혀서 바다로 빠지지 못하고 홍수가 나는 것이다. 흑해로 연결되는 드네프르 강과 돈 강, 카스피해로 들어가는 볼가 강을 제외하고 오브 강, 예니세이 강, 레나 강 등 대부분의 큰 하천이 이런 경우에 해당한다. 상류에 있는 큰 얼음덩어리가 녹아 깨지면서 흘러가다 하류에 있는 얼음에 부딪혀 엄청나게 큰 소리를 내기도 한다.

또한 우랄 산맥과 예니세이 강 사이의 북쪽 지역에는 저습지가 많이 형성되어 있는데, 모두 남쪽 상류에서 흘러오던 하천이 아직 얼어 있는 하류에 막혀 주변으로 물이 넘치면서 만들어진 것이다.

이때 물이 너무 많이 넘치면 주변 지역의 피해가 심각해지므로 하류의 얼음을 깨야 할 상황도 생긴다. 심할 경우 비행기를 동원해 폭격을 하기도 한다. 얼음이 녹으면서 만들어지는 자연의 소리에다 폭격으로 인한 인공 소음까지 겹쳐서 러시아 하천에 봄이 오는 소리는 한마디로 요란하다.

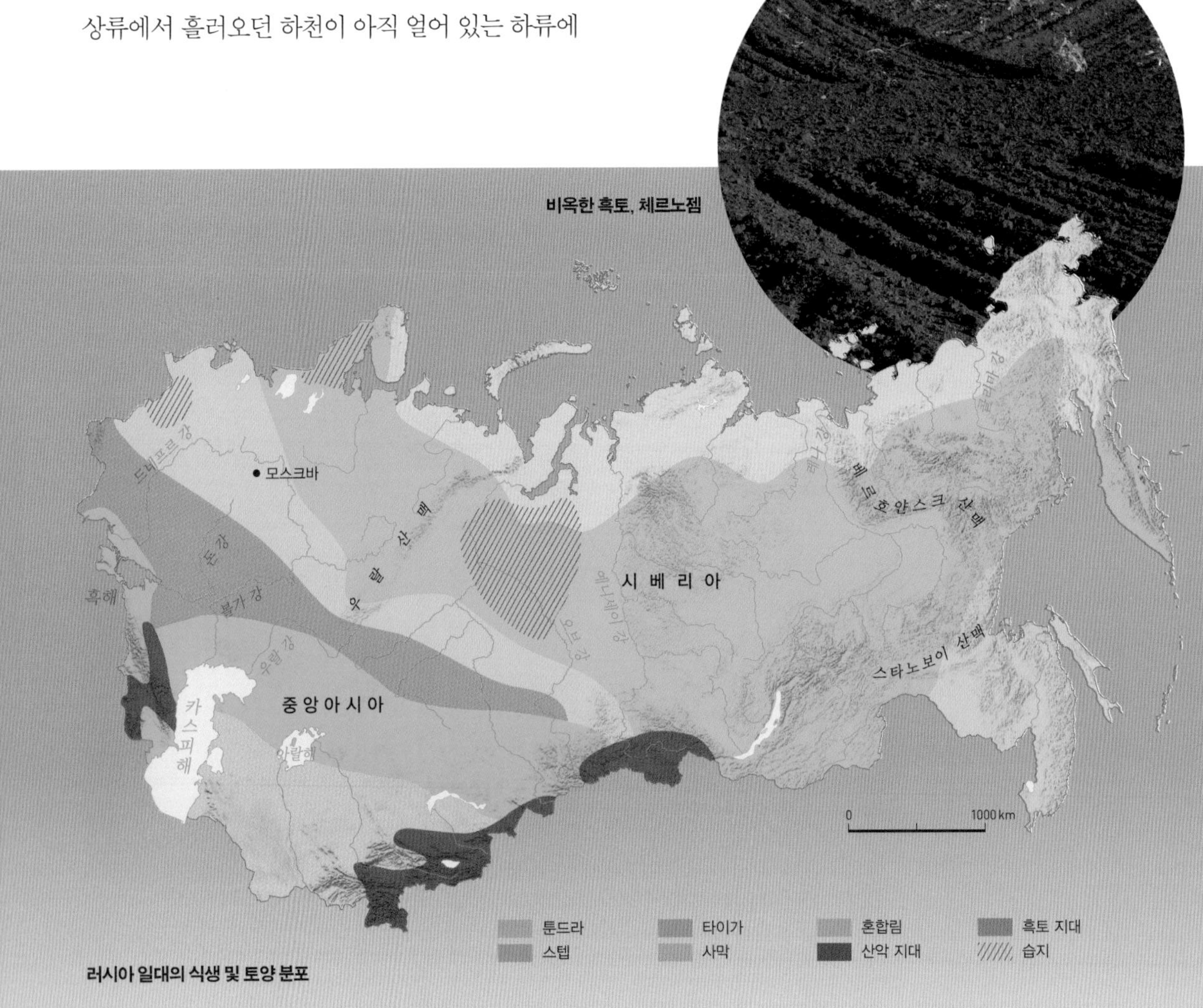

비옥한 흑토, 체르노젬

러시아 일대의 식생 및 토양 분포

동서 방향으로 펼쳐진 기후대와 농업 지역

러시아는 연교차가 작은 서유럽의 해양성 기후와는 달리 전체적으로 연교차가 큰 대륙성 기후가 나타난다. 특히 동쪽으로 갈수록 편서풍과 바다의 영향이 점점 줄어들기 때문에 대륙성 기후가 더 뚜렷하게 나타난다.

한편 연교차가 큰 대륙성 기후라고 해서 러시아의 모든 지역이 다 추운 것은 아니다. 고위도인 북극해 연안은 매우 추운 한대 기후이지만 아래쪽으로 내려오면서 냉대 기후와 온대 기후, 건조 기후 등 다양한 기후대가 동서 방향으로 길게 펼쳐지면서 나타난다. 이는 식생 및 토양의 분포에도 영향을 주는데, 각 지역별로 재배되는 농작물도 위도에 따라 달라진다.

특히 강수량이 적은 스텝 기후가 나타나는 러시아의 서남부 지역과 우크라이나 일대에는 유기물이 많이 함유된 비옥한 흑토(체르노젬)가 분포하여 세계적인 밀 곡창 지대를 형성하고 있다. 또한 온내 시중해성 기후의 특성이 나타나 러시아 사람들의 휴양지로 사랑받는 흑해 연안에서는 포도가 많이 재배되며, 기온이 높아 야자나무가 자라기도 한다.

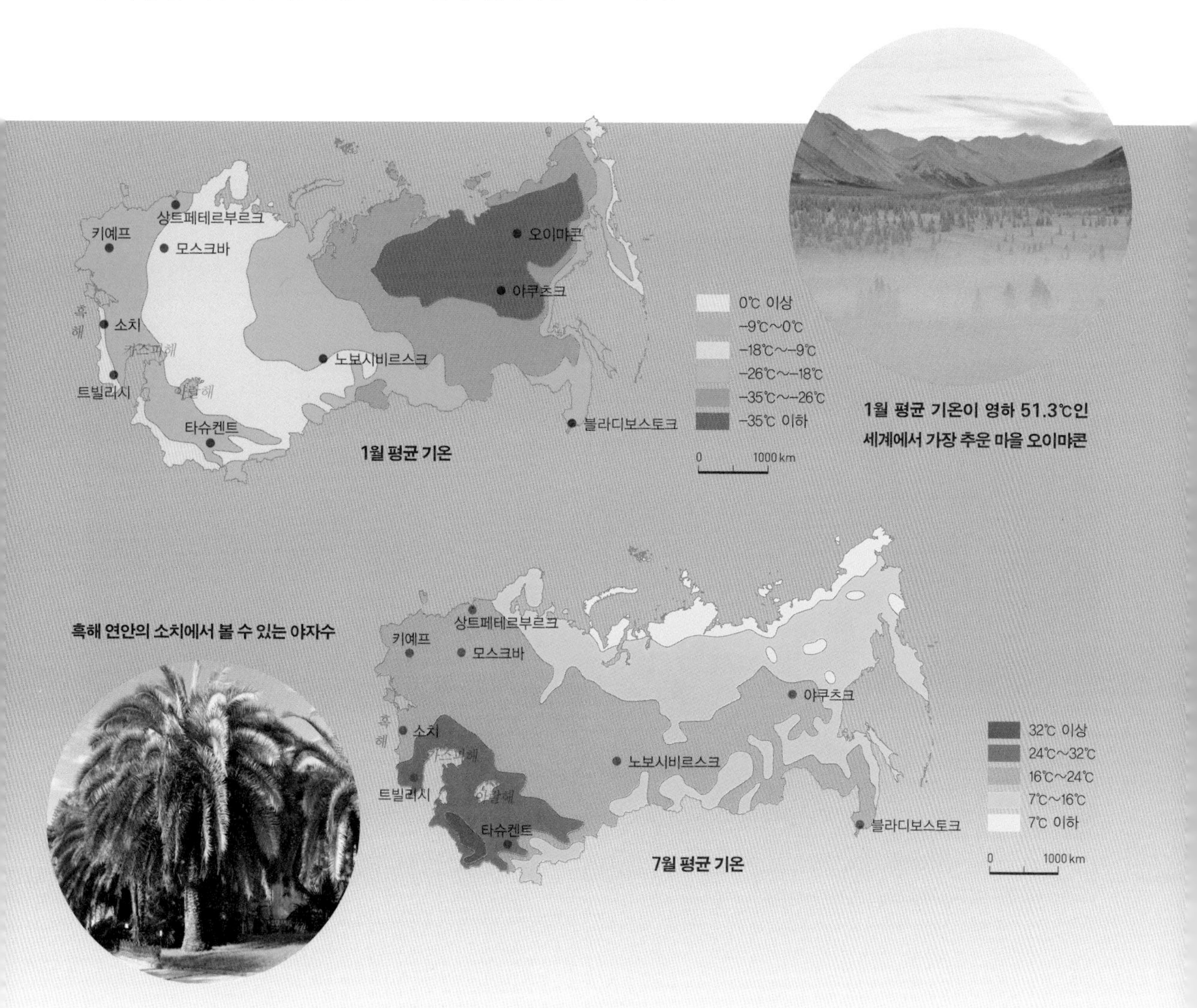

1월 평균 기온

1월 평균 기온이 영하 51.3℃인 세계에서 가장 추운 마을 오이먀콘

흑해 연안의 소치에서 볼 수 있는 야자수

7월 평균 기온

코끼리의 조상 '매머드'를 보신 적이 있나요?

러시아 하면 무엇이 가장 먼저 떠오를까? 대부분의 사람은 '추운 지방'이라는 이미지를 먼저 떠올릴 것이다. 현재 남극을 제외하고 사람이 살고 있는 곳 중에서 가장 추운 곳은 동시베리아 내륙 지방이다. 실제로 동시베리아 야쿠티아 공화국의 수도인 야쿠츠크의 북쪽에 있는 베르호얀스크는 영하 67.8℃, 인근의 오이먀콘은 무려 영하 71.2℃를 기록하기도 했다.

이런 기록적인 추위 덕분에 1901년 여름, 동시베리아의 콜리마 강가에서 수만 년 동안 얼음에 갇혀 있던 매머드가 화석이 아닌 거의 원형의 모습 그대로 발견된 일도 있었다. 수만 년 전 빙하 위를 걷던 매머드가 얼음의 갈라진 틈인 크레바스에 빠져 그대로 냉동 상태가 되었던 것이다.

러시아의 밀림 지대, 타이가

시베리아 동북부에 거주하는 야쿠트족의 사냥꾼들 사이에는 수백 년 동안 지켜 온 그들만의 미덕이 있다. 그것은 사냥 지역에서 야영한 그다음 날 출발할 때는 반드시 다음에 올 사람을 위해 약간의 고기와 땔감을 남겨 두는 것이다. 물론 이후에 온

냉동 상태로 발견된 아기 매머드 '류바' 매머드는 마지막 빙하기 때 멸종된 것으로 알려진 코끼리의 친척뻘이다. 류바는 4만 2000년 전의 어린 매머드로, 1977년 시베리아에서 원형의 모습 그대로 발견되었다.

사람도 오두막을 떠날 때 누군가를 위해 같은 행동을 할 것이다.

이렇게 누군가의 배려가 없다면 잠시 머물기조차 힘든 혹독한 자연 속에서도 잘 견디는 것이 있다. 바로 시베리아에 발달한 광대한 침엽수림인 타이가이다. 원래 타이가는 야쿠트어로 밀림 또는 '나무들의 바다'라는 뜻이다.

타이가는 낙엽송, 자작나무, 전나무 등의 침엽수림으로 구성된 비교적 수종이 단순한 삼림 지대이지만 숲의 밀도는 열대림에 뒤지지 않는다. 타이가 지대의 나무들은 일찍부터 펄프와 목재의 좋은 원료로 사용되었다. 나무의 종류가 단순하여 벌목 작업이 쉽고, 재질이 연하고 곧게 뻗어 가공하기 쉬운 장점을 갖고 있다.

한편 러시아는 전 세계 삼림대의 20% 이상을 차지할 정도로 임산 자원이 풍부하지만 최근에는 불법 벌채가 많아져 몸살을 앓고 있다. 거기에다 지구 온난화 현상으로 인해 타이가 지대가 건조해지면서 산불까지 자주 발생하여 삼림에 많은 피해를 주고 있다.

시베리아의 광대한 타이가(침엽수림) 지대

전 세계 타이가 분포 지역

광활한 땅 속에 숨겨진 자원

러시아는 대체로 남쪽과 동쪽은 고도가 높은 산악 지대이며 북쪽과 서쪽은 광활한 평지이다. 러시아의 지형은 우랄 산맥을 경계로 서쪽의 러시아 대평원(동유럽 평원)과 동쪽의 서시베리아 저지, 중앙 시베리아 고원 지대, 동부 및 남부의 산악 지대로 구분된다.

그중 가장 오래된 러시아 대평원과 중앙시베리아 고원은 약 15억 년 이전에 형성되었다. 이곳의 암석은 오래되어 지각이 안정되어 있으며, 철광석 등의 광물 자원이 매장되어 있고, 그 위를 덮고 있는 지층에는 석탄도 많이 매장되어 있다.

이들 지역에서 멀어질수록 대체로 지각이 형성된 역사가 짧고 지각 운동이 활발하며, 지층 속에는 주로 석유 및 천연가스가 매장되어 있다. 실제로 러시아의 동쪽 끝에 위치한 캄차카 반도 및 쿠릴 열도는 환태평양 조산대에 위치하여 화산 활동이 자주 일어나는데, 최근 사할린 섬 일대에서는 석유와 천연가스가 개발되고 있다.

광활한 영토의 러시아에서 인구와 자원은 서로 반대되는 분포를 보인다. 즉 인구는 우랄 산맥을 경계로 서쪽에 거의 집중되어 있지만, 지하자원의 대부분은 우랄 산맥의 동쪽인 시베리아 지역에 더 많이 매장되어 있다. 사람이 거의 살지 않는 시베리아 지역은 불과 50년 전만 해도 불모지나 다름없었다. 하지만 시베리아 전역에 엄청난 양의 지하자원이 매장되어 있다는 것이 밝혀지면서 금싸라기 땅으로 변했다.

물론 추운 날씨와 영구 동토층 등 자연 조건이 불리하고 교통도 불편하여 아직도 개발에 많은 어려움을 안고 있다. 하지만 막대한 양의 지하자원 이외에도 풍부한 수자원 및 타이가 지대의 경제성 높은 임산 자원 등으로 이제 시베리아는 러시아의 든든한 보물 창고가 되었다.

러시아 부흥의 발판이 된 석유와 천연가스

1991년 소비에트 연방 체제가 붕괴하면서 러시아는 장기적인 경제 불황과 불안정한 정치 상황이 계속되었고, 급기야 1998년에는 모라토리엄(국가 부도 사태)에 이르게 되었다. 하지만 이런 러시아에 재기의 발판을 마련해 준 것은 다름 아닌 석유와 천연가스였다. 지구상에서 유일하게 천연자원의 수요와 공급에서 100% 독립이 가능한 곳이 바로 러시아이다.

국제 유가 상승과 맞물려 행운이 따른 측면도 있지만, 러시아는 2000년 이후 다시 경제가 회복되어 국제 사회에서 브릭스•의 일원으로 다시 등장했다. 특히 1999년에 취임한 푸틴 대통령은 자본주의를 적극적으로 도입하는 한편, 국내 주요 산업과 거대 기업들을 오히려 국유화하는 등 국가의 이

• **브릭스(BRICS)**
2000년대를 전후해 빠른 경제 성장을 보이고 있는 브라질(B) · 러시아(R) · 인도(I) · 중국(C) · 남아프리카 공화국(S)의 신흥 경제 5국을 일컫는 경제 용어이다.

러시아 부활의 저력을 품고 있는 보물 창고 시베리아 광활한 시베리아 벌판에 엄청난 양의 지하자원이 매장되어 있음이 밝혀져 많은 관심이 집중되고 있다.

러시아 일대의 지형과 주요 자원 분포도

야말 반도의 천연가스 생산 기지 야말 반도는 천연가스 매장량 세계 1위, 석유 매장량 7위인 러시아에서 석유 매장량 74% 이상, 가스 생산량의 90% 이상을 차지하는 에너지 심장부이자 황금의 땅이다.

익을 최우선으로 삼는 경제 정책을 펴고 있다. 또한 필요에 따라 서방 세계와의 협력을 도모하는 실용주의를 표방하여 국제 사회의 주목을 받았다.

반면 자원을 통해 부활하려는 러시아 경제에 대한 비판의 시각도 있다. 가장 우려되는 점은 석유와 천연가스 등 천연자원에 의존하는 경제 구조이다. 실제로 국가 예산의 70% 정도가 자원 수출을 통한 수익에서 나온 세금으로 충당되고 있는데, 국제적으로 자원 가격이 하락할 경우 경제가 다시 어려워질 수도 있다.

석유는 생산량이 너무 많아 고갈될 위험에 처해 있으며 생산 시설도 많이 노후되었다. 천연가스의 경우도 러시아 국영 회사이자 세계 최대의 에너지 기업인 '가스프롬'이 우크라이나 및 유럽 지역에 가스 공급을 중단하는 등의 큰 영향력을 발휘해 왔다. 하지만 최근 유럽 및 주변 국가들이 새로운 공급처를 모색하고 러시아의 영향권에서 벗어날 수 있는 운송 경로를 확보하는 방안을 마련하고 있어 이제 러시아로서도 안심할 수 없는 상황이 되었다.

러시아 경제의 대동맥, 시베리아 횡단 철도

시베리아 횡단 철도는 세계에서 가장 긴 철도이다. 길이는 지구 둘레의 무려 1/4에 달하는 9288km로, 착공에서 완공까지 25년(1891~1916년)이나 걸렸다. 출발지인 모스크바에서 종착지인 블라디보스토크까지 쉬지 않고 달리면 6박 7일, 약 160시간이 걸린다.

광활한 대지를 동서로 관통하는 시베리아 횡단 철도를 건설한 목적은 무엇보다 부동항을 확보하려는 군사적 측면과, 시베리아에서 생산된 물자의 원활한 수송이라는 경제적 측면에 있었다. 사실 러시아는 추운 날씨와 얼었다 녹았다를 반복하는 활동층으로 인해 도로를 만들기가 어렵다. 게다가 동서 간의 물자 수송이 많은 상황에서 하천은 주로 남에서 북으로 흘러 많이 활용되지 못한다.

최근에는 파이프라인을 통한 수송도 증가하고 있지만, 여전히 물자 수송의 절반 이상은 이런 불리한 자연환경을 잘 극복하는 철도에 의존하는 편이다. 실제로 러시아 경제의 70% 이상이 시베리아 횡단 철도를 기반으로 움직인다. 주요 공업 지대인 콤비나트들도 시베리아 횡단 철도를 따라 건설되어 있으며, 러시아 인구의 약 20%도 이 철도 주변에 살고 있다.

이런 철도의 중요성으로 인해 이후 1984년에는 제2의 시베리아 횡단 철도라 할 수 있는 바이칼-아무르 철도(BAM)가 건설되어 동시베리아와 극동시베리아 지역 간의 물자 수송에 많은 도움을 주고 있다. 또 2002년에는 시베리아 횡단 철도 전 구간이 전철화되어 수송량이 전보다 2배나 늘어나고 속도도 빨라졌다.

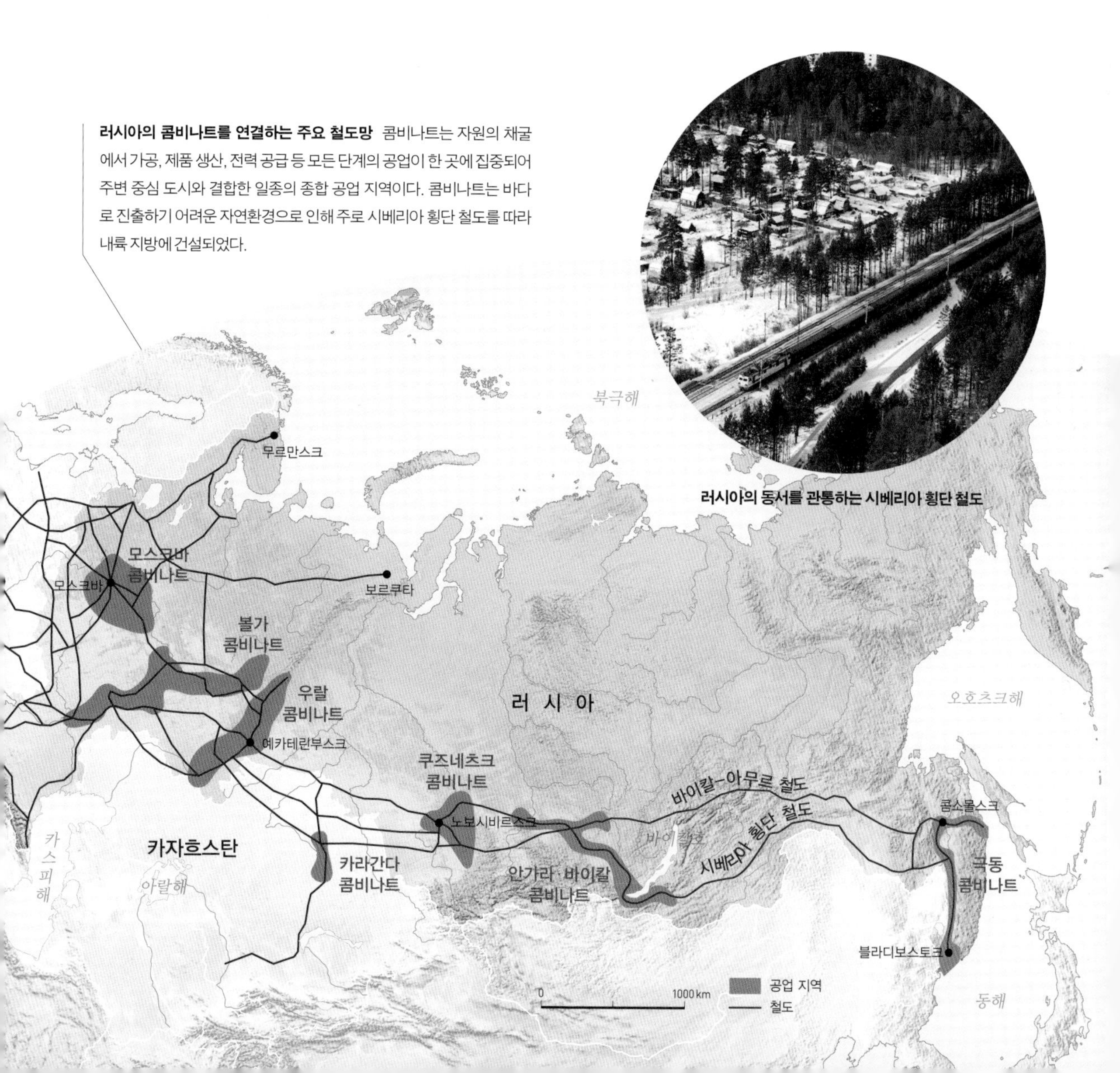

러시아의 콤비나트를 연결하는 주요 철도망 콤비나트는 자원의 채굴에서 가공, 제품 생산, 전력 공급 등 모든 단계의 공업이 한 곳에 집중되어 주변 중심 도시와 결합한 일종의 종합 공업 지역이다. 콤비나트는 바다로 진출하기 어려운 자연환경으로 인해 주로 시베리아 횡단 철도를 따라 내륙 지방에 건설되었다.

러시아의 동서를 관통하는 시베리아 횡단 철도

러시아의 고민과 주변국과의 갈등

땅은 넓은데 사람은 자꾸만 줄어들고…

현재 러시아는 내부적으로 크고 작은 여러 가지 문제를 안고 있다. 빈부 격차 문제, 권력과 결탁되어 있는 마피아 문제, 관료들의 부정부패, 최근에 등장한 스킨헤드(극우 인종주의자)에 의한 인종 테러 문제 등. 그러나 무엇보다 가장 심각한 것은 저출산으로 인한 인구 감소 및 고령화 문제이다.

러시아는 2013년 현재 인구가 약 1억 4250만 명으로 세계 9위이다. 이는 국토의 넓이에 비해서는 매우 적은 규모이다. 소비에트 연방의 붕괴 후 1993년부터 2008년까지 15년 동안 러시아의 인구는 660만 명이 감소했다.

인구 감소의 가장 큰 원인은 출산 기피 경향과 전체적으로 높은 사망률을 들 수 있다. 특히 남성의 사망률이 높아, 남자의 평균 수명이 2009년 기준 59세로 매우 짧다. 여기에는 에이즈의 확산, 1인당 술 소비량이 세계 1위를 차지하는 과도한 알코올 섭취, 사회 체제의 급격한 변화에 따른 스트레스와 실직으로 인한 자살률의 증가 등 여러 원인이 있다. 노년층에서는 여성의 비율이 비정상적으로 높은 여초 현상이 뚜렷한데, 장기적으로 노동력 부족을 초래할 수 있는 심각한 상황이다.

러시아 정부에서도 낙태와 피임 제한, 가족 수당 지급, 유급 출산 휴가, 주류 판매 제한 등의 정책을 펴고 있지만 아직까지는 큰 성과를 거두지 못하고 있다. 게다가 도시와 농촌 지역 간의 인구 격차도 점점 커지고 있어 심각한 사회 문제가 되고 있다.

현재 러시아의 농촌도 우리나라와 마찬가지로 거의 전 지역에서 절대적인 인구 감소를 보이고 있다. 도시 인구 역시 수도인 모스크바를 비롯해 특정 지역에 편중되는 현상을 보이고 있다. 여러 가지 침체된 상황을 극복하고 새롭게 도약하려는 러시아가 이런 인구 문제들을 극복하지 못한다면 앞으로의 발전에 큰 장애가 될 수 있을 것이다.

국가별 남자 수명과 사망률

국가	평균 수명	남자 사망률 (15~60세 사이)
일본	79세	9.2%
오스트레일리아	78	8.6
독일	76	11.2
미국	75	13.7
멕시코	72	16.1
중국	70	15.8
레바논	68	19.8
러시아	59	48.5
아프가니스탄	42	50.9
짐바브웨	37	85.7

자료 : CIA The World Factbook, 2009

러시아의 총인구 변화 그래프

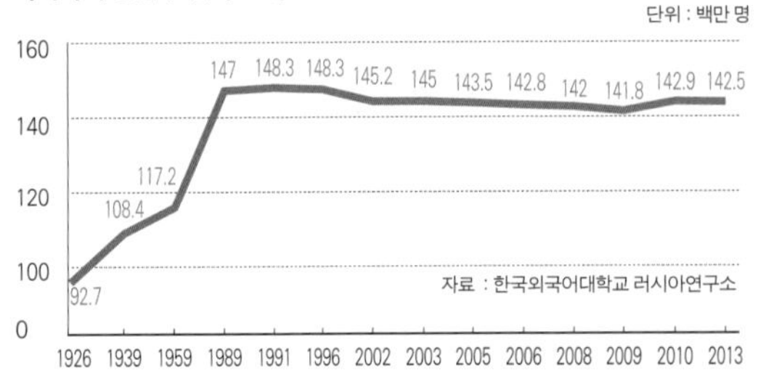

러시아를 당혹스럽게 하는 주변 국가들

사회주의의 종주국이자 철의 장막으로 불렸던 구

소련(정식 명칭은 소비에트 사회주의 공화국 연방, USSR) 시절의 러시아는 주변 동유럽 국가나 연방 공화국들을 정치·경제적으로 지배했다. 그러나 1991년 소비에트 연방 체제가 붕괴된 이후 독립 국가 연합(CIS)이 새로 결성되었지만 러시아의 영향력은 예전만 못하다.

회원국들이 체제 변화를 꾀하고 서유럽 경제권에 편입하려 애쓰고 있어 러시아를 곤혹스럽게 만들고 있다. 게다가 내부적으로는 러시아 내 소수 민족들의 독립 운동이 끊이지 않는다.

우선 발트 3국과 대부분의 동유럽 국가들이 유럽 연합에 가입하면서 이미 러시아의 영향권에서 벗어난 상황이며, 최근에는 독립 국가 연합 내에서도 우크라이나 및 반(反) 러시아 성향이 강한 몰도바가 유럽 연합에 가입하려는 움직임을 보여 러시아의 신경을 곤두서게 했다.

이에 러시아는 독립 국가 연합에 속한 나라들 및 주변국들에 대한 자국의 영향력을 다시 확보하기 위해 안보 및 경제 협력을 강화하는 여러 정책을 확대해 가고 있는 중이다. 실례로 과거 연방 체제에서 러시아 다음으로 세력이 강했던 우크라이나가 한때 친서방적인 행동을 취하자 러시아가 즉각 대응에 나섰다.

사실 우크라이나는 안보와 경제에 있어 러시아

러시아 '가족의 날' 풍경 인구 늘리기 정책의 일환으로 2008년 처음 제정된 '가족의 날'을 맞아 모스크바 시민들이 자녀들과 함께 동물원 나들이를 나왔다.

에게 대단히 중요한 지역이다. 현재 유럽으로 향하는 파이프라인의 대부분이 우크라이나를 지나고 있고, 우크라이나와 접해 있는 흑해는 러시아로서는 유일하게 남쪽으로 해서 대서양으로 진출할 수 있는 곳이기 때문이다.

이에 최근 러시아는 흑해에서 러시아 함대가 장기간 주둔할 수 있는 협정을 맺었으며, 그 대가로 우크라이나에 공급하는 가스 요금을 인하하는 조치를 취했다. 우크라이나도 러시아가 주도하는 관세 동맹에 참여하겠다는 의사를 밝혔는데, 이에 화답하여 러시아도 우크라이나의 유럽 연합 가입을 반대하지 않겠다는 입장을 취했다.

러시아 소수 민족 독립의 분화구, 카프카스 지역

러시아 남부 흑해와 카스피해 사이의 지역을 카프카스(영어로는 코카서스)라 부른다. 면적은 한반

구분		구 소비에트 사회주의 공화국 연방 15개국
유럽 연합 가입국	발트 3개국	에스토니아
		리투아니아
		라트비아
독립 국가 연합 회원국 (★ 현재 독립 국가 연합 회원국)	슬라브 3개국	★ 벨라루스
		★ 러시아
		★ 우크라이나
		★ 몰도바
	카프카스 3개국	조지아 (탈퇴)
		★ 아르메니아
		★ 아제르바이잔
	중앙아시아 5개국	★ 카자흐스탄
		★ 우즈베키스탄
		투르크메니스탄 (탈퇴-현재 준회원국)
		★ 타지키스탄
		★ 키르기스스탄

소련의 해체 후 15개의 공화국으로 독립한 러시아 및 주변 국가들

도의 2배가 조금 넘으며, 길이 1200km에 해발 고도 5000m가 넘는 험준한 카프카스 산맥이 가로지르고 있어 예부터 동서양의 경계이자 이슬람과 크리스트교 세력이 충돌하던 곳이다. 이런 지리적 환경으로 인해 과거 러시아와 페르시아 및 중앙아시아를 연결하는 교역로가 설치되어 무역이 발달하기도 했다. 19세기 이후에는 대체로 러시아가 이 지역을 지배해 왔다.

이 일대가 러시아 내 소수 민족 독립의 분화구가 된 것은 종교와 언어가 다른 50여 개의 민족이 밀집해 있다는 점과, 석유 자원 및 파이프라인 건설을 둘러싼 미국과 러시아의 이권 다툼이 그 원인으로 지적되고 있다. 특히 소비에트 연방 체제가 붕괴된 이후 자치 공화국이 분열되면서 소수 민족들의 독립 요구가 더욱 거세졌다. 그중에서도 체첸 공화국은 러시아와 두 차례나 전쟁을 치르면서 가장 극렬하게 분리 독립을 요구하고 있다.

체첸 공화국은 우리나라 경상북도만 한 작은 나라로, 러시아 영토의 0.1%에 지나지 않는다. 하지만 러시아 남서부 진출의 관문이자 카프카스 북쪽 철도 교통의 중심지로서 지정학적 가치가 높은 데다 석유까지 상당량 매장되어 있다. 또한 이곳의 독립은 자칫 다른 공화국이나 소수 민족 국가들의 독립 운동을 불러일으킬 수 있다는 우려 때문에 러시아는 전쟁도 불사하며 분리 독립에 반대하고 있다.

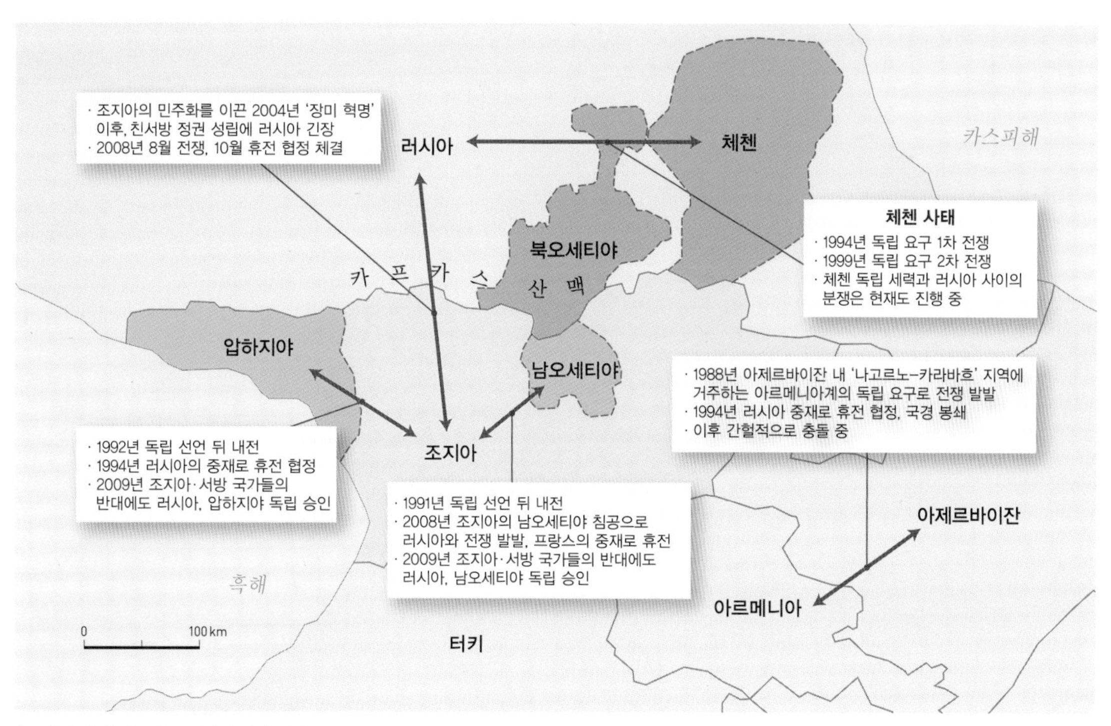

'국제 화약고' 카프카스 지역의 분쟁 상황

III

이주의 대륙, 역경과 도전의 역사

아메리카

유럽 사람들의 입장에서 아메리카는 새로 발견한 땅이 분명했다. 하지만 원래부터 그곳에 살고 있던 사람들에게도 그곳이 신대륙일까? 새로 들어온 이주민은 원래 있던 선주민을 몰살하며 이 새로운 대륙에 그들만의 나라를 만들어 갔다. 그 나라들은 지금 어떠한 다양성을 가지고 살고 있을까?

오늘날 아메리카의 선주민들

미국 뉴욕 시 맨해튼 중심부에 있는 타임스스퀘어

BARCLAYS
MAMMA MIA!
THE SMASH HIT MUSICAL
ABBA
MORMON
WINNER 9 TONY AWARDS
BEST MUSICAL
"THE BEST MUSICAL OF THIS CENTURY."
Matthew BRODERICK
NICE WORK
If You Can Get It
The Tony-Winning Musical
BROADWAY'S FUNNIEST LOVE STORY
THE BIG MUSICAL ABOUT THE LITTLE TRAMP
THE PHANTOM OF THE OPERA
LONG LIVE YOUR MATTRESS!
tkts

페루 쿠스코에 있는 잉카 유적지 마추픽추

1

세계의 모든 기후가 있는 **아메리카 대륙**

아메리카는 남북을 하나로 합치면 아시아 다음으로 큰 대륙이다. 대륙의 남쪽과 북쪽은 파나마 운하를 경계로 나뉘고, 태평양 쪽은 로키 산맥에서부터 안데스 산맥까지 험준한 습곡 산맥이 길게 이어진다. 이렇게 서쪽 가장자리가 높은 산맥으로 되어 있는 지형이 대륙의 자연환경에 어떤 영향을 미쳤을까?

서쪽이 높고 동쪽이 낮은 아메리카 지형

끔찍했던 아이티의 지진은 왜?

2010년 1월 12일 오후, 아메리카 대륙 카리브 해안의 작은 나라 아이티는 순식간에 생지옥으로 변했다. 진도 7.0의 강력한 지진이 아이티의 수도 포르토프랭스를 강타했던 것이다. 대통령 궁을 비롯해 정부 기관 건물과 의회, 병원, 가옥이 무너졌다. 국제적십자위원회는 이때의 지진으로 전체 인구의 1/3인 300만 명이 피해를 입었다고 추산했다. 당시 지진으로 인한 실제 사망자 수는 22만 명이 넘었고 부상자 수도 30만 명에 달했다.

아이티에서 이렇게 큰 지진이 발생한 원인은 무엇일까? 국가 경제가 취약하여 지진을 견딜 수 있는 설비를 갖추지 못한 탓도 있었겠지만, 그보다 더 직접적인 원인은 아이티가 지각판의 경계에 자리하고 있기 때문이다. 아이티뿐 아니라 아메리카 대륙의 서쪽 가장자리에 있는 미국의 로스앤젤레스나 칠레, 페루에서도 지진이 자주 일어난다. 지도에서 보면 아메리카 대륙의 태평양 연안 쪽으로

태평양 판과 북아메리카 판이 충돌하여 만들어진 로키 산맥

세계의 지각판 대륙의 경계와 판의 경계가 거의 일치하는 곳은 아메리카 대륙의 서쪽 부분이 유일하다. 삼각형 모양으로 표시된 곳이 해양 지각이 대륙 지각 밑으로 가라앉는 섭입대이다.

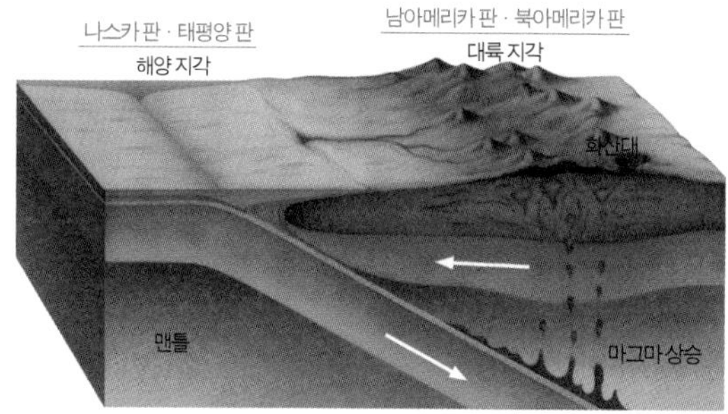

판과 판이 만나는 지점인 섭입대 무거운 해양 지각이 대륙 지각 밑으로 들어가면서 엄청난 마찰과 열이 발생하고 지진과 화산 활동이 활발하게 일어난다. 이로 인해 대륙 지각에 주름이 잡혀 로키 산맥과 안데스 산맥 같은 거대한 습곡 산맥이 만들어졌다.

높다란 산맥이 남북으로 길게 뻗어 있다. 산맥 탄생의 비밀은 바로 산맥의 위치와 판의 경계가 일치하는 것에 있다.

판과 판이 만나는 경계면을 따라 무거운 태평양 판과 나스카 판(해양 지각)이 가벼운 북아메리카 판과 남아메리카 판(대륙 지각) 밑으로 가라앉는 섭입 현상이 나타난다. 이때 판의 경계를 따라 지진과 화산 활동이 일어날 뿐 아니라, 육지 방향으로 섭입되는 해양 지각의 힘에 의해 육지 지각은 주름이 잡히면서 거대한 습곡 산맥이 만들어진다. 이 습곡 산맥이 우리가 잘 알고 있는 로키 산맥과 안데스 산맥이다.

판의 경계와 대륙의 서쪽 경계가 일치하기 때문에 높은 습곡 산맥도 대륙의 서쪽 경계와 일치한다. 이러한 이유로 아메리카 대륙의 큰 하천은 대부분 높은 서쪽에서 발원하여 동쪽이나 남쪽의 대서양으로 흘러 나간다.

톰소여가 미시시피 강을 타고 남으로 간 까닭은?

미국의 유명한 소설가 마크 트웨인이 쓴 작품 『톰소여의 모험』에서는 주인공 톰소여가 흑인 노예 짐과 미시시피 강을 따라 모험을 떠난다. 미국의 50개 주 중에서 31개 주를 흐르는 미국 최대의 미시시피 강은 대륙 북서쪽의 로키 산맥에서 발원하여 북아메리카 최대의 평야인 프레리, 중앙 평원을 적신 후 남동쪽에 있는 멕시코 만의 뉴올리언스로 흐른다. 이 광활한 평야 지역에서는 밀, 콩, 옥수수 등의 곡물 농업과 목축이 이루어진다.

미시시피 강이 미국을 상징하는 강이라면, 남아메리카를 상징하는 강은 아마존, 파라나, 라플라타 강이다. 세계에서 가장 유량이 풍부한 아마존은 지구 생태계에 큰 영향을 미치는 거대한 강으로 미시시피 강, 나일 강, 창장 강(양쯔 강)을 합친 것보다 유량이 많다.

우리에게 생소한 파라나 강은 남아메리카에서 아마존 다음으로 긴 강이다. 파라나 강의 지류에 브라질의 유명한 이구아수 폭포가 있다.

파라나 강의 하류를 라플라타 강이라 한다. 아르헨티나의 유명한 소설가 호르헤 루이스 보르헤스는 "탱고는 라플라타 강에 속해 있다"라고 말했다. 탱고의 시작이 라플라타 강 하류의 두 도시 아르헨티나의 부에노스아이레스와 우루과이의 몬테비데오였을 뿐 아니라, 대서양 건너 유럽의 음악, 쿠바에 전해진 아프리카 노예들의 음악과 춤이 라플라타 강을 따라 유입되었기 때문일 것이다.

미시시피 강과 아마존 강은 아메리카 대륙 서쪽의 높은 습곡 산맥에서 발원하여 중앙의 넓은 평야를 지나 동쪽의 대서양으로 흐른다. 이 하천은 유럽인들이 아메리카를 침략할 때 중요한 교통로가 되었다. 유럽인들은 대서양 쪽으로 흐르는 거대한 강을 거슬러 오르면서 대륙 내부로 쉽게 이동할 수 있었고, 광물 자원이나 플랜테이션 작물들을 유럽으로 쉽게 반출할 수 있었던 것이다.

아메리카 대륙의 잘록한 허리, 중앙아메리카

남·북아메리카 대륙 사이에 있는 좁은 지대를 중앙아메리카라고 한다. 멕시코부터 콜롬비아 북서쪽까지의 지협과 넓게는 동쪽에 마주 보고 있는 카

아메리카 지형 아메리카 대륙의 서쪽은 높은 신기조산대 지형이 있고, 동쪽은 오랜 기간 침식을 받아 형성된 낮은 산지나 고원으로 이루어져 있다. 따라서 하천들 대부분이 서쪽에서 동쪽으로 흐른다.

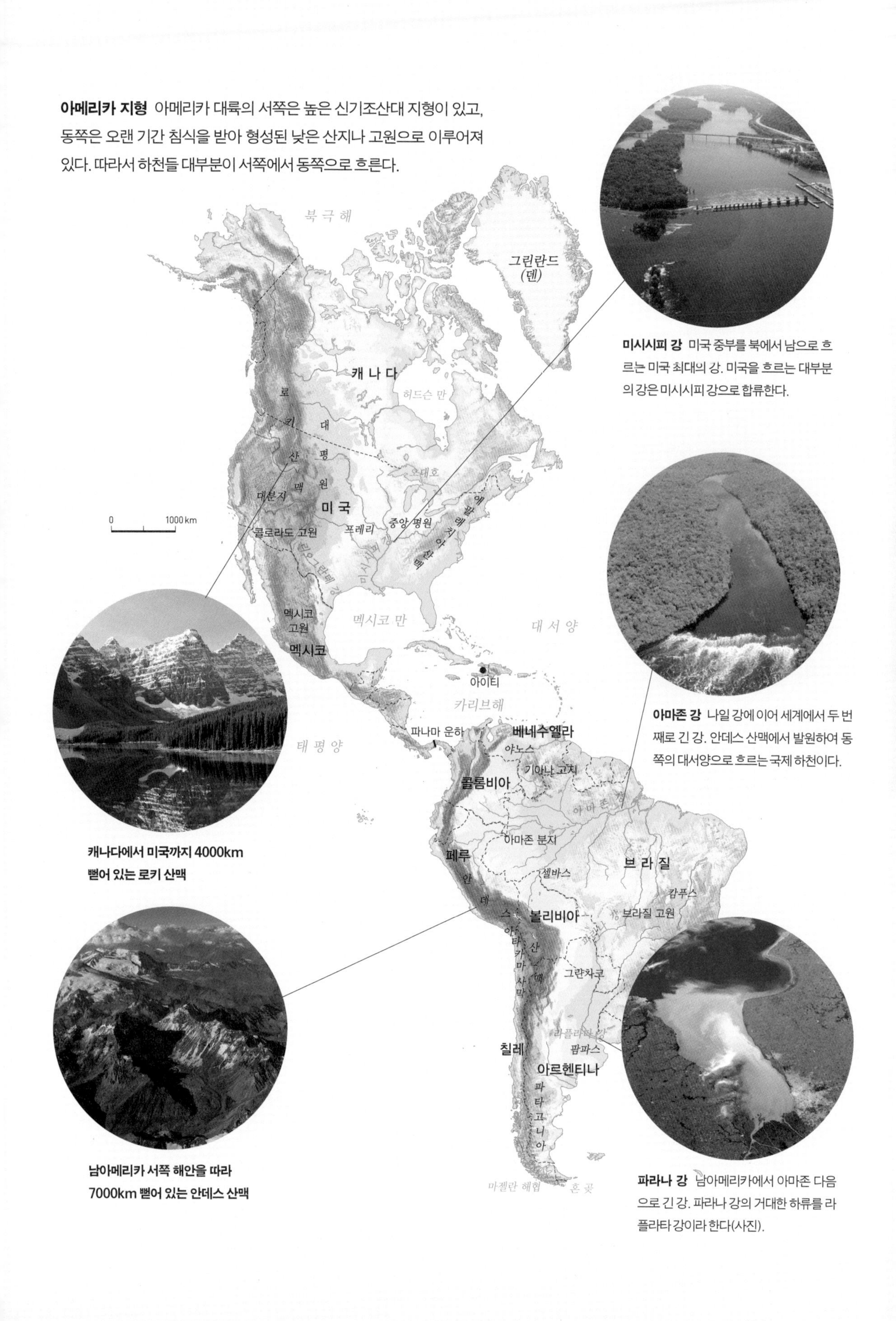

미시시피 강 미국 중부를 북에서 남으로 흐르는 미국 최대의 강. 미국을 흐르는 대부분의 강은 미시시피 강으로 합류한다.

아마존 강 나일 강에 이어 세계에서 두 번째로 긴 강. 안데스 산맥에서 발원하여 동쪽의 대서양으로 흐르는 국제 하천이다.

캐나다에서 미국까지 4000km 뻗어 있는 로키 산맥

남아메리카 서쪽 해안을 따라 7000km 뻗어 있는 안데스 산맥

파라나 강 남아메리카에서 아마존 다음으로 긴 강. 파라나 강의 거대한 하류를 라플라타 강이라 한다(사진).

리브 제도를 포함한다. 대륙의 잘록한 지협에 자리한 나라는 벨리즈, 과테말라, 온두라스, 엘살바도르, 니카라과, 코스타리카, 파나마 등 7개국이다. 이 나라들은 모두 카리브 판 위에 있으며, 코코스 판과 나스카 판, 남아메리카 판의 경계와도 가까워 화산, 지진 등 자연재해가 빈번히 발생한다. 하지만 화산암의 풍화로 비옥한 토양이 형성되어 농업 생산력이 높다.

대서양 쪽에 자리한 카리브 제도는 서인도 제도● 라고도 불린다. 유럽 열강들은 이 조그만 카리브의 섬 지역을 차지하기 위해 치열하게 싸웠다. 유럽 사람들에게 인기가 많아 비싼 가격에 팔리던 설탕의 원재료인 사탕수수가 이 섬에서 많이 생산되었기 때문이다. 이 지역의 지도에 등장하는 영국령, 프랑스령, 미국령, 네덜란드령과 같은 말들이 당시의 각축전을 대변한다.

카리브 제도는 아름다운 해안이 많아 관광 산업이 발달했다. 이 때문에 호텔, 식당, 쇼핑 같은 관광 관련 산업이 카리브해 지역 경제의 반을 차지하고 있을 정도이다. 하지만 이곳 역시 지각이 불안정하여 지진이나 화산 피해가 잦다. 게다가 열대성 저기압의 일종인 강력한 허리케인이 발생하여 큰 피해를 주기도 한다.

● **서인도 제도 이름의 유래**
콜럼버스가 아메리카 대륙에 처음 도착한 지역이 바로 카리브 제도이다. 그는 처음에 이곳을 인도라고 착각했다. 이후 인도가 아닌 전혀 다른 대륙이라는 것이 밝혀지면서, 진짜 인도는 동인도가 되고 카리브해의 섬들은 서인도로 불렸다.

남・북아메리카를 잇는 육교, 중앙아메리카

남·북아메리카를 나누는 경계, 파나마 운하

아메리카 지도를 보면 가운데에 남·북아메리카를 아슬아슬하게 이어 주고 있는 부분이 있다. 바로 중앙아메리카의 파나마 지협이다. 이 파나마를 중심으로 북아메리카 대륙과 남아메리카 대륙으로 나뉜다.
미국의 동해안에서 서해안을 오가는 배들이 남아메리카의 남단을 돌아서 가야 하는 불편을 없애기 위해 남·북아메리카 대륙의 잘록한 부분인 파나마 지협에 82km의 운하를 파서 양쪽 바닷물이 통하게 했는데, 이것이 대서양과 태평양을 이어 주는 호수-갑문식 운하인 파나마 운하이다.

파나마 운하 공사는 사람들의 상상처럼 땅을 파서 바닷물이 흐르는 길을 만든 것이 아니다. 바다에 떠 있는 배를 산 위까지 끌어올린 후, 산 위에 만든 인공 호수로 배를 보냈다가 다시 산에서 배를 끌어내려 바다로 흘려보내 주는 시스템이다. 어떤 선박도 자체 동력으로 운하의 갑문을 통과할 수 없기 때문에 양옆의 기관차가 시동을 끈 배들을 시속 3.2km의 속도로 끌어서 통과시킨다. 갑문들은 이중으로 되어 있어 배들이 동시에 서로 반대편으로 통과할 수 있다.

파나마 운하를 이용하려면 입구에서 대기하는 데 12시간 정도가 걸리고, 뱃길을 통과하는 데 8~9시간이 걸린다. 운하를 통과하는 선박 한 대의 평균 통행료가 우리 돈으로 약 6천만 원이나 되지만, 남아메리카 남단의 혼 곶으로 돌아가는 비용에 비하면 1/10밖에 되지 않아 운하를 이용하려는 배들이 늘 대기 중이다.

파나마 운하는 중국과 카리브해 지역에서 온 4만여 명의 노동자가 10년에 걸쳐서 완공했다. 1914년 미국에 의해 건설되어 국제 해운 무역의 중요한 통로가 된 파나마 운하는 85년간 미국이 관리해 오다 1999년에 파나마 정부로 소유권이 반환되었다.

태평양과 대서양을 잇는 호수-갑문식 운하인 파나마 운하

갑문을 통과할 때 배를 이끄는 기관차

배가 산을 넘는 파나마 운하의 원리 갑문을 여닫아서 갑문 사이로 호수 물이 채워지거나 빠지면 나아가야 하는 호수와 수위가 맞춰진다. 이런 원리로 배가 산을 넘는 것이다. 갑문을 통과할 때는 시동을 끄고 양옆의 기관차들이 배를 끈다.

축복받은 아메리카의 기후

아메리카 대륙의 다양한 기후

아메리카 대륙은 남북으로 길게 늘어서 있기 때문에 세상의 모든 기후가 나타난다.

보통 북아메리카와 남아메리카 사이의 잘록하게 생긴 파나마 지역이 적도가 지나가는 곳이라고 추측하기 쉽지만, 실제 적도는 좀 더 남쪽인 아마존 강의 위치와 비슷하다.

아메리카 대륙의 기후 중심선은 아마존 강이다. 적도를 중심으로 남북극 방향으로 가면서 열대 기후, 대륙 서쪽의 건조 기후, 그리고 온대 기후, 냉대 기후, 한대 기후가 차례로 나타난다. 물론 남아메리카에서는 냉대 기후가 나타나지 않는다. 냉대 기후가 나타날 수 있는 위도에 대륙이 없기 때문이다.

또 로키 산맥이 지나가는 멕시코와 과테말라, 안데스 산맥이 지나가는 콜롬비아에서 볼리비아까지는 열대 고산 기후가 나타난다. 산 아래의 낮은 땅은 덥고 습한 열대 우림 기후이지만, 해발 고도가 높은 이 지역은 온대 기후가 나타나기 때문에 사람이 살기에 적합하다. 콜럼버스 이전에 번성했던 잉카 문명과 아스테카 문명도 이 고산 기후 지역에 있었다.

아메리카 대륙은 다른 대륙에 비해 건조 기후의

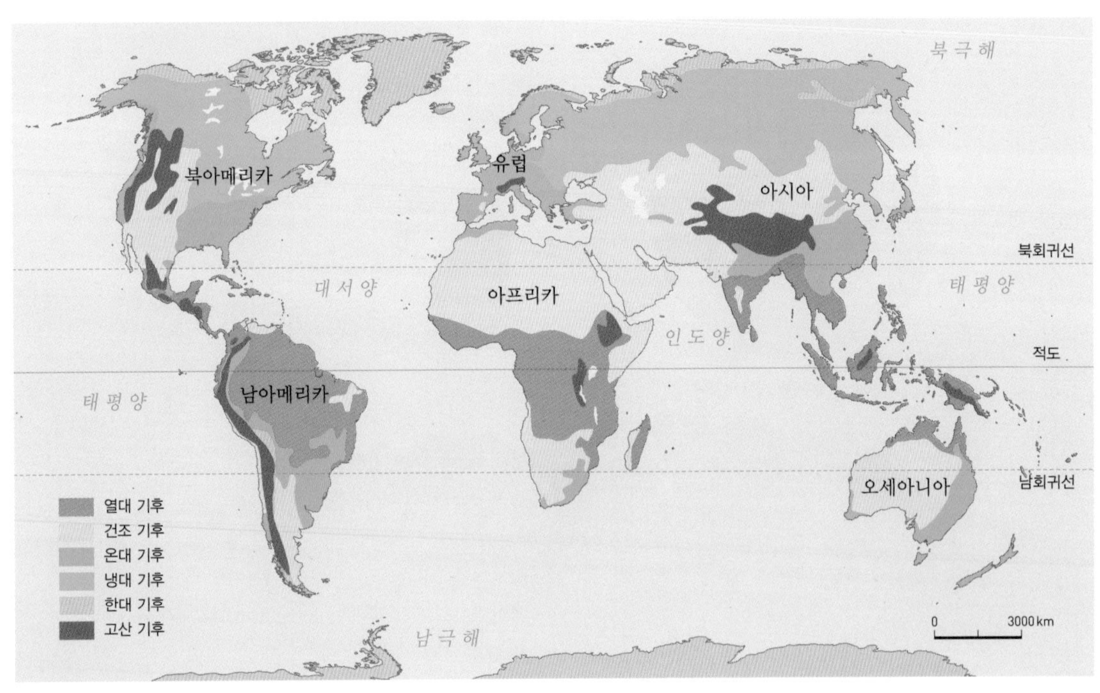

세계의 기후 아메리카 대륙은 다른 대륙보다 건조 기후가 적다.

면적이 좁게 나타난다. 이는 건조 기후대가 주로 나타나는 남·북회귀선 일대에 대륙이 넓게 분포하지 않고 대부분 바다로 되어 있기 때문이다.

사하라 사막, 아라비아 사막과 같은 위도상의 아메리카에는 카리브해가 자리 잡고 있다. 게다가 아메리카 대륙 서쪽에 높게 솟아 있는 로키 산맥과 안데스 산맥이 북태평양에서 형성된 아열대 고기압이 대륙 내부까지 영향을 미치는 것을 막아 준 것도 한 원인이 되었다. 하지만 이들 산맥은 편서풍이 몰고 가는 습윤한 바닷바람을 차단할 뿐만 아니라, 이 산맥들을 넘어가면서 고온 건조한 바람이 만들어져 오히려 미국 서부와 파타고니아 지방에 건조 지역을 형성하기도 했다.

한편 남아메리카의 아타카마 사막은 태평양에 인접해 있으면서도 세계에서 가장 건조한 곳으로 달이나 화성에 비교된다. 이 사막은 아열대 고기압, 동쪽에서 안데스 산맥을 넘어 불어오는 탁월풍(항상풍)이 서쪽에는 비를 거의 내리지 않는 비 그늘 현상, 차가운 페루 해류 등의 복합적인 영향으로 만들어졌다.

구아노를 채취하는 페루의 인부 구아노는 건조한 해안 지방에서 새의 배설물이 굳어져 퇴적된 것이다. 최근엔 천연 비료로 각광받고 있어 이 지역의 주요한 수입원이 되었다.

세계에서 가장 건조한 칠레의 아타카마 사막 1년 동안 단 한 방울의 비도 내리지 않는 곳도 있는 아타카마 사막은 오른쪽은 안데스 산맥, 왼쪽은 태평양에 접해 있다. 미국의 데스밸리보다 50배나 더 건조하다.

페루는 이 건조한 기후 덕분에 새똥이 그대로 굳어서 된 구아노를 비료 재료로 팔아 많은 이익을 얻고 있다.

캘리포니아의 광활한 오렌지 농장

지중해성 기후로 당도가 높은 칠레의 포도

캘리포니아 오렌지 주스와 칠레 와인에 숨은 비밀

우리가 흔히 마트에서 구입하는 오렌지나 오렌지 주스의 원산지를 살펴보면 캘리포니아산이라고 되어 있는 것을 어렵지 않게 볼 수 있다. 또 동네 편의점에서도 칠레산 와인을 쉽게 구입할 수 있다.

캘리포니아산 오렌지 주스와 칠레산 와인은 맛과 품질에 비해 값이 저렴해서 세계적으로 인기가 많다. 우리의 식탁에도 자주 오르는 아메리카 대륙의 이 과일 음료와 술이 세계적인 명성을 얻게 된 이유는 무엇일까?

비밀은 바로 기후에 있다. 강수량이 적은 기후와 강렬한 태양이 당도가 높은 과일을 만들어 품질 좋은 과일 음료와 술이 탄생하는 것이다. 미국 서부의 캘리포니아 주와 칠레의 중부는 건조 기후와 온대 기후가 만나는 곳에 위치한다. 두 기후의 점이적 성격이 바로 건조하고 햇볕이 강한 지중해성 기후인 것이다.

지중해성 기후는 여름에는 건조 기후의 특징이, 겨울에는 온대 기후의 특징이 나타난다. 즉 여름은 덥고 건조하며 겨울은 따뜻하고 비가 많이 온다. 일조량이 풍부하고 일교차가 커서 당과 산의 조화가 잘 이루어지는 과일 재배가 적합하다.

미국 서부 캘리포니아에서는 이러한 기후에 적합한 오렌지를 전략적으로 재배했다. 이렇게 해서 세계적인 오렌지 주스 브랜드인 '선키스트'가 탄생했다.

칠레에서는 에스파냐 식민지 때부터 재배했던 포도를 특화시켜 오늘날 세계적인 와인 생산 국가로 성장했다. 포도 재배에 적합한 자연환경, 프랑스의 기술과 자본 투자, 그리고 저렴한 가격으로 현재 와인 종주국인 프랑스를 빠르게 따라잡고 있다.

인류 거주의 최북단, 최남단이 있는 대륙

지구상에서 인류가 살고 있는 최북단의 마을, 최남단의 마을이 모두 아메리카 대륙에 있다.

캐나다 누나부트 주의 앨러트는 북위 82°28'으로 인류가 거주하는 가장 북쪽 마을인데, 군사 기지에 약 200명의 군인들이 살고 있다.

그럼 지구 남쪽의 땅끝 마을은 어디일까? 남아메리카의 마젤란 해협 너머에 있는 아르헨티나의 우수아이아이다. 이곳은 남위 54°8'이지만 빙하를 구경할 수 있고, 남극 탐험의 출발지로 유명해서 많은 관광객이 찾는다.

아메리카 대륙에는 유럽 대륙과 비슷한 면적의 캐나다(998만 km^2로 남한의 약 100배, 세계 2위 면적)부터 미국(983만 km^2로 남한의 약 98배, 세계 3위 면적), 브라질(855만 km^2로 남한의 약 85배, 세계 5위 면적)과 같이 국토가 넓은 국가가 있는 반면, 강화도와 비슷한 그레나다(344km^2) 같은 나라까지 크고 작은 35개의 독립국이 있다.

2013년 현재 아메리카 대륙의 인구수를 보면 3억 1600만 명을 넘어선 세계 인구 3위인 미국이 가장 많고, 카리브해의 섬나라 세인트키츠네비스는 불과 5만 1100명으로 가장 적다.

지구 최북단의 마을인 캐나다 앨러트의 이정표

지구 최남단의 마을인 아르헨티나의 우수아이아

지구의 허파이자 공기 청정기, 아마존 강

아마존 강(6296km)은 아프리카의 나일 강(6690km)에 이어 세계에서 두 번째로 길다. 하지만 유량은 세계에서 가장 많은데, 전 세계 하천의 1/5이나 된다. 이는 적도 지역을 관통하는 열대 우림 지방의 많은 강수량이 모두 아마존 강으로 흘러들기 때문이다. 아마존 강은 1000개 이상의 지류를 끌어안고 열대 밀림 지역인 셀바스를 굽이굽이 지나서 기아나 고지와 브라질 고원 사이로 흘러 대서양으로 빠져나간다.

인간에 의해 빠른 속도로 파괴되고 있지만 아직까지도 원시 자연림이 가장 넓게 남아 있는 곳. 그래서 아마존은 지구의 공기 청정기라 불린다. 아마존 열대 우림은 광합성 작용으로 지구 전체 산소의 20% 이상을 만들고, 대기오염 물질을 제거해 주는 지구의 허파 역할까지 한다. 남한의 약 70배 면적의 엄청난 삼림은 다양한 생물이 살아가는 터전이기도 하다. 브라질, 볼리비아, 페루, 콜롬비아, 에콰도르, 베네수엘라 등 여러 나라가 아마존 열대 우림에 접해 있다.

날카로운 이빨로,
사람도 물어뜯는 물고기 피라니아

설치류 중 가장 큰 카피바라

분홍돌고래 보토

15cm 크기의 아주 작은 다람쥐원숭이
말괄량이 삐삐의 어깨에 있던 원숭이로,
애완동물이 되면서 멸종 위기에 처했다.

보아과의 큰 뱀 아나콘다

다양하고 특이한 동물들의 서식지

아마존 강에는 엄청난 유량과 삼림 못지않게 매우 다양한 동식물들이 산다. 5만여 종에 달하는 식물과 버섯류, 지구 전체 조류의 1/5을 차지하는 다양한 새들, 세계에서 가장 큰 담수어 피라루쿠와 피라니아를 비롯한 3000여 종의 신비로운 물고기(이는 유럽의 모든 강에 사는 어류를 통틀어도 10배나 많은 숫자이다.)가 서식한다. 또한 수백만 종에 이르는 곤충, 세계 최대 길이의 아나콘다 등 다양하고 특이한 수천 종의 양서류와 파충류, 나무늘보와 아메리카표범 등의 포유류에 이르기까지, 밀림 속에 살고 있는 새로운 생명체의 수는 실로 어마어마하다.

무분별한 개발로 파괴되는 아마존의 생태계

아마존 강의 개발은 이미 수십 년 전부터 지구적인 문제가 되었다. 브라질 정부는 1950년대부터 아마존 밀림 지역을 횡단하는 도로를 만들고 지하자원을 채굴했다. 또한 가난한 농민들에게 살 터전을 마련해 준다는 이유로 이들을 이주시켜 농사를 짓거나 가축을 기르게 했다. 이렇게 아마존 지역이 개발로 훼손되면서 엄청난 종류의 생물들과 이곳에서 살아가는 소수 민족의 터전이 파괴되어 가고 있다.

아마존 열대 우림의 파괴는 지구 환경 문제와도 관련이 있다. 열대 우림에서 증발하는 수증기가 비를 내리게 하는데 이 수분이 줄어들면서 삼림 지역을 건조화시킨다. 목장을 만들기 위해 나무를 베어서 공기 정화 능력이 감소되고, 비가 오면 토사 유출량이 많아져 아마존 강을 질식시킨다. 특히 무분별한 벌목은 이산화탄소도 증가시켜 지구 온난화에까지 영향을 미친다.

시속 900m로 움직이는 게으름뱅이 나무늘보

아마존 삼림 훼손

아마존 강의 지류인 브라질의 마나퀴리 강 가뭄으로 바닥을 드러낸 채 갈라져 있는 강바닥에 죽은 물고기들이 쌓여 있다.

세계에서 가장 큰 담수어 피라루쿠
최대 5m에 달하는 민물 열대어이다.

기회의 땅 아메리카, **사람과 문화**

아메리카의 인구는 선주민을 비롯해서 백인, 흑인들로 구성되어 있다. 선주민 구성도 다양하고, 백인들도 게르만계와 라틴계뿐만 아니라 슬라브계, 유대계, 아랍계까지 있다. 최근에는 아시아인과 히스패닉이라는 새로운 집단도 등장했다. 과연 이들은 어떻게 어울려 살아왔을까?

아메리카 선주민이 주인인 땅

굴러 들어온 돌이 박힌 돌을 빼냈다?

어느 날 누군가가 우리 집에 쳐들어와 총칼로 위협하며 물건을 빼앗고 우리를 집에서 쫓아낸다면? 그러고는 버젓이 주인 행세를 하며 우리를 종처럼 부린다면 어떨까? 생각만 해도 너무 억울하지 않은가?

그런데 그런 일들이 바로 아메리카 대륙에서 일어났다. 선주민●이 살고 있는 곳에 어느 날 백인이 나타나 주민들을 총으로, 힘든 노역으로, 전염병으로 죽게 했다. 그러고는 주인 행세를 하면서 남아 있는 선주민들을 노예로 부렸다.

유럽 사람들이 들어올 당시 아메리카 대륙에는 약 4000만 명의 아시안 계통 선주민이 살고 있었다. 북아메리카에 300만 명, 중앙아메리카에 900만 명, 남아메리카에 2800만 명 정도 살았던 것으로 추정된다.

아메리카 선주민들은 조상 대대로 살아오던 땅에서 주인 노릇은커녕 유럽 사람의 지배를 받으며 자신들의 정체성을 거부당한 채 살아야 했다.

이러한 역사를 가진 아메리카에도 최근 변화의 바람이 불고 있다. 2006년 1월 볼리비아에서 선주민 출신으로는 최초로 대통령에 당선된 모랄레스

● **선주민(先住民)**

원주민(原住民)은 원래부터 살고 있던 사람이라는 뜻이지만 '미개함', '문화가 뒤떨어진' 같은 부정적인 어감도 풍긴다. '선주민'이란 말은 1980년대부터 국제 사회에서 통용되기 시작했다. 아메리카 대륙을 수탈한 백인들의 역사를 새롭게 조명하고 있는 요즘 미국에서는 선주민들을 아메리카 선주민(Indigenous People) 또는 퍼스트 네이션(First Nation)이라고 부른다.

카펫을 팔고 있는 페루의 케추아족 여인 케추아족은 안데스 산맥 고지대에 사는 남아메리카 선주민이다.

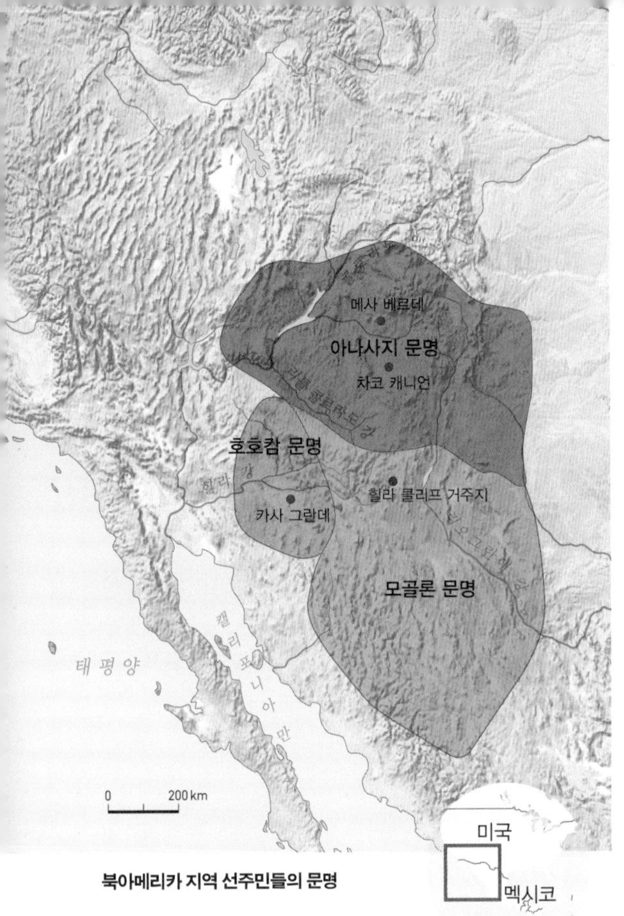

북아메리카 지역 선주민들의 문명

'큰 집'이란 뜻의 카사 그란데 유적 호호캄 선주민들이 세운 4층짜리 거대한 건물로, 미국 정부가 최초로 지정한 보호 대상 유적이다.

는 취임 행사에서 500년에 걸친 인디오(북아메리카 선주민인 인디언과 구별해 남아메리카 선주민을 일반적으로 지칭하는 말)에 대한 차별과 불의의 역사가 마침내 끝났다고 선언했다. 그는 사회의 모든 부문에서 선주민들의 권익을 신장하기 위한 개헌 의회를 구성할 것을 다짐했고, 2009년 개헌안을 통해 선주민들의 광범위한 자치권을 인정했다. 이렇게 아메리카에서 원래 주인들의 권리를 위한 의미 있는 변화는 계속되고 있다.

북아메리카 선주민의 역사—아나사지 문명

아메리카 대륙에는 마야, 아스테카, 잉카 문명 외에도 북아메리카의 아나사지, 호호캄, 모골론 문명이 있었다. 이중 아나사지는 기원후 100년경부터 미국 서부 건조 지역에서 살기 시작한 선주민들의 문명이다.

아나사지는 나바호 선주민의 말로 '옛 사람들'이라는 뜻이다. 아나사지 선주민들은 약 700년까지 주로 바구니를 짜서 생활용품으로 사용했기 때문에 이 시기를 '바스켓 메이커 시기'라고 한다. 700년 이후의 아나사지 선주민들은 주로 도기를 만들어 사용했고, 수백 개의 방이 있는 현대적 개념의 아파트를 절벽에 건설했다. 이 시기를 '푸에블로 시기'라고 한다. 푸에블로는 에스파냐어로 마을이라는 뜻이다. 이들은 물이 부족해 관개를 이용해 농사를 지었다. 주로 목화와 옥수수 등을 재배

메사 베르데의 절벽 궁전 깎아지른 듯한 절벽에 지어진 공동 주택으로, 아나사지 선주민들이 살았던 흔적을 볼 수 있는 메사 베르데의 대표적인 유적이다.

했으며, 수렵이나 식물 채집도 계속했다.

흔히 북아메리카 선주민이라 하면 대부분 말을 타고 버펄로를 사냥하는 모습을 떠올린다. 하지만 실제로는 광활한 아메리카 대륙의 기후와 지형에 따라 농업이나 수렵, 유목 생활 등 다양한 문화가 나타났다. 이들은 부족 간 전쟁을 빼고는 자연과 어울려 조화롭게 살고 있었고, 초기 유럽 사람들이 아메리카에 정착할 수 있도록 많은 도움을 주었다. 하지만 대륙 정복을 위해 유럽 사람들이 전쟁을 일으키면서 대부분의 선주민이 목숨을 잃고 조상 대대로 살아온 땅을 잃게 되었다.

1 **이동식 가옥 티피** 유목 부족인 북아메리카 중서부 평원의 선주민은 버펄로를 사냥하며 가죽으로 만든 원추형 천막에 살았다.

2 **뛰어난 공예 문화를 보여주는 아나사지 바구니**

3 **토템 상을 조각한 기둥** 북아메리카 서부 지역의 선주민들은 낚시와 사냥을 했으며, 통나무로 집을 짓고 토템 상을 만들어 부족의 안녕을 기원했다.

중앙 및 남아메리카의 문명

아스테카 제국의 달력 뛰어난 천문학과 역학 수준을 보여준다.

마야 문자

티칼의 유적지 티칼은 마야 제국의 중심 도시이다.

테오티우아칸에 있는 태양의 신전 멕시코 고원의 고대 도시 테오티우아칸은 마야와 아스테카 이전에 발생했던 문명이다.

마추픽추 잉카인이 만든 공중 도시. 이곳의 건축물들은 종이 한 장 들어갈 틈이 없이 정교하게 맞추어져 있다(오른쪽).

잉카 제국의 키푸 키푸는 글자가 없던 시대에 끈으로 매듭을 지어 기호로 삼은 결승 문자이다.

중앙아메리카 선주민의 역사—마야·아스테카 문명

중앙아메리카에서는 마야와 아스테카 문명이 발생했다. 마야 문명은 현재 멕시코의 남동부와 과테말라, 유카탄 반도에서 기원전부터 존재하다가 10세기에 쇠퇴했다.

마야 제국은 건축·수학·천문·역법 등에서 고도로 발달된 문화를 꽃피웠다. 그들은 1년의 길이를 356.242일로 거의 정확하게 알고 있었다. 보름달의 간격도 29.5302일로 계산했는데, 실제 보름달의 간격인 29.53095일과 거의 차이가 없다. 마야 문명은 아메리카 대륙에서 유일하게 완전한 표기법을 갖춘 고유 문자를 가지고 있었다.

마야 문명의 백미는 석조 건축물이다. 거대한 건축물들이 열대 밀림의 한가운데에 어마어마한 규모로 만들어졌다. 마야 최고의 도시였던 티칼에는 신전, 궁전, 사원 등 석조 건축물이 무려 $1km^2$당 약 200개의 비율로 3000개 이상이나 발견되었다. 더욱 놀라운 사실은 이 거대한 건축물을 짐을 운반하는 가축도 없이 사람들의 힘만으로 완성했다는 것인데, 어떤 방법으로 만들었는지는 아직까지도 밝혀지지 않았다.

아스테카 제국은 13~16세기에 걸쳐 지금의 멕시코 중앙부의 고원 지대(해발 2240m)에 존재하던 나라로, 에스파냐의 침략을 받아 1521년 멸망했다. 아스테카에는 1년이 365일 6시간으로 되어 있는 농사 달력이 있다. 당시 지구의 공전 주기를 정확히 산출했다는 것은 그들의 문명 역시 뛰어난 수준이었음을 보여주는 증거이다.

남아메리카 선주민의 역사—잉카 문명

잉카는 1200년대부터 1532년 에스파냐 군에게 멸망당하기 전까지 남아메리카의 중앙 안데스 지방을 지배한 고대 제국이다. 당시 융성한 문명을 자랑했던 잉카 제국은 지금의 페루에 있는 쿠스코를 중심으로 남북으로 4000km에 가까운 거대한 땅을 다스렸다.

'잉카'는 태양의 아들이라는 뜻인데, 이는 황제를 일컫는 말이기도 했다. 잉카에는 마야, 아스테카와는 달리 문자가 없었고, '키푸'라고 하는, 밧줄과 끈의 매듭으로 물품의 이동을 기록했다.

안데스 산맥에 자리한 쿠스코의 마추픽추는 해발 2000m 이상의 산꼭대기에 건설된 공중 도시이다. 올라가 보지 않으면 그 존재를 알 수 없었던 덕분에 에스파냐 군의 침략으로부터 보존될 수 있었다. 이 유적은 신전과 궁전을 중심으로 잉카인들의 집, 계단식 밭 등으로 이루어져 있다.

마추픽추의 건축물들은 돌 다듬는 솜씨가 정교했던 잉카인들의 놀라운 석조 건축 기술을 보여준다. 돌들을 얼마나 정확히 잘라 성벽과 건물을 세웠는지 면도날 하나 들어갈 틈 없이 잘 맞추어져 있다.

잉카 제국 최후의 요새, 공중 도시 마추픽추는 아직까지도 밝혀지지 않은 수수께끼를 가득 품고 있는 고대 유적이다.

페루 선주민 어린이들의 일상

"잉카 제국의 후손이라는 것이 자랑스러워!"

안녕? 나는 페루의 쿠스코에 사는 루이사라고 해. 쿠스코는 1250년경 우리의 조상인 잉카 사람들이 세운 아주 오래된 도시야.

감자의 원산지가 이 지역이라는 것을 혹시 알고 있니? 원산지답게 안데스 고산 지대에는 1400종류가 넘는 감자가 있다고 해. 엄청나지? 추운 날씨와 강한 햇살을 잘 견디는 감자는 우리에겐 정말 중요한 식량이야. 난 감자로 만든 파파레예나를 아주 좋아해. 파파레예나는 으깬 감자 안에 고기와 채소를 넣고 튀긴 음식이야. 겉은 바삭바삭한데 씹으면 부드럽고 짭조름한 감자가 사르르 녹아내리지.

또 추운 겨울에 먹는 추뇨도 좋아. 추뇨는 얼린 뒤 건조시킨 감자인데 2~3년 정도, 많게는 7~8년이나 저장해 두고 먹을 수 있지. 주로 작은 감자를 골라서 만드는데, 추뇨를 만들면 원래 감자가 가지고 있던 독성이나 쓴맛도 제거되어 맛도 좋아져.

우리 집은 대대로 알파카를 키우고 있어. 알파카는 산소가 부족한 고산 지대에 잘 적응하는 동물이란다. 그래서 안데스 산맥의 아주 높은 곳에서 알파카를 방목하는 모습을 많이 볼 수 있지. 난 올 봄에 낳은 알파카 새끼 한 마리를 직접 키우고 있는데, 털도 보드랍고 아주 귀여워. 알파카의 털을 깎을 때는 온 가족이 동원되는데, 이 애가 좀 크면 내가 직접 털을 깎아 줄 거야.

다양한 색깔과 모양의 페루 감자

알파카와 함께 있는 페루 선주민 어린이

알파카는 눈망울이 동글동글해 순하게 생겼지만, 사실 보기보다 순하진 않아. 서로 모여 풀을 뜯어 먹다가 옆에 있는 알파카에게 침을 뱉기도 하고, 사람들이 귀엽다고 다가와서 만지려고 할 때 침을 뱉기도 해. 그 모습을 실제로 보면 얼마나 웃긴지 몰라.

알파카는 쓸모가 아주 많아. 털을 깎아 실을 만들고 그 실로 천을 만드는데, 알파카 털로 만든 옷은 가볍고 따뜻하단다. 그뿐 아니라 가죽과 고기도 이용해. 알파카 고기는 염소고기와 맛이 비슷해.

오늘은 일요일이라 엄마, 아빠의 손을 잡고 산토 도밍고 성당에 갔다 왔어. 이 성당은 원래 잉카 시대에 태양의 신전으로 사용되던 코리칸차의 일부를 부수고 지은 성당이란다. 잉카 시대에는 코리칸차의 문과 지붕 등이 금으로 덮여 있어 황금빛으로 빛났다고 해. 하지만 에스파냐 정복자들이 금으로 된 것은 모두 약탈해 갔고, 그 남은 토대에 산토 도밍고 성당을 지었던 거지.

나는 산토 도밍고 성당에 올 때마다 늘 감탄한단다. 왜냐고? 성당의 한 벽을 보면 위에 쌓인 돌과는 다른 더 큰 돌들이 쌓여 있는 부분들이 있어. 그 돌은 옛날 잉카 시절 우리 조상들이 쌓은 돌이래. 그 때는 수레도 없었다는데 어떻게 그 큰 돌들을 가져왔는지 참 신기하지? 그 돌들은 마치 칼로 자른 것처럼 아귀가 딱딱 맞는데, 두 차례에 걸친 지진에도 무너지지 않았을 정도로 정교하게 쌓여 있단다. 우리 조상들의 돌 다루는 기술이 정말 놀랍지 않니?

내가 훌륭한 문명을 일으킨 잉카 제국의 후손이라는 것이 정말 자랑스러워. 선주민 출신이었던 전 톨레도 대통령도 내가 존경하는 분이야. 이곳 쿠스코의 놀라운 잉카 제국 유적지를 보러 꼭 놀러 와.

산토 도밍고 성당 잉카 제국 최고의 신전으로 유명한 태양의 신전 자리에 세워졌다. 건물 밑단의 큼직한 돌로 쌓은 부분이 오래전 잉카인들이 쌓았던 태양의 신전 일부이다.

콜럼버스와 인디언에 대한 오해

콜럼버스의 신대륙 발견(실제는 발견이 아니라 도착)에 대해 사람들은 흔히 다음과 같이 오해한다.

그가 맨 처음 도착한 땅은 지금의 미국으로, 콜럼버스는 죽을 때까지 그 지역이 인도라고 알고 있었기 때문에 미국의 선주민들을 인도인, 즉 인디언(Indian)이라고 불렀다고 말이다. 또한 콜럼버스가 신대륙에 도착한 이후 얼마 안 있어 영국인들이 종교의 자유를 찾아 미국으로 이주하기 시작했다고 알고 있다.

하지만 콜럼버스가 1492년 발을 디딘 곳은 지금의 중앙아메리카 카리브 제도의 바하마와 쿠바, 아이티였다. 그러니까 이곳에 살던 사람들을 인디언이라고 불렀던 것이다.

콜럼버스는 에스파냐 황실의 지원으로 신대륙에 도착했기 때문에 아메리카 식민지 지배의 선두는 에스파냐였고, 이후 아메리카 땅의 많은 부분이 에스파냐의 식민지가 되었다. 아메리카 선주민들이 만들었던 아스테카와 잉카 문명은 에스파냐의 침략으로 멸망했다. 에스파냐 이후엔 포르투갈이 들어와 남아메리카 식민지 지배를 시작했다.

영국과 프랑스는 콜럼버스 도착 이후 약 100년이 지나서야 아메리카 대륙의 북부, 지금의 캐나다·미국 지역으로 이주하여 그곳 선주민들을 정

콜럼버스, 아메리카에 도착하다 이탈리아의 탐험가 크리스토퍼 콜럼버스는 1492년 10월 12일, 오랜 항해 끝에 아메리카에 도착했다.

복하고 식민지로 만들었다. 이러한 이유로 지금까지도 북아메리카(캐나다 · 미국)를 앵글로아메리카, 미국 이남의 중남아메리카를 라틴아메리카라고 부르는 것이다.

아메리카라는 이름은 이 대륙이 인도가 아닌 새로운 대륙임을 처음으로 인식한 이탈리아의 탐험가 아메리고 베스푸치의 이름을 따서 지어졌다.

에스파냐와 포르투갈의 식민지, 중남아메리카

당시 최고의 향신료로 치던 후추는 없었지만, 콜럼버스가 신대륙에서 가져온 금, 담배, 노예를 보고 제일 배 아파한 나라가 있었다. 바로 포르투갈이었다. 콜럼버스가 신대륙 탐험을 떠날 때 에스파냐 황실보다 포르투갈 황실에 먼저 들러 후원을 요청했지만 포르투갈이 이를 거절했기 때문이다.

그후로 식민지 개척에 열을 올린 포르투갈은 토르데시야스 조약•을 통해 지금의 브라질을 식민지로 얻게 된다. 그리고 브라질에서 금과 후추를 찾지 못하자 대신 브라질우드•와 사탕수수를 수탈해 간다.

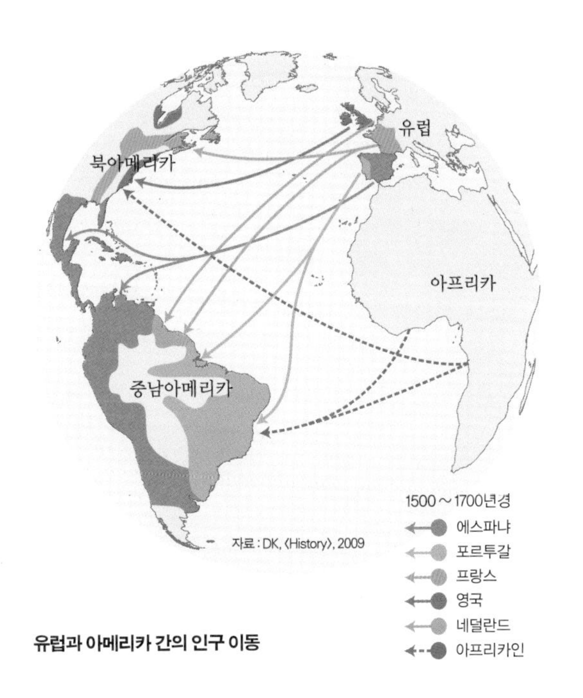

유럽과 아메리카 간의 인구 이동

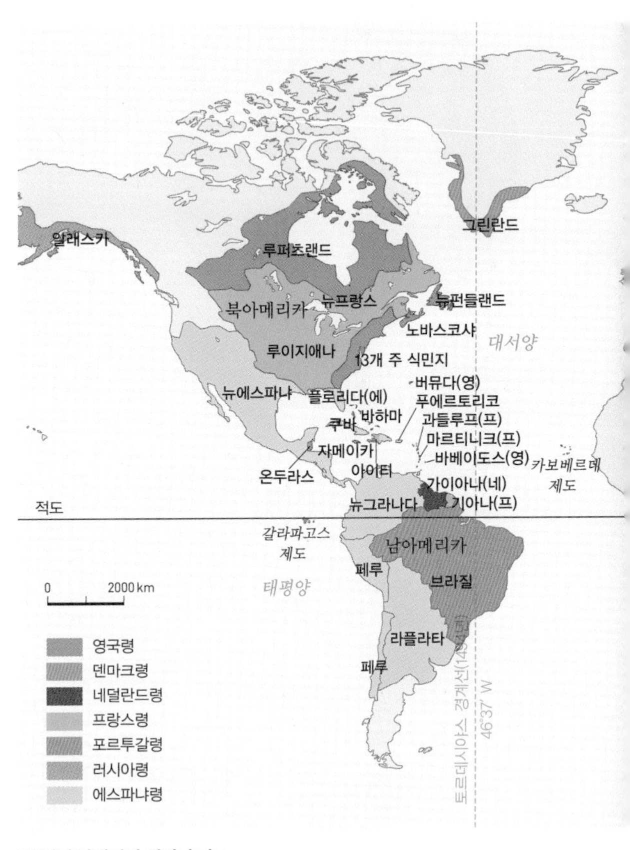

18세기 아메리카 식민지 지도

• **토르데시야스 조약**
에스파냐와 포르투갈 간의 영토 분쟁을 해결하기 위해 로마 교황의 중재로 1494년 6월 7일 에스파냐의 토르데시야스에서 바다의 국경선을 정한 조약이다. 아프리카 서쪽 끝 카보베르데 제도에서 약 1500km 떨어진 곳(서경 46°37')을 기준으로 서쪽은 에스파냐, 동쪽은 포르투갈의 영토로 정했다. 그래서 대부분 에스파냐어를 쓰는 중남아메리카에서 유독 브라질만 포르투갈어를 사용하는 것이다.

• **브라질우드**
염료로 쓸 수 있는 붉은색 나무. 포르투갈은 유럽에서 붉은색 염료가 높은 값에 팔렸기 때문에 브라질에서 브라질우드를 많이 베어 갔다. 브라질이란 나라 이름도 이 나무에서 유래했다.

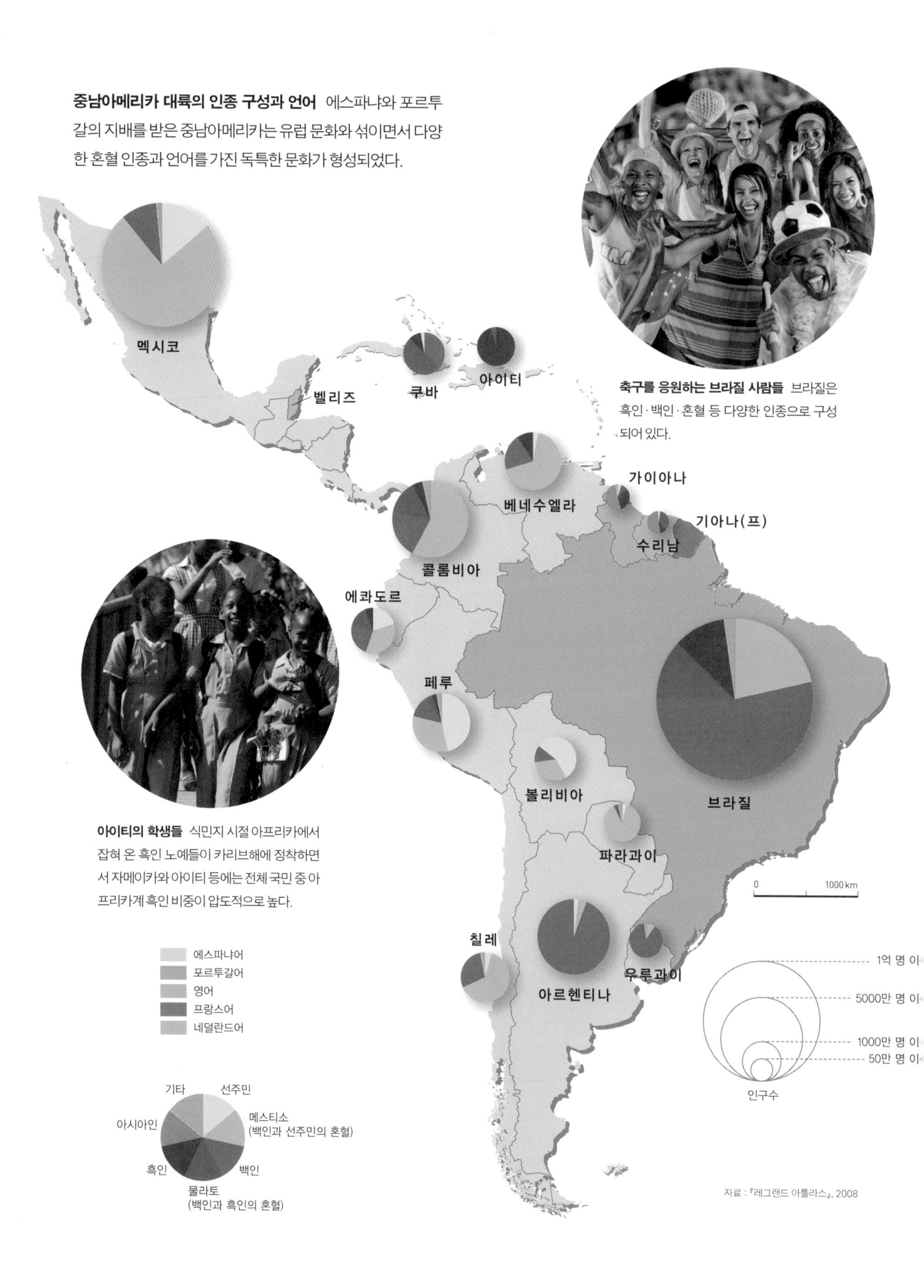

중남아메리카 대륙의 인종 구성과 언어 에스파냐와 포르투갈의 지배를 받은 중남아메리카는 유럽 문화와 섞이면서 다양한 혼혈 인종과 언어를 가진 독특한 문화가 형성되었다.

축구를 응원하는 브라질 사람들 브라질은 흑인·백인·혼혈 등 다양한 인종으로 구성되어 있다.

아이티의 학생들 식민지 시절 아프리카에서 잡혀 온 흑인 노예들이 카리브해에 정착하면서 자메이카와 아이티 등에는 전체 국민 중 아프리카계 흑인 비중이 압도적으로 높다.

이후 에스파냐와 포르투갈 사람들은 아메리카 대륙에서 이교도를 개종한다는 미명 아래 금, 은 등 돈이 되는 물건들을 빼앗기 위해 몰려들기 시작한다. 이들은 식민지로부터 이익이 되는 것들을 취하기 위해 왔을 뿐 아메리카 대륙에서 살 생각은 아예 없었기 때문에 가족을 데려오지 않았다. 이에 따라 중남아메리카에서는 기하급수적으로 혼혈이 늘어났다. 이는 가족 단위의 이주가 많았던 북아메리카와 전혀 다른 현상이다.

한편, 멕시코와 페루, 볼리비아의 선주민들이 유럽인들에 의해 몰살되면서 노동력이 부족해졌다. 열대 기후에서 일할 노예를 찾던 유럽 사람들은 아프리카 흑인들을 사탕수수 농장이 많은 카리브 해안 지역에 강제로 데려다 노예로 만들었다. 이러한 역사적 이유로 카리브해를 포함한 중앙아메리카 지역, 브라질 북부 지역에는 흑인의 비율이 높다.

이에 비해 페루, 볼리비아의 고산 지대에는 선주민(흔히 인디오라 함)의 비율이 다른 지역에 비해 높다. 백인들은 주로 온화한 온대 기후 지역인 아르헨티나와 브라질 남부에 이주해 살아서 이곳은 상대적으로 백인의 비율이 높다.

후발 주자 영국과 프랑스가 차지한 북아메리카

에스파냐나 포르투갈보다 뒤늦게 식민지 수탈에 나선 영국, 프랑스, 네덜란드 등은 유럽에서의 전쟁(승전 이후 배상금으로 아메리카 식민지를 보상받음)이나 아메리카에서 에스파냐, 포르투갈과 전쟁을 벌여 식민지들을 빼앗아 갔다. 에스파냐와 포르투갈은 유럽 본토에서 새롭게 강국으로 부상하는 영국과 프랑스에 밀리면서 아메리카 대륙의 광활한 식민지를 관리하는 데 어려움을 겪게 되고, 결국엔 이들 나라에게 식민지를 내주어야 했다.

영국 사람들은 콜럼버스가 아메리카 대륙에 도착한 지 약 100년이 지난 1607년에야 버지니아의 제임스타운에 처음으로 깃발을 꽂았다. 영국의 청교도들은 종교의 자유를 찾아 1620년에 아메리카로 이주했고, 이때 약 50만 명의 아프리카 흑인 노예들은 주로 카리브해를 거쳐 미국의 버지니아로 팔려 왔다.

당시 흑인들의 아메리카행은 인류 역사에서 가장 먼 거리를 이동한 이주 형태로, 전체적으로 약 2000만 명이 강제 이주했다고 추정된다. 이들은 주로 카리브해 연안과 미국 남동부에서 한평생 노예로 살다가 삶을 마감했다.

프랑스는 식민지 건설 초기 오대호 주변에 전초기지격인 뉴프랑스를 건설했으며, 북아메리카 내륙 지방 대부분이 자신들의 영토라고 주장했다. 하지만 전쟁 자금 확보, 미국의 외교적 압력으로 미국에 헐값으로 매각하면서 북아메리카에 있던 프랑스 식민지는 캐나다의 퀘벡 주 정도에서만 영향력을 발휘하게 되었다.

아메리카는 인류 역사상 가장 많은 사람들이 가장 많은 거리를 이동한 대륙이다. 물론 자발적인 의지로 찾아온 백인들에게는 기회의 땅이자 개척의 땅이었겠지만, 자신의 의지와는 상관없이 어느 날 갑자기 강제로 끌려와 노예로 살게 된 흑인들에게 아메리카는 과연 어떤 땅이었을까?

인종의 도가니, 여전히 존재하는 인종 차별

자의든 타의든 유럽과 아프리카에서 많은 사람이 이주하고, 선주민과 백인 혹은 선주민과 흑인들과의 혼혈, 여기에 뒤늦게 건너간 아시아인들까지 뒤섞이면서 아메리카는 그야말로 인종의 도가니로 변모했다. 다양한 인종이 뒤섞여 살면서 아메리카에서는 인종 간, 출신 국가별로 다양한 유형의 차별이 존재하면서 심각한 사회 문제로 대두되었다.

가장 대표적인 것이 흑인에 대한 차별이었다. 흑인은 인간이 아닌 노예로 간주되었으며, 1865년 미국에서 흑인 노예제도가 공식적으로 폐지되었지만 흑인에 대한 차별은 여전히 사라지지 않고 있었다. 1955년 버스에서 백인에게 자리를 양보하지 않았다는 이유로 흑인 로사 파크스가 체포된 사건이 있었다. 1960년대엔 마틴 루터 킹과 말콤 엑스 등의 흑인 인권 운동가가 피살되기도 했다. 이런 미국에서 2008년 최초로 흑인 대통령에 당선된 버락 오바마에게 거는 흑인들의 기대는 클 수밖에 없다.

혼혈이 많은 중남아메리카에서의 인종 차별

중남아메리카에서는 혼혈이 많아서 미국과 같은 인종 차별 문제가 노골적으로 부각되지는 않았다. 브라질과 쿠바도 19세기 말까지 노예제도를 유지했지만 대규모 흑인 인권 운동은 일어나지 않았다. 특히 브라질은 처음부터 인종을 차별하는 법을 만들지 않았다. 브라질에서는 노예 해방 이전에도 혼혈인 중 상당수가 군인이나 변호사, 정치가 등으로 활약했다. 즉 혼혈인이 흑백 인종 간의 연결고리 역

버스 안에서 백인에게 자리를 양보하지 않았다는 이유로 경찰에 체포되어 지문을 채취당하고 있는 로사 파크스

선주민 출신으로 볼리비아의 대통령에 당선된 모랄레스

할을 했다고 할 수 있다.

그렇다고 중남아메리카에서 인종 차별이 완전히 없어진 것은 아니다. 흑인이 많은 다인종 사회에서 민주주의를 실현시켰다고 하는 브라질이지만, 흑인과 물라토(백인과 흑인의 혼혈)의 연평균 소득은 백인의 65%에 불과하다. 일찌감치 선주민 대통령 베니토 후아레스(재임 1857~1872)를 탄생시킨 멕시코에서조차 여전히 암묵적인 인종 차별, 즉 편견은 존재한다.

하지만 상황이 절망적인 것은 아니다. 미국에서 차별받던 흑인이 대통령에 당선된 것과 같이 중남아메리카의 볼리비아에서도 선주민인 모랄레스 대통령이 재선에 성공했다(2008년). 또한 베네수엘라의 고(故) 우고 차베스 대통령(재임 1999~2013)이 선주민과 흑인의 혼혈로 대통령에 당선, 집권 기간 동안 선주민의 권익 향상을 위해 노력했다.

수많은 희생이 따른 고통스러운 시행착오를 통해 인류는 서서히 평등한 사회로 나아가고 있다는 낙관적인 전망을 아메리카에서 엿볼 수 있다.

인종의 용광로가 문화의 용광로로

혼혈인이 많은 중남아메리카에는 여러 인종의 문화가 하나로 융합되어 새로운 형태의 문화로 발전되었다.

대부분의 중남아메리카 사람들은 에스파냐와 포르투갈의 영향을 받아 가톨릭을 믿는다. 유럽인들의 종교였던 가톨릭교는 중남아메리카에 뿌리를 내리면서 다양한 모습으로 변형되고 혼합되었다. 대표적인 것이 성모상의 모습으로, 유럽의 성모상이 백인의 모습인 데 비해 멕시코나 페루에서는 피부색이 어두운 성모상을 쉽게 볼 수 있다. 이

인종과 문화가 융합된 브라질의 축제, 리우 카니발 리우 카니발은 포르투갈을 통해 브라질로 전래된 세계 최대 규모의 축제로, 흑인 노예로부터 비롯된 삼바 춤이 이 축제를 통해 세계적으로 유명해졌다.

에 대해 포교를 수월하게 하기 위한 유럽인들의 술책이라고 보는 사람도 있지만, 유럽의 신앙이 토착 문화와 융합되었다고 보는 시각이 많다. 또한 아이티에 전해지는 부두교나 브라질의 칸돔블레·마쿰바(브라질에서 행해지는 부두교와 가톨릭교가 혼합된 주술) 등은 유럽의 가톨릭교와 아프리카의 민속 종교가 만나서 융합된 것이라고 볼 수 있다.

중남미 음악과 춤(라틴 음악과 댄스)은 독특한 리듬과 몸짓이 절묘하게 혼합되어 전 세계 사람들의 열렬한 사랑을 받고 있다. 아르헨티나의 탱고, 브라질의 삼바, 자메이카의 레게, 쿠바의 살사가 대표적으로, 이들 춤과 음악을 보기 위해 해당 나라를 가 보고 싶어 하는 사람들도 많다.

아르헨티나의 탱고는 정확히 어디에서 시작되었는지 그 기원을 찾아내기가 힘들 정도로 여러 문화에 뿌리를 두고 있다. 대체로 쿠바 흑인들의 음악, 아르헨티나 부에노스아이레스 흑인들의 춤, 유럽의 악기(바이올린, 피아노, 더블베이스, 독일의 손풍금의 일종인 반도네온)들이 혼합되어 있다고 본다. 1910년경 카니발을 기획하면서 축제를 위한 음악으로 탄생한 브라질의 삼바는 아프리카와 유럽 음악에 뿌리를 둔다. 자메이카의 레게는 미국 흑인들의 R&B, 자메이카 민속 음악, 유럽의 관악기들이 합쳐진 음악이다. 살사는 멕시코의 '매운

피부색이 어두운 페루의 성모상

프리다 칼로가 그린 남편 디에고 리베라와 자신 멕시코의 화가 프리다 칼로는 초현실주의와 멕시코 토속 문화를 결합한 그림으로 유명하다.

소스'를 의미하는데, 아프리카 흑인들이 쿠바에서 추었던 춤 리듬에 미국의 로큰롤, 흑인들의 솔과 재즈 등이 혼합된 음악을 일컫기도 하는 말이다.

미술계에서도 문화의 혼합 현상이 잘 나타난다. 한국에도 알려져 있는 멕시코 출신의 프리다 칼로는 유럽의 초현실주의와 멕시코의 토속 문화를 결합한 화가로 평가받는다. 프리다는 독일인 아버지와 멕시코인 어머니 사이에서 태어난 혼혈이다. 프리다의 남편 디에고 리베라는 멕시코의 대표적인 민중 화가로, 모든 민중이 공감할 수 있는 벽화를 많이 그렸다. 그의 그림 속 주인공들은 모두 얼굴이 가무잡잡한 선주민들로, 그들의 발달했던 문명을 예찬하는 내용이 많다.

아메리칸 스타일-패스트푸드, 프랜차이즈, 테이크아웃

미국을 중심으로 하는 북아메리카 문화의 특징은 변화하는 환경에 맞게 새롭게 재탄생한다는 점이다. 이를 분명하게 보여주는 것이 음식으로, 바쁜 직장 문화와 맞벌이 등의 사회 환경에 맞추어 패스트푸드가 발달했다. 대표적인 것이 핫도그와 햄버거, 미국식 피자, 콘플레이크 등이다. 햄버거는 독일, 피자는 이탈리아 음식이지만 둘 다 미국식 패스트푸드로 대중화되었다.

자본주의가 발달한 미국은 식당의 음식마저도 공산품처럼 규격화시켜 유통시키는 프랜차이즈 음식점의 발원지이다. 베니건스, 아웃백, T.G.I. 프라이데이스, 토니로마스 등이 모두 미국 프랜차이즈 업체들이다.

자동차를 많이 사용하는 미국 사회의 특성에 맞게 드라이브 인(Drive In) 혹은 드라이브 스루(Drive Through)의 테이크아웃 방식도 발달했다. 드라이브 인은 주차를 한 뒤 직원이 건네는 음식을 차 안에서 받아 먹을 수 있는 반면, 드라이브 스루는 주차를 하지 않고 한 방향으로 줄을 만들어 음식물을 받아 갈 수 있다.

이렇듯 북아메리카는 다양한 문화의 융합 위에 빠르게 변하는 사회상을 반영해 자신들만의 독특한 '아메리칸 스타일'을 만들었고, 이를 전 세계에 확산시켰다.

드라이브 스루 패스트푸드 레스토랑

대표적인 패스트푸드인 햄버거와 콘플레이크

도시로 보는 아메리카

아메리카 대륙에서는 인구의 3/4이 도시에서 산다. 기후가 서늘한 고산 도시부터 인구가 2000만 명이 넘는 멕시코시티, 식민지 지배 과정에서 형성된 관문 도시 부에노스아이레스와 리우데자네이루, 세계의 경제 수도로 자리 잡은 뉴욕 등, 대륙의 역사와 자연환경이 반영되어 독특한 문화를 자랑하는 도시들을 살펴보자.

 잉카와 아스테카 문명을 품은 고산 도시

고산 도시는 해발 2000m 이상 높은 곳에 자리한 도시를 말한다. 한라산보다도 높은 곳에 사람들이 살고 있는 것이다. 고도가 높으면 공기도 희박하고 자외선도 훨씬 강해지는데, 사람들은 왜 이런 높은 곳에서 사는 걸까?

해발 고도가 낮은 열대 지방은 1년 내내 고온 다습해서 생활하기에 적합하지 않지만, 고도가 높아지면 기온이 서늘해서 쾌적하게 살 수 있다. 아마존 강 유역 저지대의 연평균 기온이 25℃ 안팎이라면, 2000~4000m의 안데스 산지는 15℃에서 5℃ 정도로 온화한 기후가 나타난다. 그래서 예부터 사람들이 이 높은 곳에 살면서 아스테카와 잉카, 마야 등의 문명을 발달시킬 수 있었고, 오늘날까지도 이 지역 사람들의 주된 생활 무대가 되었다.

역사가 가장 오래된 도시, 멕시코시티

멕시코의 경제·공업·문화의 중심지인 멕시코시티는 아메리카 대륙에서 역사가 가장 오래된 도시이다. 1325년 아스텍족이 텍스코코 호수 위 섬에 테노치티틀란이라는 도시를 건설하여 지금의 멕시코시티가 되었다.

에스파냐 사람들은 1521년 테오티우아칸 문화와 아스테카 문명을 폐허로 만들었다. 그 후 호수를 통째로 메운 후 1524년 누에바에스파냐(뉴에

멕시코의 수도 멕시코시티 중심부에 있는 소칼로 광장

페루 쿠스코의 아르마스 광장

1 멕시코시티에서 발견된 아스테카 문명 유적지 아스테카 제국의 수도 테노치티틀란이 지금의 멕시코시티가 되었다. 테노치티틀란은 '신이 머무는 곳'이라는 뜻으로 인구 20만~30만 명에 이르는 거대한 고대 도시였다.

2 안데스 산맥에 자리한 페루의 쿠스코 쿠스코는 고대 잉카 제국의 수도로 한때 100만 명이 거주했던 거대한 도시였다.

3 마라스 마을의 살리나스 염전 쿠스코에서 2시간 남짓한 거리에 있는 마라스에서는 해발 고도 3000m가 넘는 계곡에서 소금을 생산한다. 이는 잉카 시대부터 사용해 오던 방식이다.

4 볼리비아 서부 최대의 도시 라파스 알티플라노 고원 약 3200~4000m 높이에 건설된 도시. 뒤쪽의 산지에 보이는 것이 빈민층들의 집이다.

스파냐) 부왕령•의 수도로서 에스파냐의 전형적인 도시 계획 방식으로 새롭게 건설했다. 멕시코시티는 이후 독재 정권과 멕시코 혁명 정권의 정치적 중심지 구실을 했으며, 20세기 이후 국내외에서 많은 이주민이 정착하여 거대 도시가 되었다.

멕시코시티는 인구가 약 2000만 명으로, 아메리카 대륙 전체에서 가장 인구가 많은 도시이다. 해발 고도가 평균 2230m나 되는 높은 곳에 2000만 명이 넘는 사람들이 살다 보니 대기 오염이 심한 도시로도 유명하다.

잉카의 고산 도시, 쿠스코

페루 남부 쿠스코 주의 주도인 쿠스코는 옛 잉카 제국의 수도이다. 쿠스코는 잉카인들이 썼던 케추아어•로 '배꼽'이라는 뜻인데, 이는 우주의 중심을 의미한다. 이 지역은 13세기 잉카 제국이 성립되기 전부터 키르케족 문화의 중심지였다. 쿠스코는 안데스 산맥 중간 3200~3400m 높이에 있어서 처음 방문한 사람들은 낮은 기압과 희박한 산소로 힘들어한다.

쿠스코는 1533년 에스파냐에 정복되어 페루 부왕령의 수도가 되었다. 그러나 에스파냐가 수탈한

자원을 본국으로 수송하기 위해 쿠스코를 버리고 항구 도시 리마를 건설하면서 쿠스코는 급격히 쇠퇴했다. 1980년대까지만 해도 쿠스코는 인구 10만 명을 넘지 않았다. 하지만 이후 도시화와 함께 관광 도시로 개발되어 최근 20년 동안 인구가 3배 이상 증가, 현재 35만 명을 넘어섰다.

쿠스코와 그 주변에는 고대 잉카 제국이 남긴 많은 문화재가 모여 있다. 산꼭대기에 있는 공중 도시 마추픽추, 잉카 사람들의 농업 연구소 모라이 유적, 안데스 산중에서 소금을 생산하는 마라스 마을의 살리나스 염전, 그 외 잉카 사람들이 만들어 놓은 여러 방어 시설과 마을들이 여행객들에게 고대로의 시간 여행을 선사해 주고 있다.

쿠스코에는 잉카 제국의 유적뿐 아니라 에스파냐 식민지 시절의 건축물도 남아 있어 볼거리가 풍성하다.

세계에서 가장 높은 수도, 라파스

세계에서 가장 높은 곳에 있는 수도는 어디일까? 바로 볼리비아의 행정 수도 라파스이다. 평균 고도가 3632m(백두산보다 약 1000m가 더 높다)이고, 도시에서 제일 높은 곳은 4000m에 달하는 곳도 있다. 원래는 추키아고라고 불리는 선주민 거주지였으나, 1800년대 포토시에서 생산된 은을 리마로 옮기기 위한 중간 지점으로 만든 도시이다.

계곡 위쪽의 높이는 4100m, 계곡 제일 아래쪽 높이는 3200m로 기온이 5~6℃ 정도 차이가 난다. 계곡 아래가 온화하고 살기 좋아 부유층은 따뜻한 계곡 아래쪽 지역에 거주하고 빈민들은 계곡 위쪽에 산다. 미국이나 유럽의 도시에서 고지대로 올라갈수록 부유층이 거주하는 것과는 대조적이다.

● **부왕령**
에스파냐는 광활한 식민지를 통치하기 위해 4개의 부왕령과 여러 개의 총독령을 만들었다. 뉴에스파냐 부왕령(멕시코·중앙아메리카·필리핀), 페루 부왕령(페루·볼리비아·칠레), 뉴그라나다 부왕령(베네수엘라·콜롬비아·에콰도르), 라플라타 부왕령(아르헨티나·파라과이 수도 아순시온·볼리비아 포토시·우르과이)이 있었다.

● **케추아어**
남아메리카 토착민들의 언어. 잉카 제국이 제국의 공용어로 채택한 이래 오랫동안 안데스 지방을 중심으로 가장 큰 세력을 갖고 있던 언어였다.

식민지 수탈의 관문에서 나라의 중심지로

아메리카 대륙의 도시들은 대부분 16~18세기 유럽에서 건너온 이주민들이 건설했다. 16세기 초 에스파냐 사람들을 중심으로 중부와 남부 아메리카가 개척되었고, 그 후 포르투갈 사람들이 들어와서 개척이 이루어졌다. 북아메리카 도시는 17세기부터 영국과 프랑스 사람들이 들어와 건설했다. 초기의 식민지 도시들은 주로 본국과 연락이 수월한 해안 지대에 들어섰다. 현재 아메리카 대륙의 해안가 도시들은 대부분 식민지 개척 시대에 만들어진 것들이다.

식민지 정복을 위해 내륙으로 진출한 후에는 지하자원과 플랜테이션 농산물을 운반하기 편리한 곳에 도시를 세워야 했다. 이 때문에 해안에서 내륙으로 하천, 도로, 철도를 따라 도시가 들어섰다. 에스파냐는 리마와 부에노스아이레스를 건설하여 빼앗은 자원을 유럽으로 가져갔으며, 포르투갈은 브라질 해안을 따라 살바도르, 리우데자네이루 등의 항구 도시를 건설했다. 이렇게 건설된 도시들은 오늘날까지 각 국가의 중심 역할을 하고 있다.

잉카의 은을 반출했던 해안 도시, 리마

페루가 고산 지역에 위치한 나라라고 알려져 있어서인지 많은 사람이 리마도 고산 도시인 줄 알고 있다. 그러나 리마는 태평양 연안에 위치한 해안 도시이다.

잉카 제국의 수도는 원래 쿠스코였으나, 프란시스코 피사로가 잉카 제국을 정복한 뒤 1535년 리마를 새로운 수도로 건설하기 시작했다. 그 후 페루 부왕령의 수도가 된 리마는 에스파냐의 남아메리카 식민지 지배의 거점으로 포토시의 은을 유럽으로 수출하는 중계항의 역할을 했다.

남아메리카에서 가장 오래된 산마르코스 대학도 리마에 있다. 리마는 중앙 지구와 해안 신도시로 나뉜다. 오래된 역사 덕분에 식민지 시절에 지어진 건물이 아직도 많이 남아 있는 리마의 중앙 지구는 1991년 세계 문화유산에 등재되었다. 현재 리마는 수도권 인근의 인구까지 894만 명(2010년 유엔 통계)에 달하는 페루 최대의 도시이다.

남미의 파리, 부에노스아이레스

안데스 산맥에서 수탈된 은, 구리 등의 지하자원은 라플라타 강을 타고 하구의 항구 도시 부에노스아이레스에 정박되어 있는 대형 상선에 실려 에스파냐를 비롯한 유럽의 각 지역으로 실려 갔다. 식민지에서 독립한 뒤 아르헨티나는 광활한 팜파스에서 생산되는 밀과 쇠고기 덕분에 1920년대에는 세계에서 열 손가락 안에 꼽히는 부자 국가였다. 아르헨티나의 수도인 부에노스아이레스에는 유럽의 상대적 빈곤 국가인 이탈리아, 에스파냐(식민 모국이기도 함) 등에서 노동자들이 몰려들었다.

당시의 이런 사회적 분위기는 소설 『엄마 찾아 3만 리』에도 잘 묘사되어 있다. 아홉 살 마르코가 일자리를 구하기 위해 아메리카 대륙으로 간 엄마를 찾아 이탈리아의 제노바에서 배를 타고 대서양을

1 리마 중앙 지구의 오삼벨라 성 리마의 중앙 지구는 식민지 시대의 건물이 많이 남아 있어서 1991년 세계 문화유산에 등재되었다.

2 리마의 산마르코스 대학 남아메리카에서 가장 오래된 대학으로 알려져 있다.

3 거리의 탱고 탱고 추는 사람들은 탱고의 본고장 부에노스아이레스의 거리에서 쉽게 볼 수 있다.

4 파리의 거리를 본떠 만든 부에노스아이레스의 아베니다 데 마요

코르코바두의 예수상에서 바라본 리우데자네이루의 아름다운 해안

건너 아르헨티나의 투쿠 만에서 엄마를 만난다는 이야기이다.

당시 유럽인들은 '남미의 파리'를 꿈꾸며 부에노스아이레스를 만들었다. 파리의 거리를 그대로 본떠 조성한 거리인 '5월의 거리(아베니다 데 마요)'가 대표적이다.

파리에서 탱고가 선풍적인 인기를 끌자, 탱고를 부둣가 하층민이나 추는 더러운 춤이라고 비난했던 아르헨티나의 상류층이 뒤늦게 탱고를 배우기도 했다. 파리는 그들이 동경하는 도시였기 때문이다.

세계 3대 미항●, 리우데자네이루

아름답기로 유명한 브라질의 항구 도시들에는 저마다 식민지 자원 수탈의 역사가 깔려 있다. 브라질에서는 포르투갈이 수탈해 가는 작물의 종류에 따라 중심 도시들이 바뀌었다.

16세기 포르투갈의 식민지 수도로 건설된 곳은 살바도르였다. 이후 사탕수수 수출항으로 번성한

● **세계 3대 미항**
세계에서 가장 아름답다는 항구 도시로 호주의 시드니, 이탈리아의 나폴리, 브라질의 리우데자네이루를 꼽는다.

살바도르에는 한때 거대한 노예 시장이 들어서기도 했다. 17세기 말 이곳의 지력(농작물을 길러 낼 수 있는 땅의 힘)이 다해 사탕수수 수확량이 줄어들자, 대표적 투자 기업이던 네덜란드의 동인도회사는 유럽에서 더 가깝고 기후도 적당한 카리브해 지역으로 투자 지역을 바꾸었다. 카리브해 지역이 새로운 사탕수수 생산지로 등장하면서 살바도르는 경쟁에서 밀려나 쇠락의 길로 들어섰고, 1888년까지 아프리카에서 출발한 노예선이 도착하는 비참한 항구로 전락했다.

18세기 미나스제라이스 주에서 금과 다이아몬드가 발견되면서 이곳에서 가까운 항구 도시 리우데자네이루가 이들 생산 물품의 수출 항구로 빠르게 발전했다. 동시에 유럽에서 백인들이 물밀듯 들어오면서 수도가 살바도르에서 리우데자네이루로 옮겨 갔다.

리우데자네이루는 브라질에서 가장 큰 도시로 발전해 가면서 인구 역시 급속도로 증가했다. 이에 따라 여러 가지 문제가 발생했다. 결국 1955년 쿠비체크가 내륙 발전을 위한 수도 이전을 공약으로 제안하면서 대통령에 당선된 후 5년 만에 브라질 중앙 고원에 신도시 브라질리아가 건설되어 또다시 수도를 이전해 현재에 이르고 있다.

전 세계에 영향을 끼치는 세계 도시, 뉴욕

전 세계 최고의 멋쟁이들이 한 번은 살고 싶어 하는 곳, 뉴욕. 그래서 멋지고 세련된 사람을 가리켜 "뉴요커 같다"라고 표현한다. 그뿐 아니라 뉴욕은 세계 유명 기업의 본사가 가장 많은 곳이자 세계 경제의 중심이라 불리는 월가●가 있는 곳, 브로드웨이의 화려한 공연으로 유명한 곳이다. 이렇게 전 세계에 큰 영향력을 미치는 '세계의 수도'가 바로 미국의 뉴욕이다.

세계의 수도, 뉴욕

뉴욕의 옛 이름은 뉴암스테르담이었다. 뉴욕에 처음 도착해서 도시를 건설한 네덜란드 사람들이 붙인 이름이었다. 이후 영국 함대가 뉴암스테르담을 강제 점령하여 당시 영국 왕이었던 요크 공의 이름을 따서 뉴욕이라고 이름 지었다.

1, 2차 세계 대전 이후 미국의 영향력이 강해지면서 뉴욕도 크게 성장한다. 주변에 많은 위성도시가 생기면서 주변 도시권까지 합쳐 1000만 명이 넘게 사는 거대 도시가 되었다. 보스턴에서 워싱턴 D.C.에 이르는 인구 약 4000만 명의 메갈로폴리스, 그 중심이 뉴욕이기도 하다.

세계에 대한 미국의 영향력이 커질수록 뉴욕은

● **월가**
세계 제일의 규모를 자랑하는 뉴욕 주식(증권)거래소를 비롯해 증권 회사와 은행들이 집중되어 있어 세계 자본주의 경제의 총본산이라 부르기도 하는 곳이다.

뉴욕의 중심부이자 세계 상업·금융·문화의 중심지 맨해튼

세계 경제와 금융, 무역, 다국적 기업 및 세계 기구 등의 중심지 역할을 하게 되었다. 미국의 경제와 문화의 중심지로 기능했던 도시가 이제는 세계 경제와 문화의 의사 결정지이자 세계 자본이 집중된 장소가 된 것이다. 이렇게 세계적인 영향력을 가지고 있는 도시를 '세계 도시'라고 부른다. 20세기 후반 들어 컴퓨터와 인터넷, 휴대 전화 등 정보 통신 기술의 발달로 세계 어디에서든 즉각적인 정보 교환이 가능해지면서 뉴욕은 더욱 강력한 지배력을 갖게 되었다.

뉴욕과 같은 세계 도시에서는 고급 서비스업의 성장이 두드러지는 반면 제조업은 감소하여 찾아보기조차 힘들다. 땅값은 계속 올라 비싼 임대료를 지불할 수 있는 고소득층들은 증가하는 반면, 영세 근로자와 제3 세계 이민자들은 땅값이 저렴한 지역으로 밀려나게 된다. 그 결과 세계적으로 영향력을 행사하는 거대 도시의 한편에는 빈민들의 구역, 곧 슬럼이 생기게 되는 것이다. 우리가 잘 알고 있는 뉴욕의 할렘도 이런 지역이었다.

세계 도시에는 주택난, 교통난, 공해 등 일반적인 도시 문제뿐만 아니라 고임금 엘리트 계층과 저임금 노동자 계층으로 고용이 양분되면서 사회적 양극화 현상이 극명하게 드러난다. 최근 월가의 부조리한 탐욕을 비판하여 일어난 시위●도 이와 무관하지 않다.

● **월가의 시위**
2011년 7월 13일 캐나다의 한 시민 단체가 발간하는 잡지에 '월가를 점령하라'는 제목의 글이 실렸다. 월가의 부조리와 탐욕을 비판하는 시위를 하자는 내용이었다. 이에 동조하는 사람들이 '우리는 99%'라는 슬로건을 외치며 시위를 벌였다.

뉴욕 시 맨해튼 중심부에 있는 번화가 타임스스퀘어

소득의 양극화 문제가 심각함을 보여준 월가의 시위

현재의 할렘(왼쪽)과 폭동으로 얼룩진 과거 할렘의 모습 오늘날의 할렘은 과거의 어두운 이미지에서 벗어나 인기 있는 문화 지구로 탈바꿈했다.

거대 도시 뉴욕의 그늘, 할렘

세계 도시 뉴욕의 맨해튼 북쪽에 위치한 슬럼 지구 할렘은 미국에서도 가장 유명한 빈민가였다. 마약과 폭력 등 범죄가 끊이지 않고, 오래되어 허물어지기 직전인 건물들이 늘어서 다른 지역과 구분되고 고립되면서 자주 폭동이 발생했다. 이러한 이유로 할렘은 위험한 지역의 대명사가 되었고, 일반 사람들은 언제 어떤 피해를 당할지 몰라 감히 들어가 보지도 못하는 곳이었다.

그러던 어느 날 변화의 바람이 불기 시작했다. 유명한 흑인들이 하나둘씩 이곳에 사무실과 상가를 내더니, 빌 클린턴 전 미국 대통령까지 사무실을 낸 것이다. 쇼핑몰 앞에는 사람들이 북적대고, 예전의 할렘을 구경하고 싶어 하는 사람들이 몰려왔다. 현재 이곳은 다양한 흑인 문화를 접할 수 있는 인기 있는 문화 지구로 각광받고 있다.

최근 재개발 사업으로 땅값이 오르자 할렘은 흑인 거주 비율이 줄어들고 백인과 히스패닉계의 비중이 증가하고 있다. 할렘에서 거주하는 흑인의 비율은 1950년대에는 98%였으나 2008년에는 40%대까지 떨어졌다. 반면 백인 인구는 1990년에 672명에서 2000년에 2200명, 2008년에는 1만 3800명까지 늘었다. 히스패닉계도 현재 27%나 된다. 할렘이 개발되자 사회적 저소득층인 흑인들은 또 다른 곳으로 쫓겨나고 있는 것이다.

우리가 꿈꾸는 도시의 미래, 환경 도시

많은 사람이 살고 있는 도시의 미래는 어떤 모습일까? 인류는 지구상의 다른 생물들과 공존하면서 오랫동안 행복하게 살 수 있을까? 환경 도시에서 미래 도시의 희망을 본다.

브라질의 생태 도시, 쿠리치바

쿠리치바는 브라질 남부 대서양 연안에 자리한 파라나 주의 주도이다. 1950년대 쿠리치바는 급속한 인구 증가와 환경오염, 교통 체증, 문화 유적 훼손 등 제3 세계 국가의 다른 도시들처럼 많은 문제를 안고 있었다. 그러나 다양한 노력을 기울인 끝에 현재 세계가 인정하는 친환경적 생태 도시로 바뀌었다.

가장 대표적인 사례가 쓰레기를 채소와 바꾸어 주는 제도이다. 쿠리치바에서는 15일에 한 번 저소득층이 모여 사는 곳을 돌면서 주민들이 모은 재활용 쓰레기를 농산물과 바꾸어 주는 녹색 교환 사업을 실시하고 있다. 재활용품을 농산물과 바꾸어 주는 사업을 통해 주민들의 생활 지원뿐만 아니라 환경 개선을 위한 재활용 교육까지 이루어지는 것이다. 이 때문에 쿠리치바에서는 쓰레기가 더 이상 쓰레기가 아니다.

승차 전에 미리 요금을 내고 들어가 대기하는 원통형 버스 정류장과 3단 굴절 버스 약 800m 간격으로 도로 한가운데에 설치된 이 정류장은 지하철처럼 버스 문 높이와 승강장 높이를 똑같이 맞추어 지체 장애인들이 승하차를 쉽게 할 수 있게 만들었다. 정류장 접근로 역시 계단이 아닌 경사면으로 만들었고 그중 절반 이상은 아예 소형 엘리베이터를 설치해 장애인들이 이용하는 데 불편함이 없게 했다.

브라질 쿠리치바 시의 전경 인구 180만 명의 대도시 쿠리치바에서는 슬럼화와 공해 방지 대책으로 공원으로 둘러싸인 거리를 조성했다.

세계에서 가장 긴 보행자 전용 다리 채터누가의 월넛 스트리트교는 보행자와 자전거만 통행할 수 있고, 애완동물도 통행할 수 없다.

쓰레기뿐만 아니라 오래된 건축물 또한 재활용 대상이다. 이것을 오페라 극장이나 미술관으로 다시 사용하여 역사와 문화를 지켜 가고 있는 것이다.

쿠리치바에서 유명한 것 중 하나가 바로 공공 교통 체계이다. 안전성과 편의성을 인정받고 있는 쿠리치바의 버스 체계는 기존의 도로망을 이용해 지하철 건설 비용의 1/80 정도만을 투자해서 완성한 교통 시스템으로, 땅 위의 지하철이라고도 부른다. 한 번에 270명까지 수송할 수 있는 3단 굴절 버스, 승차 전에 거리와 상관없이 정액제 요금을 내고 들어가 대기하는 원통형 정류장, 3중 도로망에 급행과 완행 등 이동 목적에 따라 길을 분리한 체계적인 노선망이 효율적이라는 평가를 받고 있다.

특히 어느 정류장이나 휠체어를 타고 자유롭게 승하차할 수 있고, 한 번만 요금을 지불하면 시내 어느 곳으로도 환승할 수 있는 요금 체계를 운영하여 사회적 약자를 배려한 것이 주목된다. 이런 시스템은 세계적으로 그 우수성을 인정받아 우리나라와 중남미 대도시, 미국 로스앤젤레스에서 도입하여 운영하고 있다.

미국의 환경 도시, 채터누가

남아메리카에 쿠리치바가 있다면 북아메리카에는 채터누가가 있다. 미국 남부 테네시 강가에 있는 채터누가는 환경 보호와 경제 발전, 두 가지를 모두 이룬 도시이다.

채터누가는 1970년대 미국에서 대기 오염이 가장 심각한 곳으로 악명이 높았다. 대낮에도 자동차 헤드라이트를 켜고 운전해야 했고, 폐렴 환자의 수도 미국 평균보다 세 배나 많았다. 이곳이 유독 대기 오염이 심각했던 이유는 지하자원이 풍부해 미국 중남부의 공업 지대로 성장하면서 다른 지역보다 공장의 매연과 자동차의 배기가스 배출이 많았기 때문이다. 게다가 산으로 둘러싸인 분지 지형의 특성상 오염 물질이 순환되지 못하면서 문제가 더욱 심각해졌다.

채터누가는 대기 오염 문제를 해결하기 위해 많은 노력을 기울였다. 자동차 배기가스를 줄이기 위해 시내에 자동차가 들어올 수 없도록 하는 파크 앤 라이드(Park and Ride) 정책을 실시했다. 교외에서 시내로 들어가는 입구에 환승 주차장을 만들고, 시내로 연결해 주는 교통편으로 전기 셔틀 버스를 운영하고 있다. 또한 공장에 배기가스를 정화시키는 필터 장치를 의무적으로 설치하게 하고, 오염 방지 프로그램을 추진하여 대기 오염을 개선했다.

오늘날 채터누가의 테네시 리버파크는 세계에서 가장 긴 보행자 전용 다리인 월넛 스트리트교와 로빈슨 브리지라는 5개의 구름다리, 강변을 따라 걸을 수 있는 리버워크라는 산책로로 시민들의 편안한 휴식처가 되고 있다.

사람들이 살기 좋게끔 만든 도시가 자칫하면 다른 생물, 나아가 사람들 자신에게도 해로운 물질을 마구 뿜어 내는 곳으로 전락하기 쉽다. 우리가 사는 도시를 지구상의 모든 생명체가 안심하고 살아갈 수 있는 삶의 터전으로 만들 수 있음을 환경 도시들이 새롭게 일깨워 주고 있다.

4 아메리카의 빛과 그늘

미국은 유럽의 아메리카 대륙 간섭에 반대하는 먼로주의를 선언하고, 유럽에서 독립하고자 하는 중남아메리카 국가들의 전쟁에 개입한다. 그 결과 많은 나라들이 유럽에서 독립했으나 미국에 종속되고 말았다. 하지만 최근 남아메리카 국가 연합이 출범하는 등 미국으로부터 벗어나기 위한 새로운 길을 모색하고 있다.

세계의 농장, 아메리카

인류를 굶주림에서 구해 낸 농작물의 원산지

쌀, 밀, 옥수수 중 세계에서 가장 많이 생산되는 농산물은 무엇일까? 바로 옥수수이다. 옥수수는 인류의 중요한 식량이기도 하지만, 우리가 고기로 즐겨 먹는 닭, 돼지, 소의 사료로도 이용되는 귀한 작물이다. 오늘날 육류 소비가 늘어나면서 사료로 가공되는 옥수수의 수요도 폭발적으로 늘어났다. 옥수수는 우리에게 매우 친숙한 작물이지만, 사실 옥수수의 역사는 밀, 쌀에 비해 그리 길지 않다.

옥수수의 원산지는 아메리카 대륙이다. 어디 옥수수뿐인가? 유럽을 식량난에서 구해 준 감자, 구황작물로 잘 알려진 고구마도 아메리카에서 왔다. 피자에 많이 들어가는 토마토, 초콜릿의 원료인 카카오 역시 아메리카가 원산지이다. 또한 한국 음식의 중요한 양념인 고추도 바로 이곳이 고향이다.

유럽인이 아메리카 대륙에 도착하기 전, 선주민들은 아메리카의 여러 지역에서 집단으로 정착 생활을 하며 농사를 지었다. 멕시코 고원의 아스테카, 안데스 산맥의 잉카 문명권에서는 관개와 배수, 비료 사용, 계단식 농업 등의 발전된 농경 기술을 바탕으로 작물을 경작했다. 거대한 피라미드, 시가지, 성곽 등의 건축물들은 이들의 높은 농업

농업 연구 시설로 알려진 페루의 모라이 유적 고대 페루인들은 이곳에서 옥수수, 감자 두 작물을 다른 위치에 심어 봄으로써 옥수수는 따뜻한 아래쪽에, 감자는 시원한 위쪽에 심으면 좋다는 것을 알게 되었다.

밀 수출 순위

단위: 1000톤

1 미국	31,298
2 오스트레일리아	20,500
3 캐나다	18,500
4 러시아	18,000
5 유럽 연합(27)	14,500
6 카자흐스탄	8,500
7 아르헨티나	6,500
8 터키	4,000
9 우크라이나	4,000
10 우루과이	1,500

옥수수 수출 순위

단위: 1000톤

1 미국	48,262
2 아르헨티나	16,000
3 우크라이나	14,000
4 브라질	12,000
5 인도	2,200
6 유럽 연합(27)	2,000
7 남아공	2,000
8 세르비아	1,800
9 파라과이	1,700
10 러시아	500

커피 원두 수출 순위

단위 : 1000개(60kg 포대)

1 브라질	29,000
2 베트남	19,350
3 콜롬비아	8,450
4 인도네시아	7,250
5 인도	4,700
6 온두라스	3,925
7 과테말라	3,700
8 페루	3,700
9 에티오피아	2,800
10 멕시코	2,600

쌀 수출 순위

단위 : 1000톤

1 타이	8,000
2 베트남	7,000
3 인도	6,000
4 파키스탄	4,000
5 미국	2,386
6 캄보디아	950
7 브라질	900
8 우루과이	850
9 미얀마	750
10 이집트	600

자료 : 미국 농림부, 2012

생산성을 증명한다. 감자의 경우 당시 유럽의 밀에 비해 2배 정도의 생산성을 지녔으며, 옥수수는 파종량과 생산량의 비율이 1:70에서 1:150에 이르는 데다 지역에 따라서는 이모작도 가능했다.

유럽에서는 산업혁명이 시작될 즈음 농촌의 젊은이들이 일감을 찾아 대도시로 몰려들면서 농사지을 사람이 절대적으로 부족해졌다. 당시 신대륙에서 건너간 생산성이 높은 작물, 특히 한 끼 식사로도 부족함이 없는 감자 덕분에 유럽의 산업혁명은 더욱 발전할 수 있었다.

아메리카 대륙이 지구를 먹여 살린다?

전 세계에서 밀을 가장 많이 수출하는 나라는 어디일까? 바로 북아메리카 대륙의 미국이다. 콩(기름으로 쓰는 콩. 식용으로 먹는 콩 수출 1위는 아르헨티나), 옥수수, 돼지고기를 가장 많이 수출하고 있는 나라는? 역시 미국이다.

그렇다면 쌀을 가장 많이 수출하고 있는 나라는? 타이, 베트남, 인도, 파키스탄, 미국 순으로, 미국이 세계 5위이다. 커피 원두를 가장 많이 수출하는 나라는 남아메리카 대륙의 브라질이다.

위의 순위들은 2012년 미국 농림부에서 발표한 통계 자료에 나와 있다. 생산량이 아닌 수출량으로 통계치를 살펴본 이유는 무엇일까? 이는 세계 식량 장악력을 살피는 데 생산량보다 수출량이 더 적절하기 때문이다. 생산량이 많으면 수출할 수 있는 물량도 많겠지만, 이것이 자국에서 거의 소비된다면 국제 식량 시장에서 그 나라가 차지하는 위상은 크지 않을 것이다.

미국의 광활한 프레리에서 밀을 수확하는 모습

밀, 옥수수, 아마, 귀리 등을 재배하는 아르헨티나의 팜파스

전 세계가 기상이변으로 몸살을 앓으면서 식량 안보는 매우 중요한 문제가 되었다. 앞으로 식량 수출국들의 파워가 더욱 막강해질 것은 분명하다. 아메리카 대륙 없는 지구의 밥상은 생각하기 힘들어진 것이다.

천혜의 자연환경과 낮은 인구 밀도의 결합, 세계 농장 아메리카

아메리카 대륙은 어떻게 세계의 농장이 될 수 있었을까? 그 해답은 자연환경과 인구밀도에 있다. 아메리카는 다른 대륙에 비해 건조 기후가 적고 기후가 온화한 데다가 넓은 평원이 펼쳐져 있다. 게다가 생산되는 식량의 양에 비해 인구가 적어서 소비하고도 남는 잉여 식량이 많다. 이 두 여건으로 세계의 농장이 탄생할 수 있는 충분 조건을 갖춘 것이다. 이 농장은 곡물뿐 아니라 축산물까지 생산하는 농장이다.

온대 초원 지역인 북미의 프레리에서는 과거에 수천만 마리의 들소가 풀을 뜯고 있었다. 유럽인들은 이 광활한 평원이 소를 사육하기에 적당한 곳이라 생각하고 유럽의 소를 가져와 이곳에서 키웠다. 브라질 남부의 캄푸스, 아르헨티나의 팜파스도 마찬가지였다. 이 광활한 초원에 풀려 있는 엄청난 양의 소를 모는 사람들이 우리가 알고 있는 카우보이, 가우초이다.

하지만 아메리카의 인구 밀도가 높아지면서 더 많은 식량이 필요해짐에 따라 목축의 방식이 바뀌었다. 방대한 초지가 필요한 방목식 목축업이 곡물 사료를 먹이는 집약적 목축업, 즉 더 많은 소를 키우지만 토지는 훨씬 적게 사용하는 방식으로 바뀐 것이다. 방목지로 사용되던 초원을 개간하여 옥수수, 콩, 밀 등을 심었다. 이 곡물은 사람들도 먹지만 동물의 사료로도 이용된다. 세계 쇠고기 수출량● 을 살펴보면 브라질 2위, 미국 4위, 우루과이 7위, 파라과이 9위, 아르헨티나 11위이다(미국 농림부 2012년 자료). 또한 미국의 과학기술과 축적된 자본은 적은 노동력으로도 농사를 지을 수 있는 농업의 기계화를 가능하게 했다.

하지만 이로 인해 발생하는 문제들도 있다. 브라질의 경우 과다한 농경지 확보로 아마존 생태계가 위협받고 있다. 또한 엄청난 양의 농축산물을 수출하기 위해 농산물 수입국과 맺는 FTA는 수입국의 식량 자립도를 떨어뜨릴 뿐 아니라 해당 국가 농민들의 생존을 위협하기도 한다.

전 세계 농산물을 장악한 미국

미국이 먹거리를 많이 생산하고 수출하는 것은 유리한 자연조건과 풍부한 자본, 높은 기술 수준 때문이다. 하지만 그것이 전부는 아니다. 미국에는 세계 농산물 유통을 거의 장악하고 있는 곡물 메이저●들이 버티고 있다.

세계 곡물 시장은 'ABCD'가 장악하고 있다는 말이 있다. 전 세계의 농산물 유통을 좌지우지하고 있는 아처 대니얼스 미들랜드(ADM), 붕게(Bunge), 카길(Cargill), 루이 드레퓌스(LDC) 등의 곡물 메이저 기업을 일컫는다. 이 곡물 메이저 중에 프랑스의 루이 드레퓌스를 빼고는 모두 미국 기업이다.

미국에 세계적인 곡물 메이저가 많은 이유는 2차 세계 대전이 끝난 1940년대 후반부터 농산물이 눈에 띄게 남아돌기 시작한 미국의 상황과 관련이 있다. 미국 정부는 가격 폭락을 막기 위해 재배 면적을 줄인 농민에게 보상을 해 주었고, 그래도 남는 곡물은 정부가 사들이다시피 하여 곡물 메이저의 창고에 보관했다. 창고 보관비로 들어가는 70억 달러는 미국 정부가 지불했다. 그런데도 농산물이 남아돌자 미국 정부와 카길, 콘티넨털 등 곡물 메이저들은 원조라는 형식으로 한국에는 밀을 보냈고, 독일에는 구이용 통닭을 보냈다.

이러한 원조 물품은 그 지역의 생산 구조에 치명적인 혼란을 준다. 지역 생산물의 경쟁력을 떨어뜨리고, 심한 경우 생산 기반이 아예 사라지기도 한

● **세계 쇠고기 수출량 1위 국가, 인도**
전 세계 쇠고기 수출 1위 국가는 인도이다. 소를 숭배하는 나라에서 쇠고기 수출이 1위인 이유는 무엇일까? 인도에서 수출하는 쇠고기는 인도산 물소 고기이며, 주로 아시아의 신흥 경제 국가들과 중동으로 수출된다. 2009년 이후 인도의 쇠고기 수출이 3배 이상 늘자, 신성시하는 일반 소까지 수출되는 것이 아니냐는 우려가 나오기도 했다. 인도의 일부 주에서는 숭배 대상인 일반 소를 도살할 경우 실형이 선도된다.

● **곡물 메이저**
곡물의 저장, 수송, 수출입 등을 취급하는 초국적 곡물 기업 가운데 독점적인 지배력을 갖고 있는 기업을 일컫는 말이다.

미국 카길 사의 곡물 엘리베이터 농산물의 수출 및 유통을 위해서는 항구 인근에 있는 곡물 저장 시설인 엘리베이터를 이용해야 한다. 해외에서 농산물을 구매했다 해도 엘리베이터를 빌리지 못하면 농산물을 유통시킬 수가 없다. 곡물 유통의 핵심 시설인 엘리베이터는 대부분 곡물 메이저가 장악하고 있다.

자료 : 한국농촌경제연구원, 2009

다. 그래서 식량 원조가 끊긴 이후에도 계속해서 원조 물품에 의존하는 악순환이 이어진다.

곡물 메이저들은 첨단 장비를 동원해 전 세계의 곡물 생산량을 예측하고, 막대한 자금을 들여 세계 농산물 생산지와 세계 최대의 곡물 거래소인 미국 시카고 선물거래소에서 곡물을 사들였다가 각국 정부와 기업에 판매해 엄청난 이윤을 챙긴다. 곡물 메이저의 시장점유율은 전 세계 농산물 무역량의 80~90%를 차지한다. 우리나라에서 수입하는 밀, 콩, 옥수수 역시 모두 곡물 메이저의 상품이다.

현재 이들이 다루는 것은 곡물만이 아니다. 종자, 농약, 살충제, 가공식품, 생명공학에 이르기까지 식량과 관련한 분야는 물론이고 선박 회사나 저장 시설까지 두고 있다. 이들 다국적 식량 기업은 '농장의 정문에서 저녁식사 접시까지', '종자에서 진열대까지'라는 모토를 내세우며 먹거리와 관련한 모든 것에 관여하고 있다.

대규모로 경작하는 브라질의 커피 농장

식민지 농업, 플랜테이션이 발달한 중남아메리카

중남아메리카에서 가장 많이 생산되는 농산물은 커피와 바나나, 사탕수수이다. 중앙아메리카와 남아메리카에는 세계 커피 생산국 상위 10개국 중 6개국이, 바나나는 5개국이, 사탕수수는 3개국이 포함되어 있다. 브라질의 경우 커피는 전 세계 생산량의 30%, 사탕수수는 37%를 차지하고 있다. 중남아메리카에서 세계의 주요 기호식품들이 집중적으로 재배되고 있는 셈이다. 여기에는 식민지 농업의 한 형태인 플랜테이션이 자리 잡고 있다.

식민지 개척 초기 에스파냐와 포르투갈은 중남아메리카 선주민들의 토지를 강제로 빼앗은 뒤 유럽으로 가져가기만 하면 돈이 되는 작물, 곧 사탕수수와 커피 등을 대량으로 심었다. 그리고 선주민이나 아프리카에서 데려온 흑인 노예를 이용하여 대규모 플랜테이션 농업을 시작했다.

중남아메리카 농민들은 농작물을 수출하여 벌어들인 돈으로 유럽의 공산품을 수입했다. 유럽에 예속된 농업이 시작된 것이다. 무역 파트너는 처음에는 유럽이었으나 점차 미국으로 확대되었다. 하

사탕수수 묘목을 심기 위해 열대 우림을 제거한 브라질의 한 사탕수수 농장

지만 1차 산업 산물과 2차 산업 산물의 교환은 애초부터 불평등한 방식이었고, 시간이 가면서 이 불평등이 더욱 심화되어 중남아메리카 경제의 대외 종속을 가져오게 되었다.

식민지 초기에는 단일 경작으로 지역의 경제가 비약적으로 발전하는 것처럼 보였다. 하지만 오랜 시간 동안 단일 작물만을 재배하자 토지의 비옥도가 낮아지고 작물의 다양성이 사라져 병충해에도 약해졌다. 또한 단일 작물 중심의 플랜테이션은 국제 시세 변동에 취약하여 농민들에게도 큰 타격을 주었다.

상업적 단일 작물의 농업에만 치중하다 보니 정작 자신들의 식량 자급은 이루어지지 않아, 농장이 잘 되어도 농민들은 굶어 죽거나 영양실조에 걸리는 사태까지 일어났다. 옥수수의 고향인 멕시코에서까지 옥수수를 수입할 정도였다. 결국 단일 작물 중심의 플랜테이션은 중남아메리카 국가들이 아직도 식량을 자급하지 못하는 중요한 이유가 되었다.

애플, 구글, 코카콜라, IBM, 마이크로소프트, 제너럴 일렉트릭, 맥도날드, 삼성, 인텔, 도요타는 인터브랜드라는 회사에서 선정한 2013년 세계 톱 브랜드 1~10위 회사이다. 이중 삼성과 도요타를 제외한 8개 회사가 미국에 본사를 두고 있다.

미국은 세계 1위의 농산물 수출 국가이면서 국내총생산(GDP) 규모가 세계에서 가장 높다. 또한 무역 규모도 세계 최대이고, 세계적으로 유명한 회사를 가장 많이 가지고 있는 나라이기도 하다.

미국의 산업혁명은 영국보다 100년 정도 늦었지만, 도입된 지 겨우 50년 만에 유럽을 넘어 '세계의 공장'으로 변했다. 이후 엄청난 자본을 축적한 미국은 자신의 어머니와도 같던 유럽을 능가하여 불과 100여 년 만에 세계를 주름잡는 국가로 성장했다. 이런 강력한 미국의 힘에도 그늘은 있다.

단위 : 만 달러, 자료 : 인터브랜드

순위	브랜드		본사	분야	브랜드 가치
1	애플		미국	기술	983억 1600
2	구글	Google	미국	기술	932억 9100
3	코카콜라	Coca-Cola	미국	음료	792억 1300
4	IBM	IBM	미국	사업서비스	788억 800
5	마이크로소프트	Microsoft	미국	기술	595억 4600
6	제너럴 일렉트릭	GE	미국	복합	469억 4700
7	맥도날드	M	미국	레스토랑	419억 9200
8	삼성	SAMSUNG	한국	기술	396억 1000
9	인텔	intel	미국	기술	372억 5700
10	도요타	TOYOTA	일본	자동차	353억 4600

2013년 세계 톱 브랜드 순위

미국이 세계 최강대국이 된 이유

미국이 세계 최고의 공업 국가로 발돋움하게 된 한 원인은 전쟁 덕분이었다. 1812년부터 영국과 3년간 전쟁을 치르는 동안 영국에서 수입해 쓰던 직물, 차 등의 공업 제품 수입이 단절되었다. 결국 국내에서 자체적으로 생산할 수밖에 없었는데, 이것이 미국의 공업이 발달하게 된 시작점이었다.

1865년 남북전쟁에서 공업이 발달했던 북부가 승리하여 미국 정부는 산업화를 추진하는 데 따른 부담을 덜 수 있었다. 1830년을 전후하여 미국에 엄청나게 들어왔던 유럽인•들 대부분이 공장 노동자였기 때문에 저렴한 비용으로 노동력을 제공받은 것도 큰 힘이 되었다.

또한 미국에는 철을 생산하기 위한 기초 자원인 어마어마한 양의 석탄과 철광석이 매장되어 있었다. '근대 산업의 쌀'이라고 불리는 철강을 만들기 위해서는 이 두 자원이 꼭 쌍으로 붙어 다녀야 한

• **미국에 들어온 유럽인**
특히 1847년의 아일랜드 대기근 때 아일랜드 인구의 1/4이 죽자 전체의 1/4에 해당하는 200만 명이 캐나다, 미국 등으로 이주했다.

다. 이를 가능하게 해 준 것이 오대호의 운하와 세인트로렌스 강의 수운이었다. 애팔래치아 산맥의 석탄이 철광석이 나는 오대호로 운반되어 철로 완성되었다. 철은 자동차, 배, 기차 등의 교통수단과 온갖 기계의 재료가 되었고, 오대호의 수운, 대륙 횡단 열차 등의 편리해진 교통은 자원과 제품을 더욱 효율적으로 유통할 수 있게 해 주었다.

1, 2차 세계 대전의 승전국이 되면서 미국은 더욱더 부유한 나라가 되었다. 유럽이 전쟁으로 쑥대밭이 되는 동안 미국은 전쟁의 피해를 거의 보지 않고, 군수 물자와 생필품을 공급하여 엄청난 이익을 보았다.

이후 미국은 두 차례의 세계 대전을 통해 얻은 국제적 우위를 배경으로 여전히 번영을 누리는 한편, 합성수지·석유화학·전자공업 분야에서 선두를 달리며 오늘날 세계 최대의 공업국이 되었다. 이렇게 다양한 종류의 산업이 성장하는 과정에서 작은 규모의 기업들이 몇 개의 거대한 기업으로 통합되며 세계 시장을 지배하는 세계적인 대기업● 으로 성장하기 시작했다.

● **미국의 세계적인 대기업**
자동차의 지엠과 포드, 전기 업계의 제너럴 일렉트릭과 IBM, 석유 업계의 엑슨모빌, 철강 업계의 US스틸, 화학 업계의 듀퐁, 항공 여객기 업계의 보잉사 등이 있다.

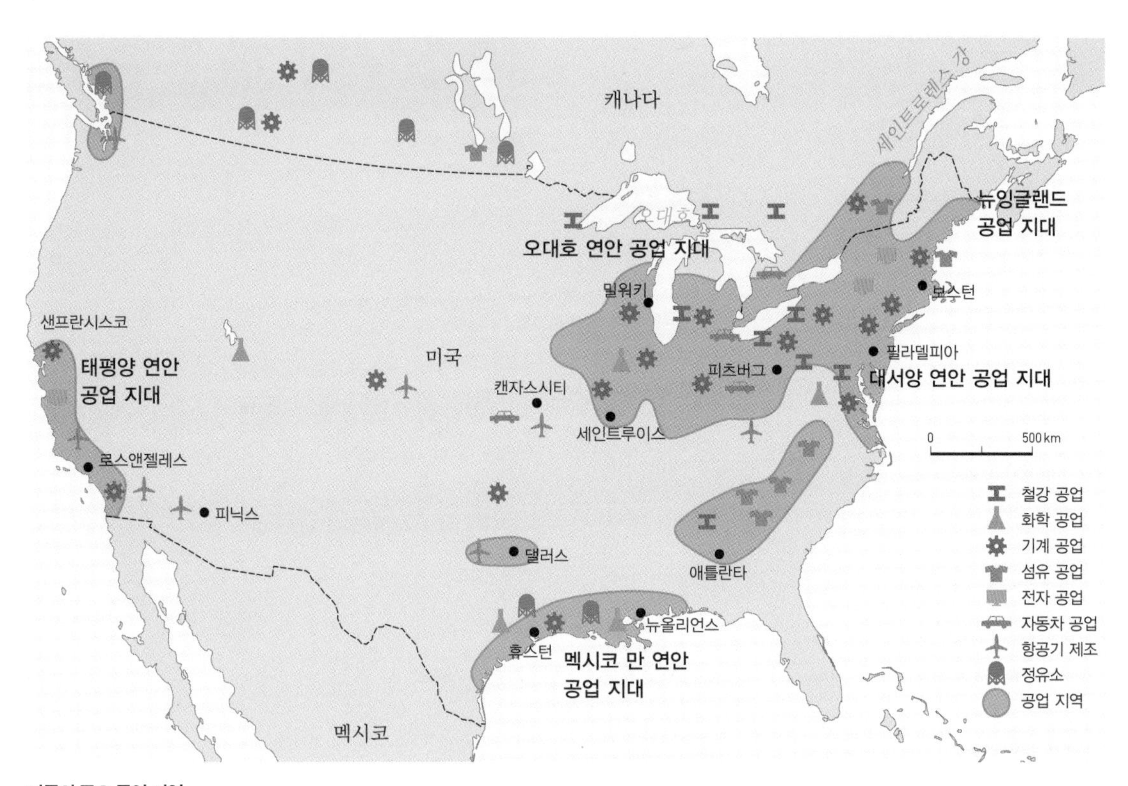

미국의 주요 공업 지역

하지만 뒤늦게 일본이 철강 산업에서 우위를 점하고 독일이 자동차 산업에서 맹렬하게 추격하자 미국은 더욱 고도의 기술을 요하는 항공기·우주 산업·컴퓨터 산업에 주력함으로써 경쟁력을 강화했다. 미국의 컴퓨터가 세계 시장을 석권하고 있는 것은 그 좋은 예이다. 또한 원자력·플라스틱·전자 기계와 같은 새로운 산업 분야 개척에 힘쓰는 등 끊임없이 혁신을 추구하는 미국 공업의 구조가 바로 '미국의 힘'을 유지시키는 열쇠이다.

미국, 세계의 지도자 역할을 자처하다

2차 세계 대전이 끝나면서 미국은 세계 최강의 힘을 가진 나라가 되었다. 동시에 미국처럼 힘이 커진 나라가 있었는데, 바로 소련(소비에트 사회주의 공화국 연방)이었다. 1차 세계 대전 후의 경제 공황으로 살기가 힘들어진 노동자, 농민의 지지를 얻으면서 동부 유럽과 러시아를 중심으로 공산주의가 빠르게 확산되었다. 그 과정에서 제정 러시아를 무너뜨리고 새로 공산주의 국가로 탄생한 나라가 소련이었다.

노동자, 농민들이 자본가를 적으로 삼아 혁명을 일으키고 나라를 세우자 다급해진 것은 미국의 자본가들이었다. 그리하여 미국은 2차 세계 대전 후 피폐해진 서유럽의 공산화를 막기 위해 대규모 경제 원조를 하고 이들 국가의 지도자 역할을 자처하기 시작했다. 먼저 경제 원조 계획인 마셜 플랜에 의해 1948년부터 1951년까지 서유럽에 120~130억 달러를 무상 지원했다. 지금의 화폐 가치로 1000억 달러(약 110조 원)가 넘는 금액이었다. 뿐만 아니라 한국 전쟁이 끝난 후 남한에도 무상 원조를 하였다. 그 결과 한국에서 미국의 영향력과 의존도는 이전보다 훨씬 커졌다.

마셜 플랜을 홍보하는 포스터 마셜 플랜의 정식 명칭은 유럽 부흥 계획으로, 2차 세계 대전 후 미국이 서유럽 16개 나라에 행한 대외 원조 계획이다.

미국의 힘, 그 남용의 결과는?

공산주의 세력의 확장을 막기 위한 미국의 국제 정세 개입은 훨씬 다양한 지역에서 적극적으로 진행되었다. 한국 전쟁이 끝나자 미국은 소련과의 전략적 요충지인 한국, 타이완, 필리핀 등과 안보 군사 동맹 체제를 구축하고 미군을 배치했다.

9·11 테러로 무너지는 세계무역센터 빌딩 2001년 9월 11일 이슬람 테러 단체가 항공기를 납치하여 동시다발 자살 테러를 벌였다. 미국 뉴욕의 110층짜리 세계무역센터 쌍둥이 빌딩과 워싱턴의 국방부 청사가 이들의 공격을 받았다. 이 대참사로 시민 3000여 명이 목숨을 잃었다.

인도네시아에서는 중립 외교를 펼치던 수카르노 체제를 전복시키고 1968년에 친미적인 수하르토 체제가 출범하도록 지원했다. 1964~1972년 베트남 전쟁에 개입하여 친미 정권을 수립하려 했지만 실패했고, 1973년 칠레에서는 아옌데 민주 정부를 무너뜨리기 위해 군부 쿠데타를 지원했다. 니카라과에서는 반미 정권인 산디노를 무너뜨리고 독재자 소모사를 40년간이나 지원했으며, 1978년에 수립된 아프가니스탄의 사회주의 정권을 전복하기 위해 이슬람 근본주의 세력을 지원했다.

미국에 고분고분하지 않은 정권을 무너뜨리고 친미 정권을 세우기 위한 미국의 개입 사례는 매우 많다. 또한 자국의 안정적인 에너지 공급을 위해 석유가 나는 서남아시아, 북부 아프리카 지역에 대한 영향력도 키웠다.

미국의 세계 영향력이 강해지면서 이에 반대하는 세력도 점점 많아졌다. 뉴욕의 110층짜리 세계무역센터 건물이 무너져 내린 9·11 테러는 이를 단적으로 보여주는 사건이었다.

중남아메리카의 새로운 시도

중남아메리카의 부진, 그 이유는?

중남아메리카는 북아메리카 못지않게 풍부한 자원을 가지고 있다. 하지만 대부분의 나라들은 극심한 빈부 격차와 불안정한 정치 제도 등으로 많은 어려움을 겪고 있다. 이는 토지 소유 분배 지수만 봐도 알 수 있는데, 세계 토지 소유 불평등 상위 20개국 중 16개국이 중남아메리카 국가이다.

식민지 지배라는 역사의 질곡을 똑같이 겪었음에도 왜 중남아메리카와 북아메리카는 이렇게 상황이 다를까? 많은 학자가 이 흥미로운 주제를 연구했지만 아직까지 명쾌한 답은 나오지 않은 상황이다. 하지만 상대적으로 정치적 자유와 평등한 분배 구조를 마련한 북아메리카와 달리 중남아메리카는 불평등한 대농장 토지 제도를 가지고 있었던 것이 경제 발전의 걸림돌이 되었다고 하는 데는 이견이 없다.

또한 식민 모국의 권력 구조로 중남아메리카의 어려움을 설명하기도 한다. 중남아메리카의 식민 모국인 에스파냐와 포르투갈은 국왕과 교회가 부와 권력을 독점했다. 국왕과 교황 중심의 권위적인 정치 제도가 그대로 옮겨 옴으로써 정치적 자유를 막았던 것이 중남아메리카 경제의 발목을 잡았다는 것이다.

이에 비해 북아메리카의 경우, 식민 모국인 영국과 프랑스에서 국왕과 교회의 힘이 약해지면서 의회의 힘이 커지고, 상공 계층이 성장하여 부의 분

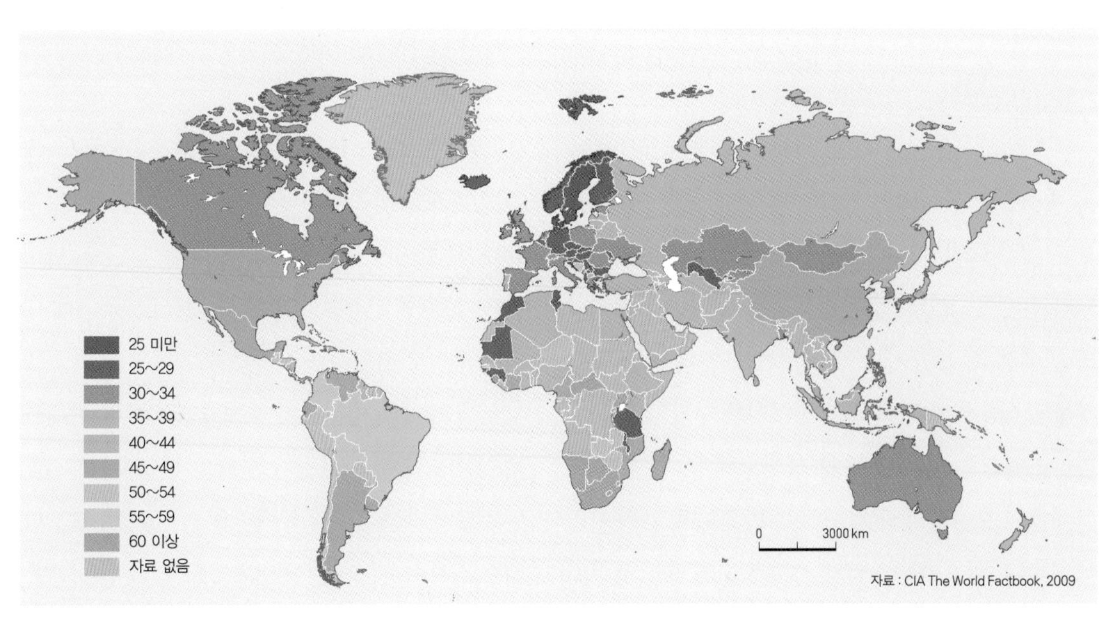

불평등을 나타내는 세계 지니 계수 숫자가 높을수록 빈부 격차가 심한 것이다. 중남아메리카는 북아메리카에 비해 지니 계수가 특히 높게 나타난다.

배가 이루어지던 상황이 식민지인 북아메리카에도 전파되었다는 것이다. 하지만 이런 분석을 하는 학자들이 모두 북아메리카 출신이어서 북아메리카를 지지하기 위한 해석이라는 비판을 받기도 한다.

중남아메리카는 식민지 시절부터 1차 산업 중심의 산업 구조로 경제를 발전시켰다. 당연히 국제 원자재 가격의 변동에 취약할 수밖에 없다. 이런 구조는 국내의 경제 상황을 예측하기 힘들고 계획적인 관리도 어려워 경제 발전을 이끌기 힘들다. 게다가 자원 채굴권이나 대농장을 경영하고 있는 소수의 기업이 정치 권력을 이용해 부와 권력을 독점한 상황도 문제이다. 이 때문에 부의 분배가 이루어지지 않아 빈부 격차가 심해지고, 이는 다시 경제 발전의 걸림돌이 되는 것이다.

유럽에서 벗어나자 다시 미국의 손아귀로

식민지 독립 전쟁을 통해 중남아메리카 국가들은 1820년부터 독립을 하기 시작한다. 미국은 유럽의 아메리카 대륙 간섭을 반대하는 먼로 선언을 함으로써 유럽에서 독립하고자 하는 중남아메리카 국가들의 많은 전쟁에 개입한다. 대표적인 사건이 1898년 쿠바의 독립을 도와준다는 명목으로 벌인 미국-에스파냐 전쟁이다. 이 전쟁에서 승리한 미국은 에스파냐로부터 필리핀을 넘겨받고 푸에르토리코와 괌도 차지했다. 먼로 선언은 유럽의 식민 지배에서 독립하기 위한 의지의 표명이었지만, 중남아메리카만을 두고 보자면 유럽에서 독립하여 미국에 종속되는 아이러니한 결과를 가져오게 되었다.

미국에서 지리적으로 가까운 중앙아메리카와

1900년 미국 공화당의 대선 포스터 쿠바 독립을 이끈 매킨리 대통령은 제국주의적 팽창 정책을 취하며 1900년 두 번째 대선에 성공했다. 쿠바는 에스파냐로부터 독립했지만 결과적으로는 또다시 미국에 종속되었다.

세계에 부는 체 게바라 열풍 쿠바의 혁명가 체 게바라의 얼굴이 찍힌 티셔츠들. 2007년, 사망 40주년에 불었던 체 게바라 열풍은 과도한 미국의 힘에 대한 거부가 많은 사람들의 지지를 받고 있음을 보여 주었다.

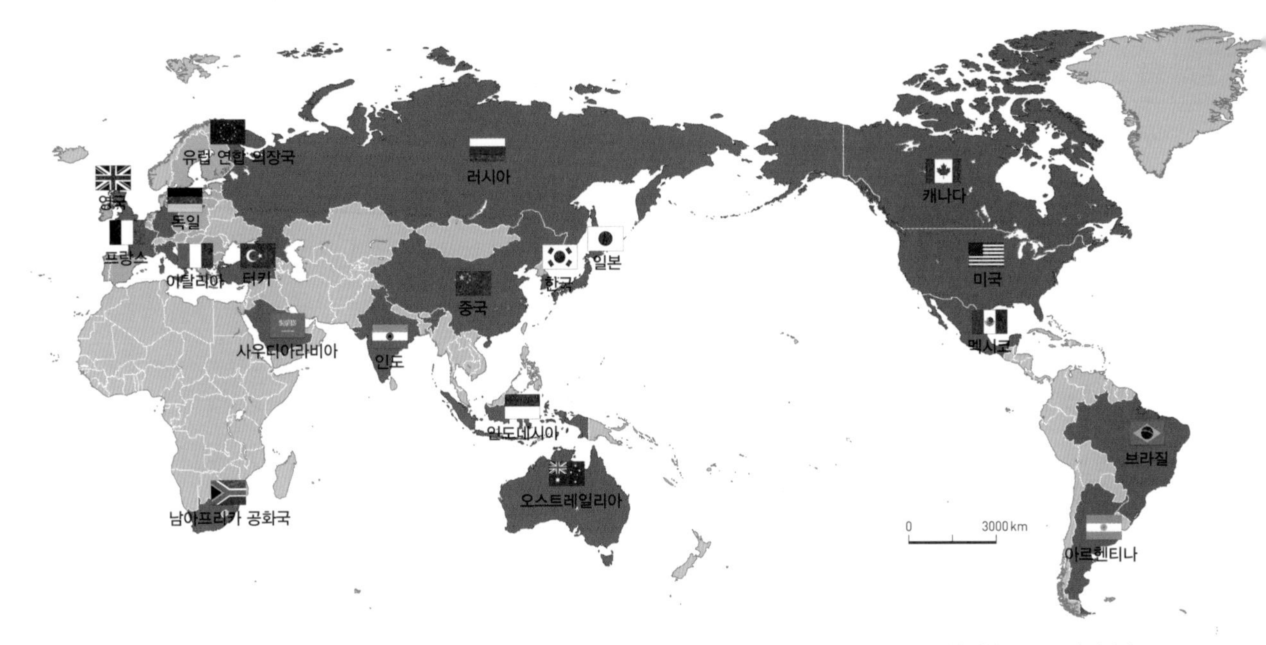

G20 가입 국가 G20은 선진 7개국 정상회담(G7)과 유럽 연합, 12개의 신흥국을 합친 20개국의 모임이다. G20 국가의 국내 총생산(GDP)은 전 세계의 85%, 세계 교역량은 80%로 국제적 영향력이 매우 크다. 중남아메리카에서도 신흥 경제국인 3개국이 가입되어 영향력을 행사하고 있다.

카리브 제도에 대한 미국의 간섭은 19세기 말부터 더욱 심해졌다. 이곳을 두고 '미국의 뒷마당'이라고 부를 정도였다. 그리고 미국은 우루과이, 브라질, 파라과이, 아이티, 과테말라, 엘살바도르, 칠레의 친미 정권을 전폭적으로 지지하며 중남아메리카 전체에 영향력을 행사했다.

이런 흐름 속에서 '미국의 뒷마당'에 자리한 쿠바에 미국의 영향력을 뚫고 공산 혁명이 일어난다. 이것은 과도한 미국의 힘에 대한 거부였다. 2007년 사망 40주년에 불었던 체 게바라 열풍을 보면 과도한 미국의 힘에 대한 거부감이 의외로 많은 사람들의 지지를 받고 있다는 것을 알 수 있다.

미국에서 벗어나 독자적 길을 모색하다

미국의 강력한 영향력에서 벗어나 독자적인 길을 선택한 최초의 나라는 베네수엘라였다. 베네수엘라는 1998년 우고 차베스가 대통령에 당선되면서 토지 개혁을 감행했다. 차베스는 미국에 예속된 경제에서 벗어나기 위해 석유 자원의 국유화를 추진하고, 빈민을 위한 무상 의료와 의무 교육을 실시해 전 국민의 70% 이상이 혜택을 받을 수 있게 했다. 하지만 2013년 사망한 차베스는 장기 집권한 독재자라는 평가를 동시에 받고 있다.

브라질, 아르헨티나, 파라과이, 우루과이, 베네수엘라 5개국은 미국의 영향력에서 벗어나기 위해 메르코수르(MERCOSUR : 남미 공동 시장)라는 경제 통합체를 만들어 새로운 길을 모색하고 있다.

특히 브라질과 칠레는 부의 분배에도 무게를 두면서, 미국의 의존도에서 벗어나 교역을 다양화하여 실리를 추구하는 전략으로 세계 경제에서 그 위상이 점점 커지고 있다.

자원 부국인 브라질에서는 2002년 빈민 출신이면서 노동당원인 룰라가 대통령으로 당선되면서 정치 안정이 이루어졌다. 또한 기아 제로 프로그램을 추진하고 복지를 확대하면서 경제 성장에도 성공했다. 이를 바탕으로 브라질은 세계에 그 영향력을 한층 강화하며 G20 가입국이 되었고, 전 세계적인 경제 이슈였던 브릭스(BRICS)•에 속한 국가가 되었다. 또한 2011년엔 30년 만에 최대 성장을 달성하기도 했다.

정치적인 안정과 국제 무역의 다각화(1차 생산품의 주요 수출지가 미국에서 중국으로 바뀜), 사회 복지 제도의 확충, 중산층의 확대로 '젊은 대륙'• 중남아메리카의 위상은 매우 빠르게 변화하고 있다.

• 브릭스(BRICS)

브라질(Brazil) · 러시아(Russia) · 인도(India) · 중국(China)을 통칭하는 말. 골드먼삭스의 경제학자 짐 오닐은 이들 네 나라가 2050년에 세계 경제를 주도하는 가장 강력한 나라가 될 것이라고 예측했다. 현재 이들은 세계 인구의 40% 이상을 차지하고 있으며, GDP는 12조 달러가 넘는다. 2010년 남아프리카 공화국(South Africa)이 포함되었다.

• '젊은 대륙' 중남아메리카

중남아메리카의 평균 연령은 현재 30세에 못 미친다. 이는 그만큼 경제 활동 인구가 많다는 뜻이며, 소비 시장이 크다는 것을 의미한다. 이는 또한 제2 외국어로 에스파냐어가 부상하는 데서도 드러난다.

국민 지지율 세계 1위의 브라질 대통령, 룰라

브라질의 전 대통령 룰라는 가난한 집에서 태어나 초등학교도 졸업하지 못했다. 어렸을 때부터 구두닦이를 하거나 땅콩을 팔러 다녔고, 열 살이 되어서야 학교에 들어가 글을 배웠다. 열여덟 살 때 선반공으로 금속 공장에 취직했는데, 사고로 왼쪽 새끼손가락을 잃으면서 노동 운동에 관심을 갖기 시작했다. 이후 노동자당의 설립 멤버로 철강 노조 위원장까지 지냈고, 3번이나 대통령 선거에 낙선했지만 4번째인 2002년에 브라질 대통령에 당선되었다.

그는 토지가 없는 브라질의 가난한 농민을 위해 토지를 무상으로 제공하고 농업 기술을 가르쳤다. 또한 빈민층에게 식량과 가스를 지원하고 최저 임금을 현실화하는 등, 그가 시행한 복지 정책은 국민들로부터 높은 호응을 얻었다.

이를 바탕으로 룰라는 2006년 대통령에 재선되었고, 그의 임기 동안 브라질은 높은 경제 성장률을 기록해 세계 8위의 경제국으로 성장했다. 그는 2010년 퇴임 기준 87%의 경이로운 지지도를 얻으며, 전 세계에서 국민들의 지지를 가장 많이 받은 대통령으로 기록되었다.

세계에서 국민 지지율이 가장 높은 대통령으로 기록된 룰라 다 실바

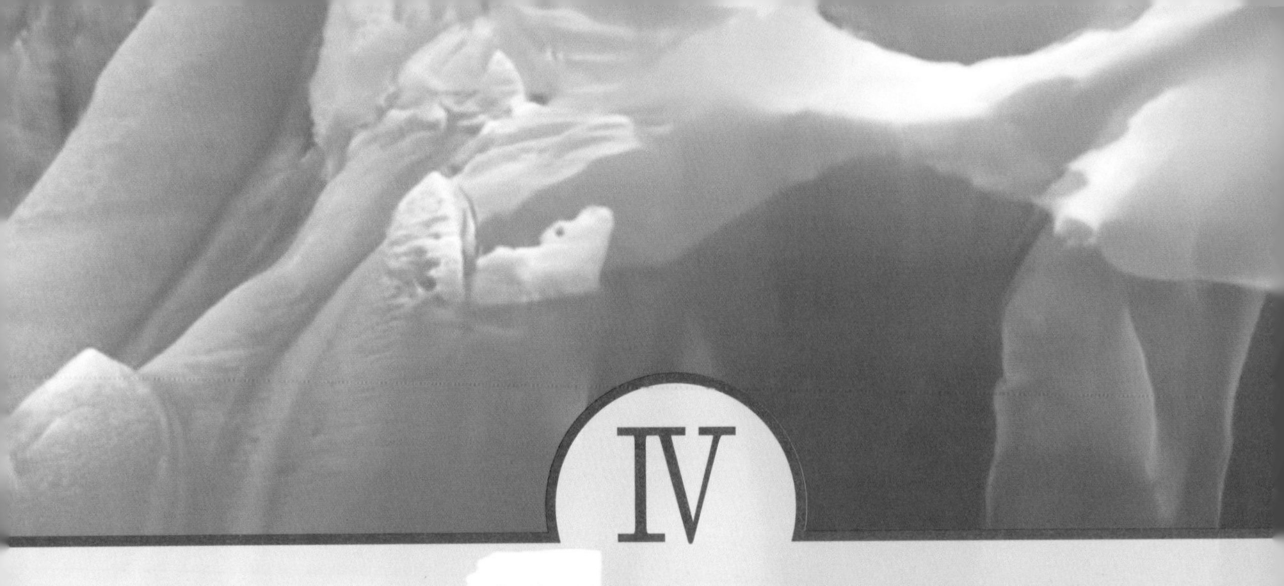

IV

지구의 미래

남북극

영하 50℃는 어떤 날씨일까? 사람도 산 채로 얼 수 있는 날씨이다. 남극과 북극은 인간의 발길을 쉽게 허락하지 않는다. 그런데 상상조차 힘든 혹독한 기후, 생물이 살기 힘든 이곳에 지구의 미래가 숨어 있다. 이곳에 있는 지구의 미래는 어떤 모습일까?

남극의 빙산과 턱끈펭귄

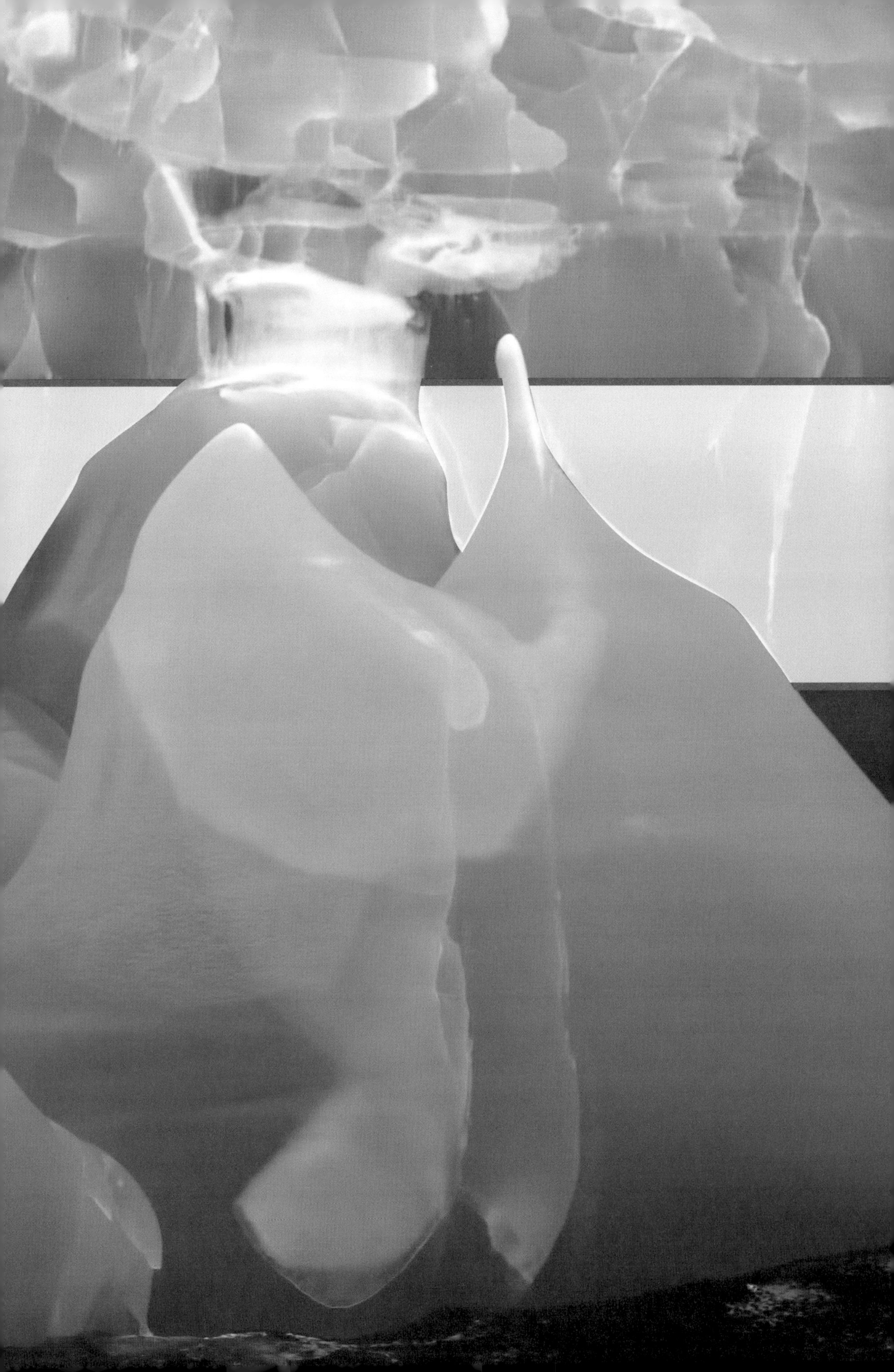

그린란드의 쿨루숙 마을 풍경

캐나다 옐로나이프에서 촬영한 오로라

1 남극과 북극,
극한의 자연환경

남극과 북극은 놀랍게도 비가 거의 내리지 않는 건조 기후 지역이다. 기온이 너무 낮아 공기 중의 수분이 금세 얼어 버리기 때문이다. 그러나 남극의 펭귄과 북극의 북극곰, 그 밖의 다른 생물들이 이 척박한 땅에서 살고 있다. 극지방의 자연과 이곳의 생물들이 극한의 환경에 적응하며 살아가는 방식에 대해 알아보자.

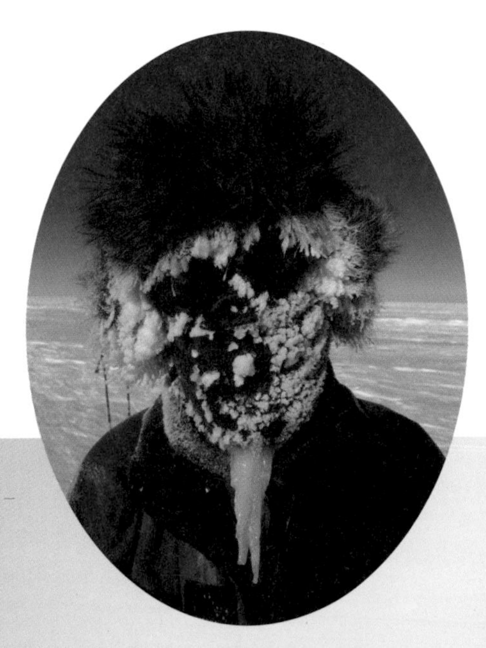

남극의 추위를 짐작케 하는 얼굴의 고드름과 눈

거센 눈보라를 뚫고 남극을 탐험 중인 탐험가

 바닷물도 어는 기후

낮과 밤, 추위의 극한-극지방

남극의 기후는 정말 상상하기 힘들다. 남극의 연평균 기온은 영하 34℃. '생각보다 낮지 않은데?'라는 생각이 들지도 모르겠지만, 남극의 겨울인 4월에서 8월 사이는 평균 영하 60℃ 이하이다.

연평균 초속 22.2m, 시속 80km로 부는 바람 때문에 체감 온도는 평균 기온보다 더욱 낮아진다. 평균 초속이 22.2m이니 바람이 세게 불 때는 앞으로 걸어가는 것은 고사하고 그냥 서 있어도 고꾸라질 정도이다. 게다가 눈 폭풍인 블리자드라도 불어오면 차가운 눈얼음이 얼굴에 따갑게 달라붙는다. 1983년 러시아 과학자들의 기록을 보면 영하 89.6℃까지 떨어진 적도 있다.

4월에서 8월 사이 겨울에는 낮에도 햇빛을 볼 수 없는 극야 현상이 나타난다. 반대로 여름에 해당하는 10월에서 2월까지는 하루 종일 해가 지지 않는 백야 현상이 나다난다. 밤만 계속되는 겨울, 낮만 계속되는 여름인 것이다.

이런 가혹한 기후 환경 때문에 태곳적부터 남극에서 인간이 살아온 흔적은 없다. 물범 가죽을 얻거나 고래를 잡으려고, 혹은 극한의 오지를 탐험하기 위해 탐험가들이 가끔씩 머물다 갔을 뿐이다.

얼음으로 뒤덮인 북극의 풍경

낮만 계속되는 여름, 백야 남극에서의 백야 기간에는 여름 밤인데도 여전히 대낮처럼 해가 떠 있다.

하지만 근래에는 남극을 연구할 목적으로 세계의 많은 과학자들이 이곳에 연구 기지를 만들어 살고 있다.

이에 비해 북극의 기후는 남극보다는 그나마 덜 혹독한 편이다. 지구상에서 가장 높은 대륙인 남극보다 평균 고도가 낮고 북극해로 둘러싸여 있는 데다, 남쪽 바다에서 올라오는 북대서양 난류가 흘러들기 때문이다. 그래도 역시 다른 대륙에 비해서는 매우 춥다. 겨울 평균 기온이 영하 26~43℃이고, 여름은 0~5℃ 정도이다.

북극해는 1년 내내 두꺼운 얼음으로 덮여 있다. 예전에는 북극해의 얼음이 거대한 하나의 덩어리를 이루고 있다고 여겨졌지만, 실제 얼음이 하나가

밤만 계속되는 겨울, 극야 북극에 위치한 노르웨이 트롬쇠 지역의 극야 기간. 겨울 한낮인데도 해가 뜨지 않고 밤만 계속된다.

아니라 여러 개의 덩어리로 이루어져 바다 위에 떠 있는 상태이며(부빙), 이 얼음이 바람과 해류의 영향으로 끊임없이 이동하고 있다는 것이 밝혀졌다.

여름이 되면 영상으로 올라가는 지역의 기후를 한대 기후 중 툰드라 기후라 한다. 이에 비해 여름이 되어도 계속 영하의 기온을 유지하고 있는 지역의 기후를 빙설 기후라 한다. 남극 대륙, 그린란드 대륙 일대가 빙설 기후 지역이다.

6월이 되면 눈이 녹기 시작하고 9월이 되면 서리가 내리기 시작하는 툰드라의 여름은 짧지만 꽃이 피기도 한다. 나무가 자라지는 못하지만 각종 이끼와 풀, 지의류, 버섯이 자란다. 툰드라 기후는 남극 주변에는 거의 나타나지 않는다. 툰드라 기후대가 나타날 위도에 육지가 거의 없고(칠레 남단부의 일부가 포함된다.) 주로 바다가 있기 때문이다.

북극에서도 극야 현상, 백야 현상이 나타난다. 백야가 나타나는 여름에는 밤에도 환해서 쉽게 잠들지 못해 불면증에 걸리기 쉽다. 그래서 위도가 높은 지역에 사는 사람들에게 여름 커튼은 하늘하늘 비치는 얇은 천이 아니라 단잠을 위한, 이중 천으로 된 두꺼운 커튼이 필요하다.

어디까지를 극지방이라 부를까?

보통 남극 하면 남극 대륙만을 의미하고, 남극 대륙과 주변의 바다까지 합쳐서 남극권이라고 한다. 넓게는 남위 60°까지의 바다와 땅을 말하는데, 이는 남극 조약에 나와 있는 남극의 범위이다. 하지만 천문학자나 지리학자들은 남극점을 중심으로 66.5°까지를 남극이라 한다.

지구의 자전축이 23.5° 기울어져 있기 때문에 북위 23.5°에 위치한 곳이 7월이면 태양 에너지를 직교하여 받아들이는 위치에 있게 된다. 그림에서 보면, 이때 북위 66.5°, 남위 66.5°에 해당되는 곳이 평소 우리가 북극과 남극이라고 여기는 위치에 놓이게 된다. 따라서 북위 66.5° 이북의 지역과 남위 66.5° 이남의 지역이 극지방에 해당되는 것이다.

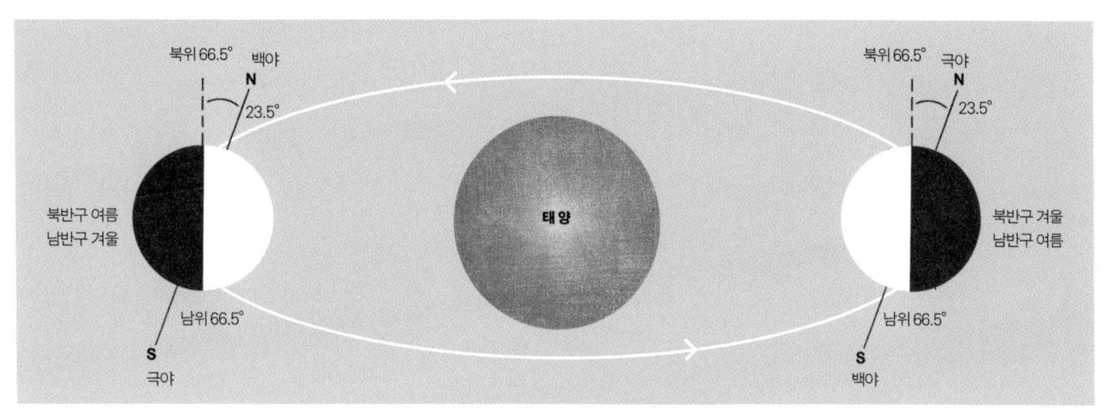

지구 자전축의 경사 효과 지구 자전축이 23.5° 기울어져 있기 때문에 남북극의 범위가 남 · 북위 66.5°까지이다. 이 기울기로 인해 극지방의 백야와 극야가 발생한다.

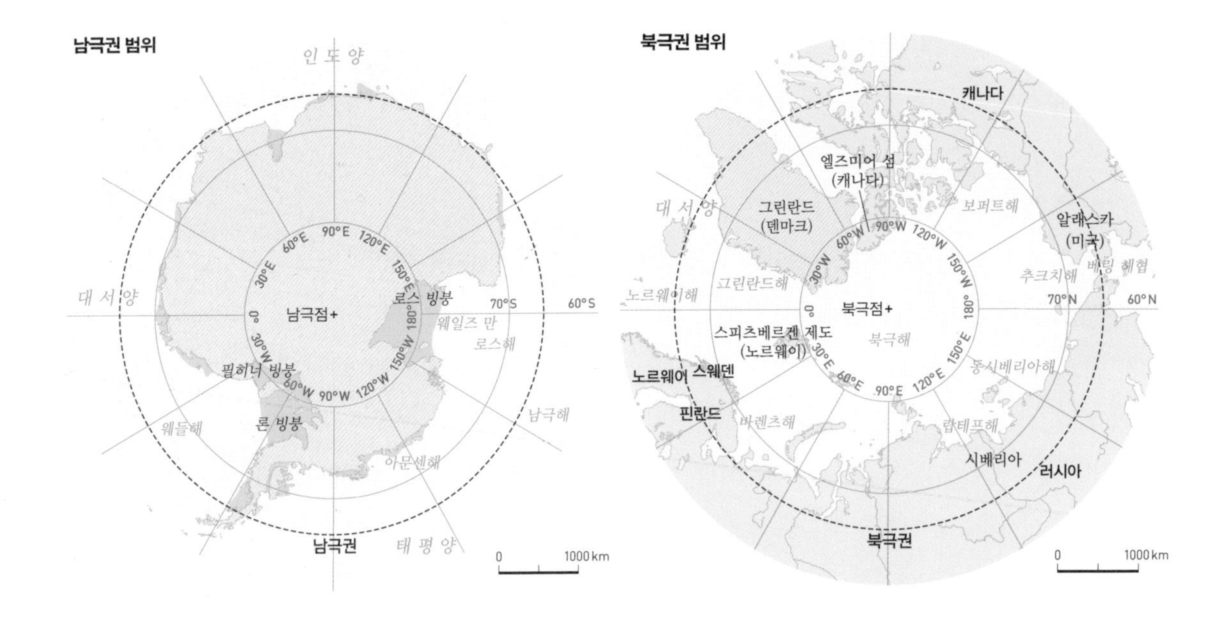

남위 66.5°와 북위 66.5°는 최난월(1년 중 월평균 기온이 가장 높게 나타나는 달) 평균기온이 10℃ 이하인 곳의 위치와 거의 일치한다.

남위 90° 남극점은 바다에 있는 북극점과 달리 땅 위에 있다. 하지만 남극 땅을 덮고 있는 엄청난 두께의 빙하가 1년에 걸쳐 해안 쪽으로 약 10cm씩 이동하기 때문에 매년 1월 1일에 남극점의 이정표를 새로 만든다.

남극을 뒤덮고 있는 빙하의 두께는 얼마나 될까? 자그마치 평균 두께가 2160m이고, 가장 두꺼운 곳은 무려 4776m나 된다. 얼음 높이가 백두산(2744m)보다도 훨씬 높은 것이다. 남극 대륙을 뒤덮고 있는 빙하가 다 녹으면 전 세계 해수면이 60m 이상 높아져서, 남태평양의 투발루 섬은 물론이고 우리나라의 항구와 바닷가 마을, 전 세계 해안가에 있는 도시는 모두 바다에 잠기게 된다.

남극 대륙은 오스트레일리아 대륙보다 1.5배나 큰데, 남극 대륙 주변의 땅을 덮은 얼음까지 포함하면 무려 1420만 km^2나 된다. 이는 남한 면적의 약 142배이다.

남극에 비해 북극권의 범위는 경계가 조금 애매하다. 대륙으로 분리되어 있는 남극과는 달리 북극의 중심은 바다인 데다, 주변 땅들이 모두 유라시아와 아메리카 대륙에 연결되어 있기 때문이다. 북극권은 좁게는 북극해만을 가리키기도 하지만, 보통 남극의 기준과 똑같이 북위 66.5°를 기준으로 한다. 북극 바다와 접해 있는 시베리아와 캐나다 북쪽 지방, 그린란드, 스피츠베르겐 섬 등의 일부가 북극권이다. 북위 90°는 북극해의 얼음에 있기 때문에 북극점을 정확히 찾기는 어렵다. 또한 빙하는 이동하기 때문에 북극점을 찾고 싶다면 GPS를 꼭 가져가야 한다.

그렇다면 북극의 범위를 규정한 북극 조약은 없을까? 북극 조약은 없다. 북극은 유라시아 대륙, 아메리카 대륙과 연결되어 있기 때문에 북극해 주변 땅에는 옛날부터 선주민들이 살고 있었다. 땅의 주인이 일찍부터 정해져 있어서 새 영유권 때문에 다툴 이유가 없으니 남극과 같이 '조약'을 맺을 필요가 없었던 것이다. 시베리아의 주인은 러시아, 캐나다 북쪽 엘즈미어 섬의 주인은 캐나다, 그린란드의 주인은 덴마크, 스피츠베르겐 섬의 주인은 노르웨이이다.

사막보다 더 건조한 땅

남극과 북극은 놀랍게도 비가 거의 내리지 않는 건조 기후 지역이다. 기온이 너무 낮아 공기 중의 수분이 금세 얼어 버리기 때문이다. 특히 남극의 경우에는 눈도 1년에 약 5cm밖에 내리지 않고, 온다고 해도 주로 해안가를 중심으로 온다. 1년에 10cm 정도 비가 오는 사막보다 더 건조한 것이다. 더욱이 남극 대륙에는 200만 년 동안 눈이나 비가 오지 않은 곳도 있다. 그래서 남극을 '하얀 사막'이라고도 부른다.

남극의 로스 섬에는 높은 산맥이 있는데, 이 산맥의 안쪽에는 아주 건조한 세 개의 골짜기가 있다. '드라이밸리'라고 불리는 이곳은 무려 200만 년 동안 비가 오지 않아 지구에서 가장 건조한 지역으로 알려져 있다. 눈도 아주 조금밖에 오지 않는데, 이마저도 거센 바람 때문에 쌓이지 않고 다 날아가 버린다. 이곳은 지구상에서 화성의 표면과 가장 비슷한 환경으로 알려져, 화성 탐사선 바이킹

지구에서 가장 건조한 남극의 드라이밸리 어찌나 건조한지 3000년 전 죽은 물개가 완벽한 미라의 상태로 발견되기도 했다.

1 남극 로이즈 곶에서 발견된 섀클턴의 오두막 기지
2 오두막에서 완벽한 형태로 보존된 100년 전의 나무 상자

호의 착륙 예행 연습장으로 활용되기도 했다.

극지방은 사막처럼 건조한 데다 날씨마저 추워서 분해 작용을 하는 미생물이 거의 없기 때문에 물건이 잘 썩지 않는다. 이런 이유로 남극을 여행하거나 연구하는 사람들은 쓰레기는 물론이고 배설물까지 잘 싸서 본국으로 가져가야 한다. 이는 남극의 생태계를 오염시키지 않기 위한 모두의 약속인 것이다.

2009년, 영국의 탐험가 어니스트 섀클턴 경이 1908년에 지은 오두막에서 위스키와 브랜디 병이 든 나무 상자들이 발굴되어 화제가 된 적이 있다. 100년이나 된 나무 상자가 썩지 않고 완벽하게 보존됐던 이유도 건조하면서 추운 남극 기후의 특성 때문이다. 섀클턴 경의 오두막 기지는 그때 모습 그대로 남아 있는데, 그 안에는 탐험대가 먹던 통조림과 순록 가죽으로 만든 침낭뿐 아니라, 이곳에 발이 묶일지도 모르는 먼 훗날의 탐험가를 위해 남겨 둔 보급품까지 있었다. 현재 이 오두막 기지는 남극 탐험의 역사를 보여 주는 작은 박물관으로 보존되고 있다.

태고의 얼음, 극지방의 빙하는 짤까?

지구상의 얼음 99%가 극지방에 있고, 그 가운데 90%의 얼음이 남극에 있다. 비가 거의 내리지 않아 하얀 사막으로 불리는 남극에 어떻게 이렇게 많은 얼음이 있는 걸까? 답은 바로 시간의 힘이다.

'티끌' 같은 눈이 모여 빙하가 된 것이다. 조금씩 내린 눈이 녹지 않고 그 위에 쌓이는 일이 우리가 상상을 초월하는 시간 동안 계속되었기 때문이다. 자그마치 74만 년 전에 내린 눈으로 만들어진 빙하가 발견되기도 했다. 네안데르탈인과 같은 호모 사피엔스가 20만 년 전에 나타났으니, 인류가 지구상에 나타나기 훨씬 전에 내린 눈이 아직도 쌓여 있는 것이다.

그렇다면 빙하는 먹을 수 있을까? 남극해에 떠 있는 빙하들은 먹을 수 있다. 이 빙하들은 대부분 남극 대륙에 쌓인 빙하가 떨어져 바다로 나간 것들이기 때문에 바다 위에 떠 있다고 해도 짜지 않다.

실제로 1977년 사우디아라비아의 모하메드 알 파이잘 왕자는 자국의 식수 부족 문제를 빙하로 해결하려는 구상을 했다. 하지만 밧줄로 묶어 6척 가량의 선단으로 예인하는 데만 1년이 걸리는 데다, 뜨거운 태양열과 미지근한 해수 때문에 얼음 상태로 끝까지 끌고 갈 수 있는가가 더 큰 문제였다. 많은 과학자가 해결책을 제시했지만, 가져오더라도 이것을 물로 만드는 것도 큰 문제였다. 결국 파이잘 왕자의 포기로 이 일은 일단락되었다.

그럼 북극의 얼음이나 빙하는 짤까? 북극의 한가운데는 바다이고, 그 바닷물이 얼음으로 된 것이니까 말이다. 그러나 북극의 얼음이나 빙하는 짜지 않다.

북극점 근처의 바닷물은 파도가 계속 치고 소금이 섞인 짠물인데도, 이 지역의 날씨가 워낙 춥기 때문에 바다 얼음이 생긴다. 이것을 '해빙'이라 한다. 이 해빙은 처음에는 작은 얼음 결정들이 서로 부딪치고 뭉쳐지면서 둥그스름한 빈대떡 모양(영미권 사람들은 팬케이크 얼음이라고 부른다.)이지만, 여러 개의 해빙이 하나로 붙으며 널따란 얼음 벌판이 되고, 이 얼음 벌판 위에 눈이 내리고 쌓이며 다져져 점점 더 두껍고 단단하게 변한다. 이 과정에서 소금 성분이 따로 분리되어 얼음에서 떨어져 나가게 된다. 하지만 얼음 결정들 사이에 작은 양의 소금이 남아 있기도 하고, 만들어진 지 얼마 되지 않은 해빙에는 소금 성분이 있다.

아주 오랜 기간 쌓인 눈이 얼음으로 바뀌면 그 엄청난 무게로 얼음들이 이동하게 되는데, 이를 '빙하'라고 한다. 남극과 북극의 육지에 쌓인 얼음들은 경사면을 타고 고도가 낮은 바다 쪽으로 조금씩 이동한다. 빙하는 극지방뿐 아니라 히말라야, 알프스, 안데스 산맥 등 높은 산악 지역에서도 볼 수 있다. 이런 지역의 빙하는 산 사이의 계곡으로

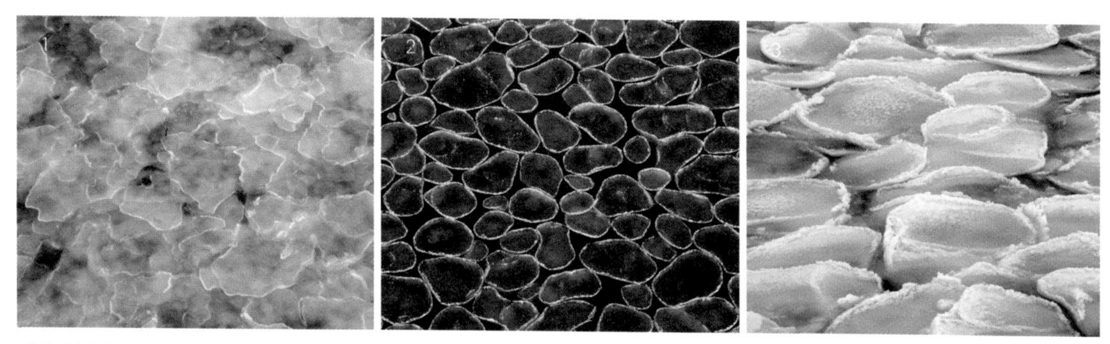

바다 얼음 '해빙'의 형성 과정 1 팬케이크 얼음이 형성되려는 모습 2 팬케이크 얼음 형성 3 두꺼워진 팬케이크 얼음

로스 빙붕 남극 대륙의 가장 큰 빙붕으로, 프랑스의 면적과 비슷하다. 수직 절벽의 높이가 300~900m로, 100~300층 건물 높이만큼 된다.

흘러간다. 하지만 남극·북극 지역의 빙하는 땅 위에 넓게 펼쳐져서 흐르는데, 이를 '평상처럼 펼쳐진 빙하'라고 해서 '빙상'이라 한다.

남극과 북극의 빙상은 결국 바다와 만나게 되는데, 끝 부분이 육지와 바다에 동시에 걸쳐 있게 된다. 이렇게 땅과 이어져 있으면서 바다 위에 떠 있는 거대한 얼음 덩어리를 '빙붕'이라 한다. 육지에서 흘러 내려온 빙하인 것이다. 남극의 해안에 있는 거대한 얼음 절벽이 바로 이 빙붕의 단면으로, 두께가 무려 300~900m나 될 정도로 엄청나다. 남극의 빙붕 가운데 가장 큰 것은 로스해 남쪽에 있는 로스 빙붕으로, 그 크기가 프랑스만 하다. 북극에도 캐나다의 섬들과 그린란드에서 빙붕을 볼 수 있지만 남극에 비하면 크기가 작다.

남극의 탐험가들, 그들에게 배운다

남극의 자연환경은 인간이 이겨 낼 수 있는 환경의 극한을 뛰어넘는 곳이다. 추위로 동상이나 저체온증이 걸릴 수도 있고, 온통 하얀 눈과 얼음에서 반사되는 햇빛 때문에 각막에 염증이 생겨 설맹증으로 시력을 잃을 수도 있다. 그뿐인가? 눈 때문에 모든 것이 하얗게 보이고 원근감이 없어지는 상태인

선주민들의 털옷을 입은 아문센

유럽식 방한복을 입은 스콧

남극점을 측정하는 아문센(왼쪽)과 대원

'화이트 아웃'이 나타나면 방향 감각을 잃어버려 한 곳에서 내내 헤매기도 한다. 따가운 칼바람인 블리자드를 불시에 만나게 될지도 모르고, 빙하의 큰 틈새인 크레바스에 빠질지도 모른다.

이런 남극 대륙을 탐험한 사람들은 그야말로 인간의 한계를 이겨 낸 영웅인 셈이다. 그렇다면 남극 대륙을 횡단해서 남극점에 최초로 도달한 사람은 누구일까? 1911년 12월 14일, 노르웨이의 아문센이 이끄는 원정대가 세계 최초로 남극점에 깃발을 꽂았다.

1910년 6월 노르웨이를 출발한 아문센은 영국의 로버트 스콧 대령이 이미 남극점 탐험을 떠난 것을 알고, 남극으로 가고 있는 스콧 대령에게 자신도 남극으로 간다고 알렸다. 남극점 정복을 위한 도전장을 내민 셈이었다. 결과는 어땠을까?

스콧은 아문센보다 한 달 늦게 남극점에 도착했다. 게다가 스콧의 탐험대는 남극점을 정복하고 돌아오는 길에 최악의 날씨를 만나 단 한 명도 살아남지 못했다. 늦게 출발한 아문센이 어떻게 한 달이나 먼저 남극점에 도착하고 무사히 돌아올 수 있었을까?

아문센은 19명의 숙달된 탐험가와 선원으로 탐험대를 조직하고 그곳 선주민들의 이동 수단인 개썰매를 이용했다. 그는 최소한의 짐만 가져갔고, 썰매 개를 잡아먹으며 식량의 무게를 줄였다. 또한 체력을 아껴 스키로 이동하며 남극점을 정복했다.

남극점에 위치한 아문센-스콧 기지 미국의 남극 관측 기지로, 매년 눈이 20cm 이상 쌓이기 때문에 필요에 따라 건물의 높이를 조절 할 수 있도록 설계되었다.

이에 비해 72명의 건장한 젊은이들로 탐험대를 꾸린 스콧은 조랑말과 모터 썰매를 이용했다. 추위 때문에 모터 썰매가 고장 나고, 무게 때문에 조랑말도 얼음 틈새에 빠져 죽어 자신들이 직접 썰매를 끌어야 했다. 또한 아문센은 북극 선주민의 털옷을 입어 추위에 대비했지만 스콧은 당시 유럽의 방한복을 입었다. 아문센이 철저하게 현지화 전략을 채택했다면, 스콧은 전통과 격식으로부터 자유롭지 못했던 것이다.

스콧에 대해 다르게 해석하는 사람들도 있다. 그의 시신 옆에 14kg의 암석 표본들이 함께 발견된 점으로 미루어 스콧의 목적이 남극점 정복보다는 자연 탐구에 있었다고 보는 것이다. 조랑말 썰매도 암석 표본을 싣고 오기 위해서라는 것이다. 꾸준히 탐험 기록을 남기고 위급한 상황에서도 무거운 암석 표본들을 버리지 않았다는 것은 그들의 목적이 단지 남극점 정복에만 있지 않았다는 것을 보여 준다.

남극 탐험가 중에서 영국 출신의 섀클턴도 빼놓을 수 없다. 스콧의 뒤를 이은 섀클턴과 그 대원들은 배를 타고 남극 탐험에 나섰지만, 1914년 8월 남극의 얼음 바다에 갇혀 버렸다. 그들은 구조선이 올 때까지 로이즈 곶의 오두막에서 단 한 명의 희생도 없이 무려 634일을 버텨 냈다. 오늘날의 과학자나 탐험가와는 달리 무전기도 없고, 비행기가 와서 우편물이나 보급품을 떨어뜨려 주지도 않았던 그 시절에, 인간이 이겨 내기 힘든 극한의 남극에서 그들은 희망을 잃지 않고 살아서 돌아왔던 것이다. 지금도 많은 기업과 조직에서 그 일을 가능하게 했던 리더인 섀클턴의 리더십을 연구하며 배우고 있다.

남극해에 좌초된 섀클턴의 인듀어런스호

위대한 탐험가 섀클턴(맨 왼쪽) 단 한 명의 희생자도 없이 남극의 로이즈 곶에서 634일을 버텨 살아 돌아온 그의 리더십을 많은 기업과 조직에서 배우고 있다.

남극과 북극의 밤하늘을 수놓는 오로라

남극과 북극 하면 빼놓을 수 없는 것이 오로라이다. 넓은 하늘을 캔버스 삼아 드넓게 펼쳐지는 빛의 향연을 보고 있으면 어디선가 천국의 소리가 들리는 것 같고, 금방이라도 오로라 공주가 나타날 것 같은 착각이 들지도 모르겠다.

오로라는 극지방에서 언제나 볼 수 있는 것이 아니다. 지구의 자기에 끌려 들어온, 전기를 띤 태양풍의 알갱이들이 공기 분자에 부딪혀 빛을 내는 것이 오로라이다. 따라서 지구의 자기장이 모이는 북극점(자북)이나 남극점(자남)을 중심으로 가끔 오로라를 볼 수 있다. 2005년을 기준으로 자북은 북위 82.7°, 서경 114.4°, 자남은 남위 64.53°, 동경 137.86°이다.

북극의 오로라는 그린란드 북서쪽 일대에서 잘 보이고, 남극의 오로라는 남극점을 중심으로 한 반지름 2500~3000km 지역에서 자주 볼 수 있다. 보통 위도 65° 이상의 고위도 지역에서 볼 수 있고, 겨울에 자주 나타나며, 태양 흑점이 폭발해서 태양풍이 많이 날려 오는 맑은 날 밤에 잘 보인다.

남극에 있는 우리나라 세종 과학 기지에서는 안타깝게도 오로라를 볼 수 없다. 세종 과학 기지는 남위 62°에 있기 때문이다. 하지만 북극의 다산 기지는 북위 78°에 있기 때문에 오로라를 볼 수 있어 이에 대한 연구도 하고 있다.

오로라는 겉모양은 아름답지만 치명적인 문제를 일으킨다. 오로라가 강하게 발생하면 고층 대기의 전류가 지상으로 유도되어 발전소의 전력 시스템을 마비시키기도 한다. 실제로 1989년 3월 캐나다 퀘벡에서는 오로라 때문에 수력 발전기가 고장이 나 수백만 명의 사람들이 정전 속에서 추위에 떨어야 했다. 이는 고층 대기에서 일어난 우주 현상이 우리 인간의 삶과도 연관이 있다는 것을 보여 준 사례이다.

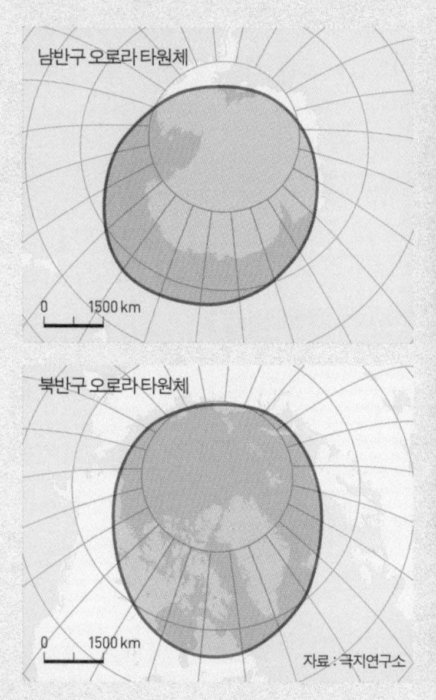

오로라가 가장 빈번히 관측되는 지역

북극 캐나다 옐로나이프 지역의 오로라 북위 62.27°에 위치한 옐로나이프 지역에서는 오로라와 이누이트족의 문화 체험을 묶어 관광 상품으로 활용하고 있다.

 이곳에도 생물이 산다

남극의 신사, 펭귄

지구상에서 가장 추운 남극, 이런 곳에도 생물이 살까 싶지만 놀랍게도 이곳에 살고 있는 기적의 생물이 있다. 바로 남극의 신사로 불리는 펭귄이다. 그중 황제펭귄은 감동적인 부성애로도 유명하다.

암컷 황제펭귄은 5월에 알 하나를 낳는다. 그러고는 부화할 새끼를 위해 멀리 떨어져 있는 바다로 먹이를 구하러 약 두 달 동안의 여행을 떠난다. 그 동안 수컷은 아무것도 먹지 않고 꼼짝도 하지 않은 채 남극의 매서운 겨울바람을 맞으며 알을 품는다. 암컷이 올 때쯤 되면 수컷의 체중은 40%나 줄어 있다고 한다.

그 추운 남극에서 황제펭귄들은 어떻게 겨울을 이겨 낼 수 있는 것일까?

펭귄은 영상 1℃만 되어도 더워서 발을 뒤로 뻗고 헐떡거리며 몸을 식힌다. 몸에 있는 짧고 촘촘한 깃털 아래 부드러운 솜털, 두툼한 피부밑 지방이 추위에 강한 신체 구조의 열쇠이다. 조류의 경우 추위에 노출되더라도 포유류처럼 혈관이 수축하지 않아 동상에 잘 걸리지 않는다. 특히 펭귄의 발은 가죽이 두꺼워 땅의 찬 기운을 덜 받는다. 또 발의 표면 가까이에 있는 동맥을 정맥이 꽁꽁 둘러싸고 있어서, 추위에 노출되어도 따뜻한 피가 계속 발에 공급된다. 그래도 발이 시려우면 발뒤꿈치와 꽁지로 얼음과 접촉하는 면적을 줄인다.

아기 펭귄은 발 근육이 발달하지 않아 어른 펭귄의 발 위에 올라가 있다. 또한 펭귄의 발톱은 길어서 딱딱한 땅에 구덩이를 팔 수도 있고, 얼음이나 눈 위에서 미끄러지는 몸을 끌어당기는 데에도 편리하다. 발 아래쪽에는 개처럼 부드러운 발바닥 살이 돋아나 있다.

황제펭귄의 허들링 역시 추위를 이기는 한 방법이다. 추위를 이기기 위해 황제펭귄들이 집단적으로 몸을 밀착하여 모여 있는 것을 허들링이라 한다. 체온이 떨어지는 것을 막기 위해 다닥다닥 붙어 무리 지어 있는 것이다. 게다가 더욱 놀라운 것은 이 황제펭귄 집단이 계속 한 걸음씩 이동하면서, 맨 바깥쪽에 있는 펭귄들을 무리의 안쪽으로 이동시켜 준다는 것이다. 집단의 맨 바깥쪽에 있는 펭귄들은 몸으로 직접 찬바람을 맞고 있으므로 안쪽의 펭귄들보다 훨씬 춥다. 그러니 몸을 어느 정도 녹인 안쪽의 펭귄들이 자리를 내어 주는 것이다. 집단의 안쪽과 바깥쪽의 온도 차이는 무려 10℃나 된다고 한다. 협동과 배려로 남극의 초강력 추위를 함께 극복하고 있는 것이다.

추운 남극에 적응한 다양한 생물들

남극의 생물은 대륙 내부보다는 주로 해안가에 산다. 해안가가 온도가 더 높아 상대적으로 먹이를 구하기 유리하기 때문이다. 남극의 해안가 생물과 바닷속 생물로 남극물개, 물범류(해표류), 바다코끼리, 크릴새우와 고래 등이 대표적이다.

남극물개는 털이 따뜻한 대신 몸속에 지방이 적고 날씬해서 상체를 세우고 앞으로 움직인다. 이에

추위를 이기기 위해 무리 지어 붙어 있는 황제펭귄의 허들링

비해 물범류들은 털이 덜 따뜻한 대신 몸에 지방이 아주 많아서 뚱뚱하다. 당연히 행동이 느리고 배를 깔고 기어 다닌다. 몸이 둔해서 잘 때도 몸통을 둥글게 말지 못하고 늘어져 잔다. 코 모양이 늘어진 수컷은 무게가 3톤이 넘는다. 남극에 사는 물범으로는 코끼리물범, 웨들물범, 크랩이터물범, 로스물범 등이 있다.

고래는 지구상의 동물 가운데 몸집이 가장 크다. 흰수염고래 또는 파란고래라고도 불리는 대왕고래는 몸무게가 150톤이 넘는다. 남극에는 대왕고래, 혹등고래, 참고래, 밍크고래, 긴수염고래, 보리고래 등의 수염고래와 돌고래, 범고래, 향유고래 등의 이빨고래가 있다. 남극에는 이빨고래보다는 수염고래가 많다. 수염고래의 주된 먹이는 크릴인데, 크릴은 새우처럼 생겼지만 플랑크톤이다. 덩치가 엄청난 수염고래가 크릴을 잡아먹으면서 물 위

남극에서 볼 수 있는 동식물들

로 솟아오르는 모습은 그야말로 장관이다.

남극에는 나무가 없다. 남극에서 식물을 찾아보기도 힘들지만, 있는 식물도 이끼 종류나 지의류 등이 전부이다. 균류와 조류가 공생하는 식물의 무리인 지의류는 언뜻 보기엔 생물 같아 보이지 않지만, 극한의 기후에 적응하여 살고 있는 생명력 강한 식물이다.

북극의 사냥꾼, 북극곰

남극에 사는 대표적인 동물이 펭귄이라면, 북극에는 북극곰이 있다. 하얀 털에 작은 눈과 귀, 순해 보이는 인상 때문에 광고에도 출연하여 친근감이 듬뿍 느껴지지만, 실제 북극곰은 북극 생태계의 호랑이이다. 무게가 수백 kg이나 나가는 거대한 몸을 유지하기 위해 먹는 양도 엄청나다. 얼음 위에서 주로 물범을 사냥하는데, 최근 기후 변화로 부빙의 두께가 얇아져 사냥의 무대가 점점 좁아지고 있다. 이로 인해 북극곰의 수도 점점 줄어드는 추세이다.

그런데 왜 북극곰은 남극에는 없을까? 이는 북극곰과 펭귄의 먼 조상을 살펴보면 쉽게 이해가 간다. 북극곰의 조상은 북반구 대륙에 살고 있는 곰이다. 이 곰들이 북극 지역에서 살면서 눈이 많은 주변 환경에 맞게 진화하여 털이 흰 북극곰이 되었다. 북극곰의 털 밑 피부는 까맣다고 한다.

남극은 바다로 둘러싸인 대륙이므로 곰이 남극 대륙까지 헤엄쳐서 갈 수 없기 때문에 남극에는 곰이 없는 것이다. 이에 비해 펭귄의 조상은 물새였기 때문에 바다를 건너 남극까지 날아갈 수 있었다. 추운 남극 대륙에서 먹이를 구하기 위해서는 나는 것보다 수영과 잠수를 하는 것이 더 유리했기 때문에 지금의 모습으로 진화했다고 추측된다. 황제펭귄은 수심 500m까지 잠수할 수 있다고 한다.

눈이 많은 지역의 동물들은 겨울이 되면 자신을 보호하거나 다른 동물들을 잡아먹기 위해 털의 색을 흰색으로 바꾼다. 먹이를 사냥할 때 위장하기 위해 흰 털로 진화한 대표적인 동물이 바로 북극곰과 흰올빼미이다. 이와 달리 북극여우는 계절에 따라 털 색깔이 다른데, 여름엔 짙은 회갈색이었다가 겨울이 되면 흰색으로 바뀐다.

북극해 주변의 툰드라 지대에는 다양한 동물들이 살아간다. 특히 여름이면 얼음과 눈이 녹아 늪이나 호수가 만들어지고 강물도 흐른다. 물이 있는 이곳을 중심으로 순록, 사향소, 늑대, 북극여우, 북극토끼 등이 살아간다.

북극의 대표적인 동물들

북극의 이누이트들이 신성하게 여기는 흰올빼미

짙은 회갈색 털이 난 여름의 북극여우

흰 털로 바뀐 겨울의 북극여우

순해 보이지만 매우 사나운 북극곰

세종 과학 기지에서 본 남극의 풍경

"나도 남극을 여행하고 싶어!"

얘들아, 안녕? 내 이름은 오지형, 미래에 남극을 연구하는 과학자가 꿈인 학생이란다. 오지에 관심이 많은 게 '오지형'이란 이름 때문이 아닐까 하는 생각도 해. ㅋㅋ

얼마 전 우리 삼촌이 남극에 갔다 오셨어. 삼촌이 어떻게 남극에 갔다 오셨냐고? 아, 우리 삼촌이 지리 선생님인데, 남극 연구 체험단으로 뽑혔거든. 경쟁률이 무려 1:20이었다고 어찌나 자랑을 하시던지……. 고등학생 체험단이 있었다면 나도 제일 먼저 지원했을 텐데, 안전 문제로 아직 중·고등학생은 남극 연구 체험단 모집 계획이 없다네. 그래서 무척 아쉬워.

삼촌은 세계 최남단 국가인 칠레에서 군 수송기를 타고, 남극에 있는 칠레의 프레이 공군 기지에서 내려 고무보트로 세종 과학 기지에 가셨대. "엄청 추웠겠네?"라고 삼촌에게 여쭤 봤다가 창피만 당했어. 삼촌은 12월에 갔는데, 남극은 그때가 여름인 것을 깜빡했지 뭐야. 남극의 여름은 최고 기온이 영상 10℃일 때도 있고, 보통 영하 33℃에서 영상 3℃ 안팎이라 생각보단 춥지 않거든. 극지방의 여름은 24시간 거의 해가 지지 않는 백야 현상이 나타나서 밤 11시가 되어도 신문을 읽을 수 있대.

남극의 여름은 생명의 계절이라고 해. 해안가의 약 2% 정도만 얼음이 녹아 맨땅이 드러나는데, 세종 과학 기지 주변의 습기가 많은 곳에서는 이끼가 자라서 마치 초록색 융단을 깔아 놓은 것 같다나. 알에서 깨어난 새끼 펭귄들과 먹이를 주려고 뒤뚱거리는 엄마, 아빠 펭귄은 보고만 있어도 절로 웃음이 나온다고 해. 땅에서는 뒤뚱거리는 펭귄들이 물에만 들어가면 언제 그랬냐는 듯이 날렵하게 수영을 하며 크릴을 뱃속에 잔뜩 넣어 가지고 와서 새끼들에게 먹

마리안 소만에서 바라본 세종 과학 기지 전경

인대. 참, 세종 과학 기지 근처에는 젠투펭귄과 턱끈펭귄이 살고 있다고 해.

과거 지구 환경의 비밀을 간직하고 있다는 빙하, 그 빙하의 일부인 마리안 소만(小灣)의 빙벽은 색깔이 연푸른 옥색을 띠는 것이 환상적이었다고 해. 일정 중에 대원 한 분의 생일 파티가 있어서, 생일 축하주에 기지 앞의 빙하 조각을 넣어서 마셨대. 톡톡 소리를 내며 수만 년 전의 공기 방울이 터지는 소리를 들으며 시공을 초월한 여행을 한다는 생각에 소름이 끼쳤다나? 어찌나 질투가 나던지 삼촌이 사 준 펭귄 인형 선물을 던져 버릴 뻔했다니까!

나도 크면 꼭 남극을 연구하는 과학자가 되겠다고 결심했어. 그러기 위해서 공부를 열심히 하는 것은 물론이고 체력을 키우는 것도 필수라는 생각이 들었어. 삼촌이 초속 20m의 눈 폭풍 블리자드를 맞아 보았는데, 몸이 고꾸라질 정도의 바람에 카메라 삼각대가 넘어가고 카메라 렌즈는 순식간에 눈에 뒤덮였대. 물론 블리자드가 불면 야외 연구 활동을 자제한다고는 하지만, 극한의 자연환경에서 연구를 하려면 강인한 체력은 기본 중의 기본이라는 생각이 들어.

나중에 신문에 나올 '남극 연구가 오지형'을 잊지 말아 줘. 그럼 그때까지 안녕.

우리도 남극에 갈 수 있나요?

한국인은 남극에 있는 세종 과학 기지를 통해서 가는 방법이 가장 일반적이다. 하지만 단순히 관광을 목적으로 가기는 힘들다. 학문적 연구나 예술가의 창작을 지원하는 목적, 이 두 가지에 한해서 방문할 수 있다.

유럽이나 북아메리카 사람들은 주로 뉴질랜드를 통해 남극으로 들어간다. 한국에서는 남극으로 들어갈 수 있는 관문 도시인 칠레 푼타아레나스로 가서, 한국 대사관을 통해 남극의 세종 과학 기지까지 태워 줄 공군기를 예약해서 갈 수 있다.

여행사를 통해서 남극으로 가는 방법도 있다. 주로 남극의 여름인 11~2월에 가는데, 2주에 현지 여행 비용만 대략 3000~4000만 원 정도가 든다. 2005년 '남극 활동 및 환경 보호에 관한 법률'이 만들어졌는데, 이 법에 따르면 과학 조사를 비롯한 탐험이나 관광 등의 남극 활동을 할 때는 외교통상부 장관의 허가를 받게 되어 있다.

새끼를 품고 있는 젠투펭귄

외부 침입을 막아서고 있는 턱끈펭귄

지구의 미래를 품고 있는 **냉동 보물 창고**

지구 온난화로 인한 환경 변화에 가장 민감한 지역이 바로 남극과 북극이다. 마치 탄광의 카나리아처럼 위기의 예언자 역할을 하는 극지방은 드러난 가치뿐만 아니라 아직까지 알려지지 않은 숨은 가치도 어마어마하게 품고 있는 곳이다. 개발과 보존, 이 둘의 적절한 조화를 추구할 수 있는 방법은 없을까?

쇄빙선(얼음을 깨는 배)과 황제펭귄

혹독한 환경에 적응한 사람들

순록과 함께하는 유목민의 삶

생물도 살기 힘든 북극에서 살아남은 사람들이 있다. 인간 북극곰, 바로 이누이트이다. 미국의 알래스카 서부, 캐나다 북극권, 그린란드까지 가장 넓은 지역에 분포해 있는 선주민들로, 현재 약 16만 명 정도가 살고 있다. 이 밖에도 스칸디나비아 반도 북극 지역엔 사미족, 시베리아의 북극권에는 사모예드족으로도 알려진 네네츠족이 산다.

이들은 자연환경이 척박한 툰드라에서 먹을 것이 없어지면 새로운 곳으로 이동하고 정착해 살기를 반복하면서 북극 지역에 널리 분포하게 되었다. 그래서 북극 지역 선주민들은 문화와 언어가 비슷하다.

이들은 또한 타고난 사냥꾼이기도 한데, 추위에 농사를 지을 수 없어 대부분은 순록을 따라 유목 생활을 한다. 순록의 먹이인 이끼를 찾아서 여름이면 북쪽으로 갔다가 겨울이 되기 전에 다시 남쪽으로 내려오는 생활을 반복하는 것이다.

네네츠족이 유목하면서 한 해 동안 이동하는 거리는 800~1200km에 이른다. 이들은 한 가족당 평균 1000여 마리에서 7000여 마리의 순록을 끌고 다닌다. 해안가에 사는 사람들은 물고기를 낚거나 물범, 북극곰 등을 사냥해서 먹고 산다.

순록을 유목하며 사는 사람들에게 순록은 삶의 전부이다. 먹을 것, 입을 것, 잘 것이 모두 순록에게서 나오기 때문이다. 순록의 힘줄은 실로, 뿔은 여

순록이 끄는 썰매 순록 유목민인 네네츠족에게 순록은 삶의 전부나 다름없다.

1 생식을 하는 네네츠족 아이
2 북극의 중요한 이동 수단인 개썰매
3 얼음집 이글루와 이누이트족의 옷
4 이누이트족의 비누석 공예품

러 가지 도구로 만드는 등 어느 것 하나 버리지 않고 알뜰하게 사용한다.

북극 지역 선주민들의 일상 속으로

북극 지역에서 살아남기 위해서는 추위를 막을 수 있는 옷이 필수이다. 순록이나 여우, 곰, 물범 등 이 지역에서 사냥한 모든 짐승의 가죽을 옷의 재료로 사용한다. 추위를 막기 위한 마름질 또한 특이한데, 가죽을 조각 내지 않고 통으로 잘라 바느질을 하여 이음새로 들어오는 바람을 최소화한다.

네네츠족의 옷인 '말리차'는 소매 끝에 벙어리장갑을 이어 붙이고, 순록의 내장으로 가죽을 이어 방수가 되게 했다. 이누이트족의 경우 어린아이를 둔 엄마는 털옷의 모자를 깊고 크게 만들고 그 속에 아이를 넣어 서로의 체온으로 보온이 되도록 한다.

순록을 유목하는 내륙 지방의 이누이트족과 네네츠족의 주요 먹을거리는 순록이다. 이 밖에도 사냥으로 잡은 다른 동물과 강이나 바다에서 잡은 물고기를 먹는다. 짧은 여름 동안에 자라는 이끼, 풀, 버섯 등이 유일한 식물이기 때문에 푸성귀가 고기보다 더 귀하다. 식물이 살지 않는 곳에서는 곡식이나 채소를 주된 먹을거리로 할 수 없다. 이 때문에 익히지 않은 생고기와 갓 사냥한 동물의 피로 부족한 비타민을 보충한다.

아문센도 괴혈병을 예방하기 위해 바다표범이나 펭귄을 생으로 먹었다. 이에 비해 탐험대의 짐 속에 넣어 갔던 덜 신선한 쇠고기나 양고기를 먹은 스콧 일행은 괴혈병에 시달렸다.

네네츠족의 이동식 집인 춤 나무를 이용해 원뿔 모양을 만든 뒤 그 위에 순록의 가죽을 덮는다.

이누이트들이 산다고 알려진 얼음집 이글루는 일반적인 집이 아니다. 사냥을 위한 임시 거처로 이용되거나, 소수의 북부 캐나다 이누이트들이 집을 지을 재료가 없을 경우 이글루를 만들었다. 유목 생활을 하는 이누이트들은 동물의 가죽을 덮개로 하는 천막을 주로 이용했다.

네네츠족도 이동식 천막인 '춤'에서 생활하는데, 40여 개의 기다란 나무를 이용해 원뿔 모양으로 지지대를 만들고 그 위에 순록의 가죽을 덮어 춤을 만든다. 유목 생활은 자주 이동을 해야 하므로 춤은 설치와 철거가 간편하게 되어 있다. 순록 가죽이 찬바람을 잘 막아 줄 뿐 아니라, 춤 안에서는 난로를 피우기 때문에 실내는 늘 영상 10℃ 정도의 온도가 유지된다.

춥고 긴 겨울을 나야 하는 이누이트들은 천막 안에서 이 지역의 돌을 가지고 공예품을 만들거나 수를 놓기도 한다. 아이들은 실뜨기를 하면서 시간을 보내는데, 보통 200가지가 넘는 실뜨기 방법을 안다고 한다.

이 지역의 자가용은 썰매이다. 눈과 얼음 위에서 차는 무용지물이기 때문이다. 이누이트들은 개가 끄는 썰매를 주로 사용하는데, 애완용으로도 많이 키우는 시베리안허스키와 사모예드가 개썰매를 끄는 대표적인 종이다. 유럽의 사미족이나 시베리아의 네네츠족은 순록이 끄는 썰매를 탄다. 산타 할아버지가 끄는 썰매는 사실 '루돌프 사슴 코'가 아니라 '루돌프 순록 코'라 해야 맞는 말이다.

빠르게 이동해야 하는 경우엔 스노모빌을 타고

현대화된 북극해 연안의 마을 풍경

이동한다. 얼음이 꽁꽁 얼어 있는 한겨울에는 빙판 위로 스노체인을 단 트럭을 몰기도 한다. 알래스카 최북단 도시 배로의 유전 개발, 캐나다 아카티 광산의 다이아몬드 개발을 위해서 한겨울 바다와 강이 얼면 얼음 위로 트럭이 달리기도 한다.

급속히 변화하는 북극해 연안 지역

1900년대를 전후해 미국과 유럽 사람들이 북극 지역을 자주 드나들면서 이누이트들은 점점 찾아보기 힘들게 되었다. 네네츠족 역시 최근 천연가스 개발로 시베리아가 개발되면서 전통의 모습들이 빠르게 사라지고 있다. 이곳도 다른 툰드라 지역처럼 도시화·서구화의 바람이 불게 된 것이다. 특히 개발이 먼저 이루어진 알래스카, 캐나다 북부 지역 이누이트들의 삶은 훨씬 빨리 도시화되었다.

사냥한 날고기 대신 밀가루와 설탕 등을 먹기 시작한 것도 이때쯤이다. 운반이 쉽고 잘 상하지 않는 인스턴트 식품이 공급되면서 치아 질환과 비만 등의 부작용도 늘고 있다. 사냥 등의 과격한 육체 노동이 없어진 것도 비만의 한 원인이 되었다.

선주민들은 일용직 노동자로 고용되거나 관광객에게 공예품을 만들어 팔기도 한다. 전통적으로 주업이었던 사냥이나 어로는 이제 부업이나 취미가 되었다. 현대화된 그들은 이글루 대신 현대식 집을 짓고 썰매 대신 설상차를 끈다. 하지만 이렇게 편리한 현대 문명과 수천 년간 이어져 오던 고유한 삶의 방식 사이에서 방황하는 그들은 현재 자신들의 정체성마저 잃을 위기에 처해 있다.

북극에서 온 네네츠족 학생의 편지

"툰드라의 드넓은 초원이 좋아!"

안녕? 난 15살이고, 이름은 라비네 세로데토라고 해. 세로데토는 '흰 순록'이란 뜻이지. 나는 시베리아의 야말에서 살아. 야말은 '세상의 끝'이라는 뜻이야.

나는 아빠를 따라 순록 사냥 나가는 것을 좋아해. 아빠만큼 잘하려면 아직 멀었지만, 올무를 던져 달리는 순록을 사로잡는 것은 우리 네네츠족의 장기이기도 해. 나는 순록 썰매를 모는 것도 좋아해. 우리는 순록을 유목하면서 살아. 여름이 되면 원래 살던 곳보다 더 북쪽으로 이동했다가 추운 겨울이 오면 다시 남쪽으로 이동하지. 이틀에 한 번씩 이사를 갈 때도 있어. 썰매를 끌고 말이야.

네네츠족의 아이들은 비록 서툴러도 어른들과 똑같이 일하지. 어른들도 그런 아이들을 어른처럼 대접해 준단다. 여섯 살인 내 여동생 마리나도 작은 나무의 장작을 패서 땔감을 구해 오곤 해.

학교는 언제 가냐고? 9월이 되어 툰드라에 서리가 내리기 시작하면 남쪽의 도시에 있는 학교로 가. 그때부터는 엄마, 아빠와 헤어져서 학교 기숙사에서 생활해야 해.

난 처음 기숙사 학교에 왔을 때를 잊지 못해. 도시의 모든 것이 낯선 데다 엄마가 보고 싶어 저절로 눈물이 났지. 올해는 내 동생이 왔어. 동생도 나처럼 엄마가 보고 싶었는지 많이 울었어.

나중에 커서 안드레이 형처럼 도시에서 살지, 알렉세이 형처럼 툰드라에서 살지 아직은 잘 모르겠어. 하지만 가끔은 학교가 답답하다는 생각이 들 때가 있어. 그러면 빨리 4월에 방학을 해서 엄마, 아빠가 계신 툰드라로 가고 싶어. 긴 겨울에서 벗어나 따뜻하게 기지개를 켜는 드넓은 초원의 공기를 마시고 싶어서야. 나는 그 냄새가 정말 좋아.

순록을 잡는 네네츠족

지구 온난화의 비극을 예언하는 남극과 북극

변화에 취약한 북극 생태계

지구 온난화로 인한 환경 변화에 가장 민감한 지역이 바로 남극과 북극이다. 극지방은 마치 탄광의 카나리아처럼 위기의 예언자 역할을 하는 곳이다.

빙하가 빠른 속도로 녹으면서 이 지역의 생태계도 그만큼 빠르게 변화하고 있다. 얼음이 녹는다는 것은 얼음 위에서 생활하던 동물들의 생활 터전이 없어진다는 뜻이다. 인간에 비해 변화에 적응하는 속도가 늦은 동물들은 멸종 위기에 처할 수도 있다.

또한 북극곰의 익사 사고가 갈수록 증가하고 있는데, 이는 곰들이 부빙과 부빙 사이를 건너가기 위해 훨씬 먼 거리를 헤엄쳐야 하면서 나타난 현상이다. 과학자들은 현재 2만 5000 마리 정도의 북극곰이 있지만 2050년엔 전체의 3분의 2가량이 사라질 것으로 예측하고 있다. 이 때문에 미국은 북극곰을 멸종 위기 동물로 지정했다.

남극과 북극의 생태계는 단순하다. 혹독한 환경에 적응한 소수의 생물들만 살고 있기 때문에 이런 단순한 생태계에서 한 종의 멸종은 치명적이다. 가령 물범이 멸종하면 그 물범을 먹던 북극곰 역시 멸종할 수밖에 없는 것이다.

생태계의 변화로 삶을 위협받는 사람들

이런 생태계의 변화는 지역 주민들의 생활도 위협하고 있다. 그들의 주요 생업은 어로나 사냥이었는데, 얼음의 두께가 얇아지고 지형이 변화하면서 사냥하기가 힘들어졌다. 더욱이 물범이나 고래 등은 수가 줄어들어 잘 잡히지도 않는다. 순록의 수도 감소하고 이동 경로가 달라져 순록 사냥으로 생계를 잇던 주민들의 생활은 덩달아 어려워졌다.

빙하가 녹으면서 북극의 평원 일부 지역이 물에 잠겨 순록 무리가 떼죽음을 당하기도 하고, 알래스카에서는 해수면이 높아져 마을이 물에 잠기기도 한다. 알래스카 서부 해안의 이누이트 마을은 1년에 약 3.3m씩 해안선이 침식당하고 있다. 이 마을 주민 600명은 15년 내에 마을이 없어지는 것을 지켜봐야 한다. 과학자들은 알래스카에 이와 비슷한 마을이 200개 정도 더 있다고 주장한다.

영구 동토층도 녹고 있다

과학자들은 시베리아와 알래스카의 영구 동토층이 빠르게 녹고 있음을 여러 차례 경고해 왔다. 북극권 지형에서 나타나는 영구 동토층은 지면 4~5m 아래의 얼음층으로, 바로 아래에 있는 땅의 뚜껑 역할을 한다. 이 뚜껑이 열리면 수천 년 동안 묻혀 있던 식물과 동물이 썩으면서 만들어 낸 탄소가 이산화탄소나 메탄의 형태로 대기 중에 흘러나오게 된다. 이산화탄소도 문제지만, 메탄은 양은 적지만 이산화탄소보다 훨씬 더 강한 온실가스이다.

러시아의 영구 동토층이 녹으면서 가스나 석유를 운반하는 파이프라인 시설도 피해를 입고 있다. 영구 동토층 위에 건설한 건축물들 역시 지반이 내려앉아 피해를 입는 경우도 나타난다.

1 먹이를 찾아 부빙을 건너다니는 북극곰

2 얼음이 녹으면서 생긴 홍수로 침수된 알래스카의 갈레나(2013년 5월)

3 상공에서 본 캐나다 북극 지방의 영구 동토층

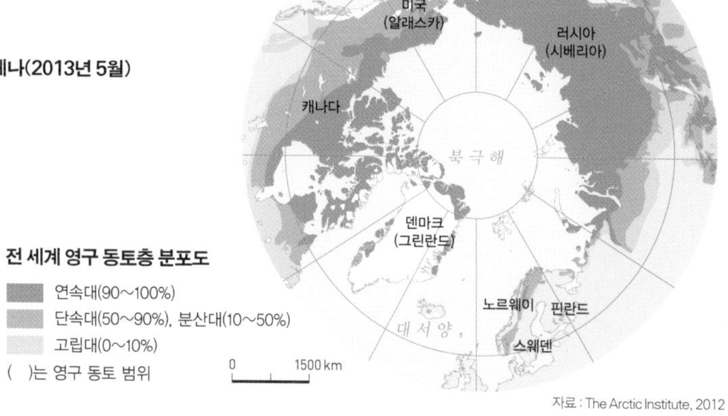

전 세계 영구 동토층 분포도

- 연속대(90~100%)
- 단속대(50~90%), 분산대(10~50%)
- 고립대(0~10%)

( )는 영구 동토 범위

자료 : The Arctic Institute, 2012

지구 냉동실에 숨은 보물

어마어마한 양의 지하자원

알래스카는 러시아의 땅이었다. 하지만 너무나 방대해 관리가 힘든 데다, 크림 전쟁에서 패한 뒤 지불해야 할 보상금 문제로 골치가 아팠던 러시아는 1867년 알래스카를 미국에 720만 달러에 팔았다. 계약이 성사된 후 러시아는 만세를 외쳤고, 미국 국민들은 세계에서 제일 비싼 얼음덩어리 냉동고를 사들이는 멍청한 정책이라고 정부를 비난했다.

하지만 냉동고가 보물 창고가 될 줄 누가 알았겠는가? 금광에 천연가스에 석유 등, 알래스카에서는 상상도 못한 보물이 끊임없이 쏟아져 나왔다.

미국 지질조사국(USGS) 연구 팀에 의하면, 북극권에는 전 세계 사람들이 5년 동안 쓸 수 있는 1600억 배럴의 석유와 10년 정도 쓸 수 있는 44조 m^3의 천연가스가 묻혀 있다고 한다. 또한 러시아 쪽 북극 지역의 석유 매장량은 현재 전 세계에서 가장 많은 석유를 보유한 사우디아라비아의 매장량과 비슷한 수준이며, 천연가스는 지금까지 알려진 러시아 보유 수준의 2배인 70조 m^3가 더 묻혀 있다고 한다.

북극의 지하자원 매장 상황

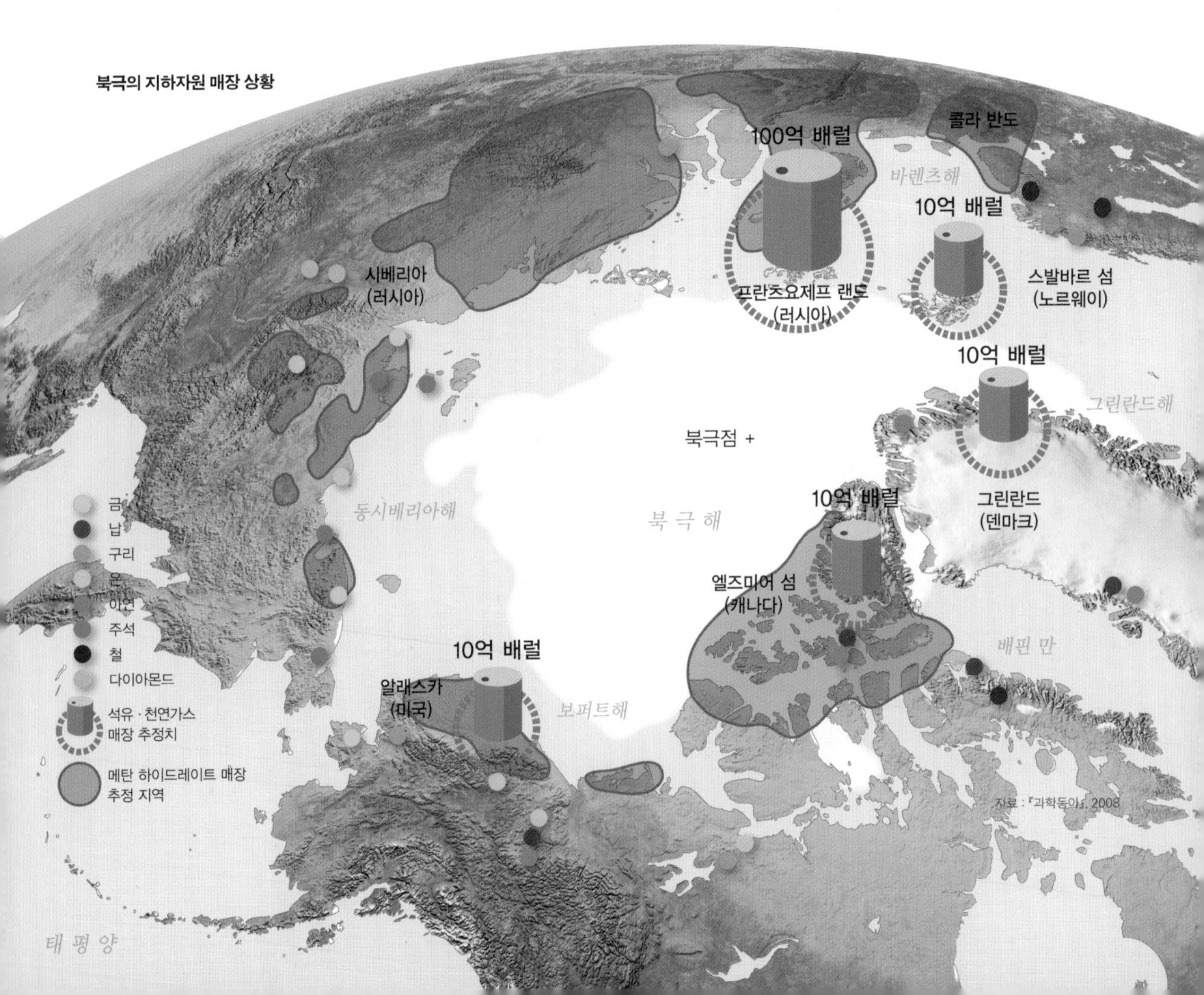

석유와 가스뿐만 아니라 망간, 니켈, 구리, 코발트 같은 21세기 IT 산업의 핵심 재료인 금속 광물도 북극권의 콜라 반도와 북시베리아 등지에 세계 최대 규모로 매장돼 있을 것으로 추정하고 있다.

한편 남극에서의 석유 탐사는 주로 서남극의 웨들해와 로스해를 중심으로 활발히 이루어지고 있다. 아직 정확한 매장량은 알려져 있지 않지만 상당한 양의 석유가 매장되어 있을 것으로 추정된다.

또한 로스해 및 남극 대륙의 빙상 밑에는 유기물의 고체화 작용에 의해 형성된 막대한 양의 메탄 및 에탄가스 등의 탄화수소가 묻혀 있다. 남극 횡단 산맥과 남극 대륙 동남부 지역의 고생대 및 중생대 지층에는 두꺼운 석탄층이 있어 크롬, 니켈, 백금, 코발트, 바나듐, 철 등이 많이 매장되어 있을 것으로 추정된다.

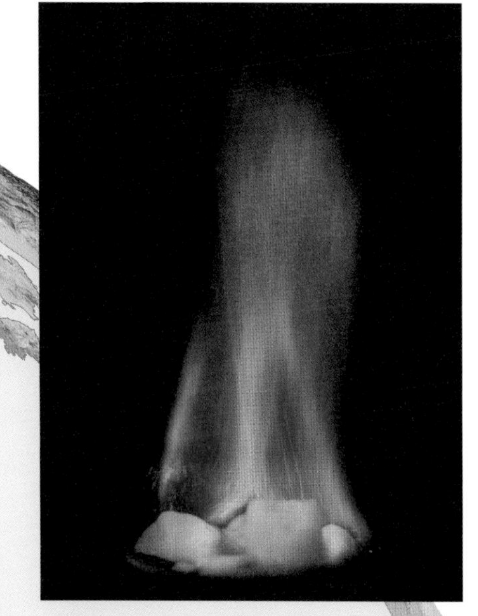

'불타는 얼음' 메탄 하이드레이트 해저나 빙하 아래에 메탄과 물이 높은 압력으로 얼어붙어 있는 고체 연료로, 석유를 대체할 차세대 에너지원으로 주목받고 있다.

바다의 보물, 수산 자원

북극과 남극 바다는 수산 자원의 보고이기도 하다. 북극해는 그동안 인간의 손길이 미치지 않았던 수산 자원의 청정 지역으로서 중요성이 커지고 있다. 또한 지구 온난화로 인한 한류성 어족이 북극해 연안 가까이 북상하면서 대구 · 명태 등이 증가하고 있으며, 빙하가 줄어들면서 조업이 편리해지고 있는 점도 주목받고 있다.

남극 또한 인간의 손길이 닿지 않은 자연 그대로의 바다라는 통념이 있어서 대부분의 사람들이 수산 자원의 보고일 것으로 생각한다. 하지만 남극의 수산 자원은 놀랍게도 거의 멸종되었다가 최근에 다시 회복되고 있다.

남극 개척 200년의 역사는 고래와 물범을 잡기 위한 역사나 다름없었다. 각국의 어선들이 물개, 바다코끼리, 고래 등을 마구잡이로 잡아 갔던 것이다. 1904년 시작된 남극해의 고래잡이는 1982년 국제포경위원회가 고래잡이 중단을 결정할 때까지 혹등고래, 흰수염고래(대왕고래), 밍크고래 등 약 15만 마리를 잡은 것으로 추정된다. 1970년대에 들어와서도 남극해 수산 자원에 대한 포획은 계속되었다. 크릴과 대구 조업을 시작으로 1980년대 중반에는 첨단 장비를 갖춘 대규모 선단으로 파타고니아 이빨고기(일명 '메로') 조업 등이 본격화되었다.

이에 위기의식을 느껴 남극 해양 생물 자원의 합리적 이용과 관리를 위해 1982년 '남극 해양 생물 자원 보존 협약'이 발효되었다. 이후 철저한 과학적 조사를 통해 무분별한 상업적 조업을 감시하며 자원 관리를 해 오고 있다. 이런 노력으로 최근 크릴 등의 생물 개체수가 점차 늘어나고 있다.

북극 항로-새로운 바다 지름길

북극의 숨은 보물 중 하나가 바로 바닷길이다. 1960년대 이후 아시아와 유럽, 아시아와 북아메리카를 연결하는 최단 코스로서 북극권을 통과하는 항공로가 등장했다. 북극해를 통과하는 바닷길도 세 대륙을 이어 주는 새로운 바다 지름길 역할을 할 수 있다. 수에즈 운하나 파나마 운하를 통과하는 기존의 바닷길에 비해 충분히 경제성 있는 대안이 될 수 있는 것이다. 단, 이는 북극의 얼음이 지금보다 더 녹아야 가능하다. 지금까지의 북극해는 말만 바다였지 얼어 있기 때문에 실제로는 육지와 마찬가지였다. 북극해가 열린다면 배가 다닐 수 있는 새로운 교역의 시대가 열리게 될 것이다.

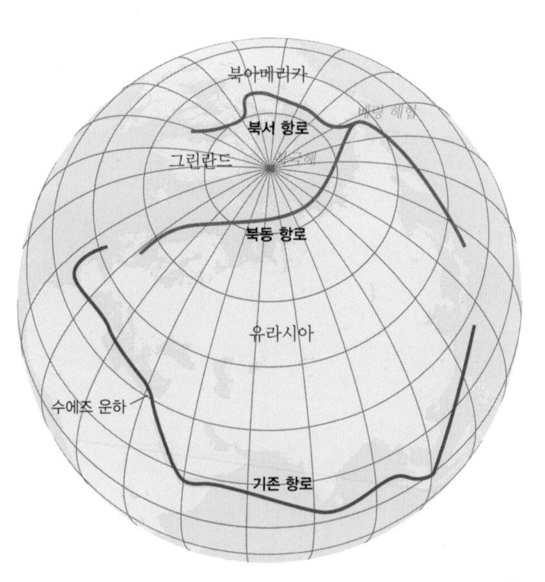

이집트의 수에즈 운하를 통과하던 기존 항로(파란 선)보다 단축될 북극 항로(빨간 선) 북극 항로는 태평양과 대서양을 잇는 최단 항로이다.

부산항에서 네덜란드의 로테르담 항까지 수에즈 운하를 통과하는 기존 항로를 이용하면 거리로는 2만 100km, 날짜로는 24일이 걸렸다. 하지만 북극해를 통과하면 거리는 1만 2700km로 줄고 운항 기간도 14일로 짧아진다.

쇄빙 장비를 갖춘 각국의 상선들은 이미 녹기 시작한 북극해를 통해 1년에 며칠씩은 이 항로를 따라 항해하고 있고, 레저용 요트 등도 잇달아 북극 항로를 항해하고 있다. 일부 과학자들은 북극 얼음층이 사라지는 2037년이면 쇄빙 장비 없이도 1년 내내 북극 항로 이용이 가능할 것으로 추정하고 있다.

북극해의 얼음이 녹으면서 바다 지름길이 열리면 새로운 가능성이 생길지는 모르겠지만, 그로써 또 다른 변화, 곧 해안 저지대의 침수나 지구 기후 환경의 변화로 인해 나타날 수 있는 다른 많은 현상들도 예측해 봐야 할 것이다. 또한 지구 온난화로 인한 피해의 규모와 북극 항로가 주는 이익도 비교해 봐야 할 것이다.

보물을 차지하기 위한 소리 없는 전쟁

혹한의 추운 날씨 때문에 생물이 살기 힘든 얼음덩어리 북극 지역은 예전에는 쓸모없는 땅이었다. 하지만 천덕꾸러기 땅이 이제는 화수분(재물이 계속 나오는 보물단지)이 되었다. 엄청난 양의 자원, 기존의 항로보다 1/3가량 단축될 항해 일수 때문이다. 이 북극해에 조금이라도 영토를 걸치고 있는 국가들 사이에서는 이미 보물 창고를 차지하려는 치열한 싸움이 시작되었다.

캐나다는 순시선을 만들고 경비대도 늘려 북극

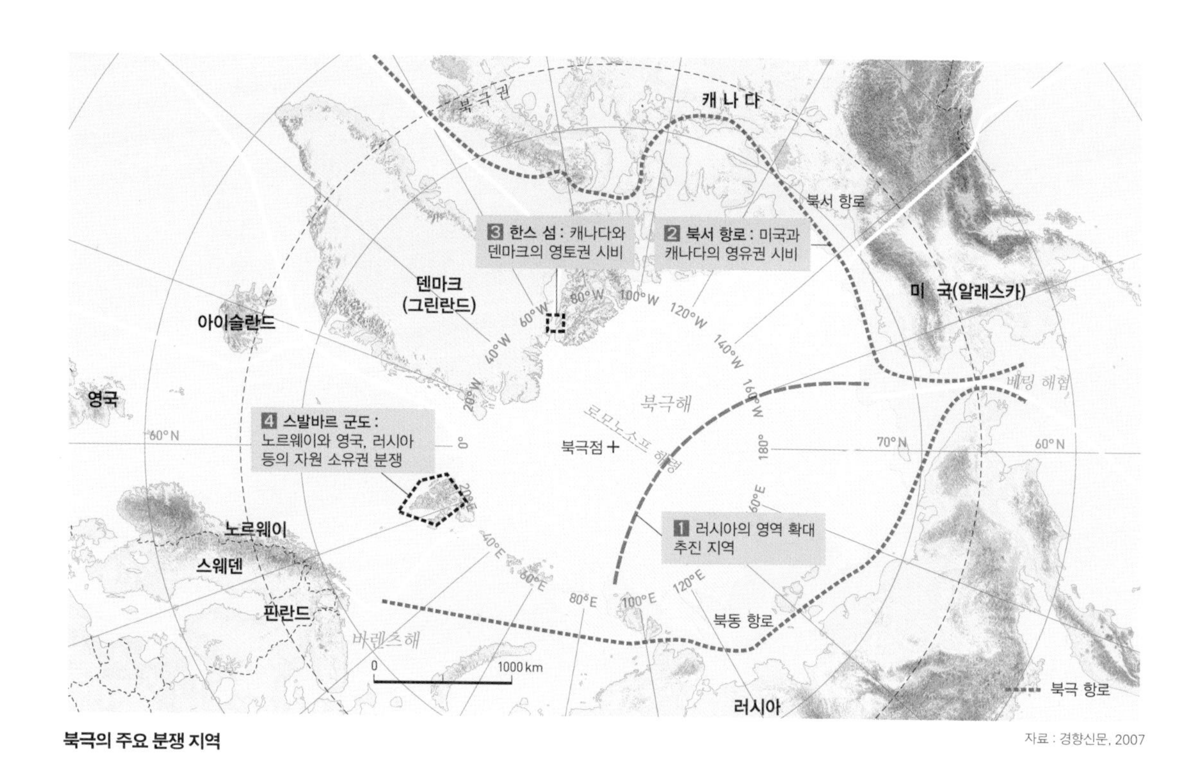

북극의 주요 분쟁 지역

자료 : 경향신문, 2007

해 연안에 대한 자국의 영유권을 강화하려는 움직임을 보이고 있다. 러시아는 북극 국립공원을 만들고 특수부대도 창설하여 2020년까지 로모노소프 해령 등을 영토화하려는 계획을 수립했다. 노르웨이도 최신예 전투기를 사들여 순찰을 강화했다. 미국 또한 이에 뒤질세라 북극 탐사 지출에 연간 1000만 달러를 증액했다.

이러한 상황이 계속된다면 보물 창고 북극이 자칫 '자원의 저주' 무대로 변할 수도 있다. 자원을 선점하기 위해 외교적 노력보다는 군사적 방법을 선택할 가능성도 있기 때문이다. 실제로 2009년 2월 러시아의 전략 폭격기가 북극권 캐나다 상공에 접근하자 캐나다의 F18 전투기가 즉각 발진해 이를 저지하는 등 양국 간의 긴장이 고조된 적도 있었다.

이에 비해 남극은 남극 조약 덕분에 상대적으로 평화로워 보인다. 하지만 이곳에도 분쟁의 불씨는 남아 있다. 남극 조약 이전에는 남극에 대해 영국 등 7개국(오스트레일리아, 뉴질랜드, 영국, 프랑스, 칠레, 노르웨이, 아르헨티나)이 영토권을 주장했으나 남극 조약은 이를 인정도 부정도 하지 않은 상태인 것이다.

남극 조약에서는 과학 연구를 위해서는 어느 나라도 남극에 갈 수 있도록 규정하고 있다. 남극 조약에는 2014년 2월 현재 50개국이 가입하고 있다.

지구의 미래를 보여주는 극지방의 숨은 가치들

비교적 단순한 생태계인 남극 대륙을 연구하는 과학자들은 남극에 지구 환경의 미래가 있다고 생각

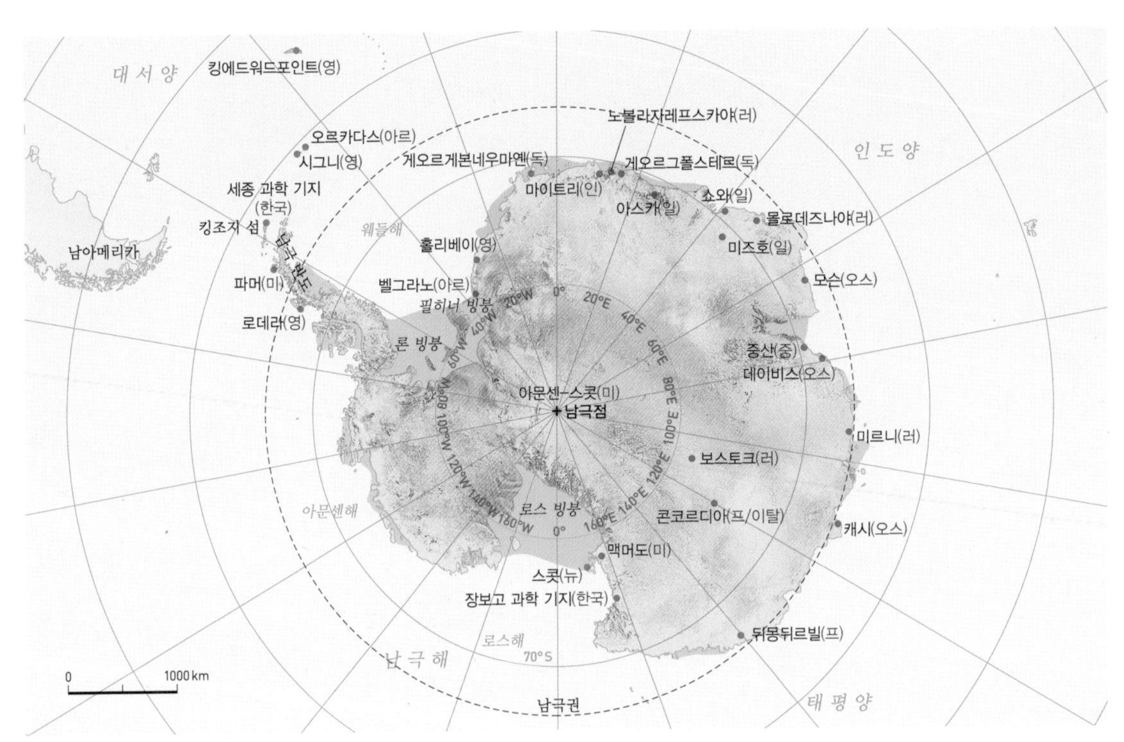

남극의 주요 과학 기지 위치도 1986년 남극 조약에 서명하며 남극 연구에 참여한 우리나라는 1988년 세종 과학 기지를 시작으로 2014년에는 장보고 과학 기지를 건설했다. 이로써 우리나라는 남극에 2개 이상의 상주 기지를 가진 9번째 국가가 되었다.

한다. 왜냐하면 우선 이곳의 단순한 생태계가 복잡한 지역의 생태계 연구에 단초가 되기 때문이다. 남극 지역의 생태계는 인간의 영향을 거의 받지 않기 때문에 원형적인 형태의 연구가 가능하여 그 지식을 인간의 삶에 직접적으로 응용할 수가 있다.

남극해의 생물들도 연구 가치가 높다. 남극에 사는 물고기의 핏속에는 낮은 온도에서도 피가 얼어붙는 것을 막아 주는 신기한 단백질이 있다. 이 단백질의 열쇠를 푼다면 인간을 냉동시킬 때 피가 얼면서 팽창되는 문제들이 해결되어 냉동 인간에 대한 새로운 기술의 돌파구가 될지도 모른다. 또한 보통 미생물은 영하 12℃보다는 따뜻해야 번식하는데, 남극의 바다에서 발견된 박테리아의 경우 영하 196℃에서도 살 수 있다. 이렇듯 생물이 남극의 극한 환경에서 어떻게 살아가는지를 알아내면 생명의 신비를 풀 단서를 찾을 수도 있을 것이다.

그리고 극한의 추위에서 살아가는 남극 생물 연구는 외계 생명체의 존재를 알아내는 데도 도움이 된다. 화성이나 유로파(목성의 한 위성) 등 생물이 살고 있을 것으로 추측되는 지역이 남극처럼 춥고 건조한 곳이기 때문이다.

지구의 냉동고인 남극과 북극의 숨은 역할이 또 있다. 바로 지구의 열평형을 맞춰 주는 균형자 역할이다. 적도의 뜨거워진 기온을 극지방의 얼음이

얼어붙은 타임 캡슐, 빙하 코어 시추기를 이용하여 수백 m 혹은 수천 m까지 빙하를 파고 들어가 막대기 모양의 빙하 샘플인 빙하 코어를 채취한다. 빙하 코어에는 수많은 물질들이 포함되어 있어 이를 분석하면 과거 지구의 모습을 추정할 수 있다.

식혀 주는데, 이때 열평형을 맞춰 주는 매개체는 바로 바다와 공기이다. 바다와 공기는 그 자리에 가만히 있는 것이 아니라 대류에 의해 지구 전체를 돌아다니는 흐름을 만들면서 균형을 유지한다. 이때 대기·해빙·해양·생물 사이에는 끊임없이 상호작용이 일어난다. 즉 대기에 의해서 에너지와 오염물이 이동하고 빙하는 증감을 계속하며, 해양에서는 적도와 극지방 사이에 심해 순환이 이루어진다. 극지방은 이 과정에서 전 지구적 환경 변화에 결정적인 역할을 하고 있는 것이다.

남극의 빙하는 현재까지의 기후 변화에 대한 정보를 간직한 '냉동 타임 캡슐'로 일컬어지며, 이에 대한 연구는 과거를 이해함으로써 앞으로 환경 변화가 어떻게 진행될지에 대한 예측을 하는 데 있어 중요한 단서를 제공해 준다. 또한 지구 온난화로 인해 해발 고도가 낮은 지역의 수몰, 기상 이변, 극지방의 지형 변화, 생명체의 환경 적응성의 변화 등 전 지구에서 나타나는 환경 변화를 학술적으로 연구할 수 있는 연구 사례 지역이 바로 극지방이다.

극지방은 드러난 가치뿐만 아니라 아직까지 알려지지 않은 숨은 가치도 어마어마하게 품고 있는 곳이다. 그렇기 때문에 개발하고자 하는 욕망과 지구 환경을 위해 보존해야 한다는 책임 사이에서 몸살을 앓고 있는 것이 극지방의 현실이다.

점점 뜨거워지는 지구

빙하가 녹고 있다. 극지방의 빙하뿐만 아니라 고산지대의 빙하도 빠른 속도로 녹고 있다. 이로 인해 바닷물의 높이가 점차 높아지면서 태풍 피해가 커지고 심지어 해수면 아래로 잠기고 있는 섬들이 늘어간다.

빙하가 감소되는 이유는 바로 지구 온난화의 주범인 온실가스 때문이다. 지구 표면의 평균 온도가 상승하는 현상인 지구 온난화는 지구가 그동안 유지해 온 지구 에너지 평형 시스템을 무너뜨리고, 어느 정도 예측 가능한 기후가 아닌 예측 불가능한 기상 이변을 가져오고 있다.

대표적인 온실가스인 이산화탄소는 주로 석유, 석탄과 같은 화석 연료의 연소에 의해 배출된다. 이산화탄소보다 양은 적지만 더 강한 온실가스가 바로 메탄이다. 메탄은 폐기물, 음식물 쓰레기, 가축의 배설물, 초식 동물이 내뿜는 가스 등에 의해서 발생한다. 이 밖에도 프레온가스, 오존, 질소산화물 등이 온실가스이다.

1

평형을 잃은 에너지 시스템, 지구 온난화를 막아라!

현재 지구 온난화를 해결하기 위한 다양한 노력들이 이루어지고 있다. 근본적인 해결 방법은 온실가스의 배출량을 줄이는 것이다. 이를 위해서는 석유, 석탄을 대신할 수 있는 재생 가능한 에너지 개발이 시급하다. 대체 에너지에는 태양열, 풍력, 지열, 수열, 바이오매스(생물 연료), 폐기물, 해양 에너지 등이 있으며, 이의 개발에 대한 연구와 투자가 전 세계적으로 매우 활발하게 진행되고 있다. 일상생활에서는 전기 절약, 대중교통 이용, 폐기물 재활용, 환경친화적 상품 사용 등을 생활화하는 행동이 지구 온난화의 속도를 늦추는 방법이다.

한편, 국제 사회는 지구 온난화에 따른 기후 변화에 대응하기 위해 1992년 6월 유엔 환경 개발 회의(UNCED)에서 '기후 변화 협약'을 채택했고, 더 나아가 1997년 12월엔 온실가스 감축에 대한 법적 구속력이 있는 '교토 의정서'를 채택하여 2005년 2월에 발효시키는 등 온실가스 배출량을 줄이고 기후 변화에 대처하기 위해 많은 노력을 기울이고 있다. 하지만 각국이 경제 성장 위주의 정책을 펴는 현실에서 지구의 위기는 항상 뒷전이다. 우리는 이 위기를 어떻게 헤쳐 나갈 수 있을까?

2

국가별 이산화탄소 배출량

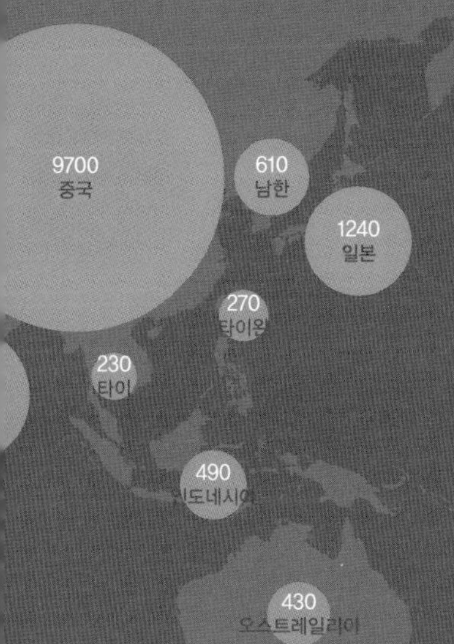

430
오스트레일리아

450
브라질

0 2000 km

1 2천만 명이 넘는 이재민이 발생한 파키스탄의 대홍수 (2010년)

2 북아메리카에서 가장 큰 낼리스 태양 발전소

3 폭염과 가뭄 등 이상 기온으로 발생한 러시아의 대형 산불 (2010년)

2011년 전 세계 이산화탄소 배출량 순위

단위 : 백만 톤

순위	국가	배출량
1	중국	9700
2	미국	5420
3	인도	1970
4	러시아	1830
5	일본	1240
6	독일	810
7	한국	610
8	캐나다	560
9	인도네시아	490
10	영국	470

2011년 국민 1인당 이산화탄소 배출량 순위

단위 : 만 톤

순위	국가	배출량
1	오스트레일리아	19.0
2	미국	17.3
3	사우디아라비아	16.5
4	캐나다	16.2
5	러시아	12.8
6	한국	12.4
7	타이완	11.8
8	독일	9.9
9	일본	9.8
10	네덜란드	9.8

Ⅰ 아프리카

김란주, 2012, 『아프리카 국경버스』, 한겨레아이들
김명주, 2012, 『백인의 눈으로 아프리카를 말하지 말라 1, 2』, 미래를소유한사람들
김영희, 2009, 『헉! 아프리카』, 교보문고
김의락, 2002, 『떠오르는 대륙, 아프리카의 문화』, 부산외국어대학교출판부
내셔널지오그래피 편집위원회, 2011, 『유네스코 세계유산』, 느낌이있는책
뉴턴코리아 편집부, 2013, 『뉴턴 하이라이트-세계 자연유산』, 뉴턴코리아
루츠 판 다이크, 2005, 『처음 읽는 아프리카의 역사』, 웅진지식하우스
르몽드 디플로마티크, 2010, 『르몽드 세계사 2』, 휴머니스트
마르코 카타네오, 2010, 『유네스코 세계고대문명』, 생각의나무
마이크 데이비스, 2006, 『슬럼, 지구를 뒤덮다』, 돌베개
매일경제 컬러풀 아프리카 프로젝트팀, 2011, 『컬러풀 아프리카』, 매일경제신문사
미노, 2006, 『미노의 컬러풀 아프리카 233+1』, 즐거운상상
박승무, 2002, 『서아프리카의 역사』, 아침
박의서, 2010, 『로망 아프리카』, 여행마인드
박찬영 · 엄정훈, 2012, 『세계 지리를 보다 3』, 리베르스쿨
비제이 마하잔, 2010, 『아프리카 파워』, 에이지21
세르주 미셸, 2009, 『차이나프리카』, 에코리브르
송호열, 2006, 『세계 지명 유래 사전』, 성지문화사
씨나 믈로페, 2010, 『씨나 아줌마가 들려주는 아프리카 옛이야기』, 북비
알렉상드르 푸생, 2009, 『아프리카 트렉』, 푸르메
앨리스 미드, 2007, 『아프리카 수단 소년의 꿈』, 내인생의책
엘렌 달메다 토포르, 2010, 『열일곱 개의 편견』, 한울
역사교육자협의회, 1994, 『숨겨진 비밀의 역사, 중동 아프리카』, 예신
왕가리 마타이, 2006, 『위대한 희망』, 김영사
윌리엄 캄쾀바, 2009, 『바람을 길들인 풍차 소년』, 서해문집
윤상욱, 2012, 『아프리카에는 아프리카가 없다』, 시공사
일본 뉴턴프레스, 2008, 『뉴턴 하이라이트-생물 다양성』, 뉴턴코리아
장 크리스토프 빅토르 외, 2008, 『변화하는 세계의 아틀라스』, 책과함께
장 크리스토프 빅토르, 2006, 『아틀라스 세계는 지금』, 책과함께
재레드 다이아몬드, 2005, 『총, 균, 쇠』, 문학사상사
정해종, 2010, 『터치 아프리카』, 생각의나무
존 리더, 2013, 『아프리카 대륙의 일대기』, 휴머니스트
존 아일리프, 2002, 『아프리카의 역사』, 이산
카트린 롤레, 2011, 『세계의 인구』, 현실문화
편완식, 2007, 『아프리카 미술 기행』, 예담

관세청(http://www.customs.go.kr)
박영호 · 전혜린 · 김성남 · 김민희, 2011. 12, 「세계 주요국의 아프리카 진출 전략 및 시사점」, 대외경제정책연구원 연구 보고서 11-23
유엔세계식량계획(WFP) 2011년 세계 기아 현황(http://ko.wfp.org)
유엔인구기금, 2012. 11, 「2012 세계 인구 현황-우연이 아닌 선택의 문제 : 가족계획, 인권 및 개발」, 인구보건복지협회
통계청(http://kostat.go.kr)

Ⅱ 유럽

강원택 · 조홍식, 2009, 『하나의 유럽』, 푸른길
구동회 외, 2010, 『세계의 분쟁』, 푸른길
권융, 2008, 『모스크바에서 쓴 러시아 러시아인』, 효민
권정화, 2005, 『지리 사상사 강의 노트』, 한울아카데미
김경석, 2006, 『유럽 문화지형도』, 만남
김두진, 2006, 『EU 사례에서 본 동아시아 경제 통합』, 삼성경제연구소
김병호, 2009, 『비행기에서 끝내는 신(新) 러시아, 러시아인 이야기』, 매일경제신문사

김보연, 2010, 『유럽 맛보기』, 시공사
김성진, 2009, 『작지만 강한 나라를 만든 사람들』, 살림
김태호, 2009, 『여행에서 배우는 삶과 문화』, 한걸음더
김현택 외, 2008, 『붉은 광장의 아이스링크』, 한국외국어대출판부
나상욱, 2007, 『부활하는 파워블록 유럽』, 김&정
남현호, 2012, 『부활을 꿈꾸는 러시아』, 다우
Darrel Hess, 2011, 『McKnight의 자연지리학』, 시그마프레스
Les Rowntree 외, 2012, 『세계 지리 : 세계화와 다양성-제3판』, 시그마프레스
레이 태너힐, 2006, 『음식의 역사』, 우물이있는집
롬 인터내셔널 지음, 2010, 『지도로 보는 세계 지도의 비밀』, 이다미디어
르몽드 디플로마티크, 2008, 『르몽드 세계사 1』, 휴머니스트
르몽드 디플로마티크, 2010, 『르몽드 세계사 2』, 휴머니스트
르몽드 디플로마티크, 2011, 『르몽드 환경 아틀라스』, 한겨레출판
마귈론 투생-사마, 2002, 『먹거리의 역사』, 까치
마이클 클레어, 2002, 『자원의 지배』, 세종연구원
마크 레오나르드, 2006, 『Who Europe?』, 매일경제신문사
맛시모 몬타나리, 2001, 『유럽의 음식 문화』, 새물결
손현덕 외, 2006, 『국제 뉴스로 세상을 잡아라』, 매일경제신문사
신현동 · 장연수, 2004, 『러시아를 알면 세계가 보인다』, 바보새
신현종 · 최선웅, 2010, 『한 권으로 보는 그림 세계 지리 백과』, 진선
안병억, 2008, 『한눈에 보는 유럽 연합』, 높이깊이
H. J. de Blij · Peter O. Muller, 2009, 『세계 지리 : 개념과 지역 중심으로 풀어 쓴』, 시그마프레스
옥한석 외, 2005, 『세계화 시대의 세계 지리 읽기』, 한울
올렉 키리야노프, 2008, 『다시 깨어나는 거인, 러시아』, 김&정
유현석, 2001, 『국제 정세의 이해』, 한울
이길주 외, 2008, 『러시아 탐방』, 배재대학교출판부
이보나 흐미엘레프스카, 2010, 『안녕 유럽』, 보림
21세기연구회, 2001, 『세계의 민족지도』, 살림
이원복, 2000, 『세상만사 유럽만사』, 두산동아
이정록 · 구동회, 2005, 『세계의 분쟁 지역』, 푸른길
이종서 · 송병준, 2008, 『유럽 연합을 이해하는 20가지 키워드』, 높이깊이
이종원 · 황기식, 2008, 『EU27 유럽 통합의 이해』, 해남
이준필립, 2009, 『이제는 유럽이다』, 교보문고
임덕순, 2000, 『문화지리학』, 법문사
장 크리스토프 빅토르 외, 2008, 『변화하는 세계의 아틀라스』, 책과함께
장 크리스토프 빅토르, 2008, 『아틀라스 세계는 지금』, 책과함께
정연호, 2010, 『슬라브 문화의 이해』, 신아사
정재승, 2003, 『바이칼 한민족의 시원을 찾아서』, 정신세계사
제러미 리프킨, 2005, 『유러피언 드림』, 민음사
제임스 루벤스타인, 2012, 『현대 인문지리학 : 세계의 문화경관-제10판』, 시그마프레스
조지 프리드먼, 2010, 『100년 후』, 김영사
조화룡 외, 2000, 『고등학교 지리부도』, 금성출판사
조화룡 외, 2010, 『고등학교 세계 지리』, 금성출판사
존 핀더, 시몬 어셔우드, 2010, 『EU 매뉴얼』, 한겨레출판
주경철, 2003, 『네덜란드 : 튤립의 땅, 모든 자유가 당당한 나라』, 산처럼
주벨기에대사관 겸 구주연합대표부, 2005, 『EU를 알면 우리가 보인다』, 애드컴서울
GEO(한국판), 2003, 『다시 그려지는 유럽 지도』
테리 조든, 2002, 『세계 문화 지리』, 살림
테리 G. 조든-비치코프 · 벨라 비치코바 조든, 2007, 『유럽 : 문화 지역의 형성 과정과 지역 구조』, 시그마프레스
톰 스탠디지, 2008, 『역사 한 잔 하실까요?』, 세종서적
파라그 카나, 2009, 『제2세계』, 에코의서재
파스칼 보니파스, 위베르 베드린, 2010, 『위기와 분쟁의 아틀라스』, 책과함께

피터 마쓰, 2002, 『네 이웃을 사랑하라 : 20세기 유럽-야만의 기록』, 미래의창
하름 데 블레이, 2008, 『분노의 지리학』, 천지인
하름 데 블레이, 2009, 『공간의 힘』, 천지인
홍완석 외, 2010, 『2010 러시아는 어디로 가는가?』, 한국외국어대학교출판부
홍완석, 2005, 『21세기 한국, 왜 러시아인가?』, 삼성경제연구소
홍인숙, 2009, 『유럽 이야기』, 학연사
홍철의, 2003, 『격정의 유럽 역사 기행』, 인물과사상사
휴 존슨 · 잰시스 로빈슨, 2009, 『와인 아틀라스』, 세종서적

내셔널지오그래픽(한국판), 2005, 『체첸, 어쩌다 이 지경에 이르렀는가?』, 내셔널지오그래픽 7월호
내셔널지오그래픽(한국판), 2008, 『나를 시베리아로 보내주오』, 내셔널지오그래픽 6월호

Ⅲ 아메리카

김건화, 2010, 『신이 내린 땅 인간이 만든 나라 브라질』, 미래의창
김봉중, 2008, 『오늘의 미국을 만든 미국사』, 위즈덤하우스
김윤정, 2010, 『아마존의 눈물』, MBC프로덕션
김형인, 2003, 『미국의 정체성 : 10가지 코드로 미국을 말한다』, 살림
노암 촘스키, 2008, 『촘스키, 우리가 모르는 미국 그리고 세계』, 시대의창
박영진, 2007, 『사랑하지 않을 수 없는 나라 브라질』, 혜지원
박종호, 2012, 『탱고 인 부에노스아이레스』, 시공사
박찬영 · 엄정훈, 2012, 『세계 지리를 보다 3 』, 리베르스쿨
배수경, 2007, 『탱고 : 강렬하고 아름다운 매혹의 춤』, 살림
보리스 파우스투, 2012, 『브라질의 역사』, 그린비
브라이언 딕스, 2008, 『브라질 : 지구의 허파 아마존이 숨 쉬는』, 주니어김영사
브루스터, 2008, 『누가 우리의 밥상을 지배하는가』, 시대의창
빌 브라이슨, 2009, 『빌 브라이슨 발칙한 영어 산책 』, 살림
서울대 라틴아메리카연구소, 2008, 『라틴아메리카의 근대를 말하다』, 그린비
아루가 나츠키, 2008, 『상식으로 꼭 알아야 할 미국의 역사』, 삼양미디어
R. A. 스켈톤, 2004, 『탐험지도의 역사』, 새날
안드레이 S. 마코비츠, 2008, 『미국이 미운 이유』, 일리
에리히 폴라트 외, 2008, 『자원전쟁』, 영림카디널
H. J. de Blij · Peter O. Muller, 2009, 『세계 지리 : 개념과 지역 중심으로 풀어 쓴』, 시그마프레스
M. 데이비스, 2007, 『슬럼, 지구를 뒤덮다』, 돌베개
옥한석 외, 2005, 『세계화 시대의 세계 지리 읽기』, 한울
올린 M. 블루엣 외, 2013, 『라틴아메리카와 카리브 해』, 까치글방
왕지아펑 · 천용, 2007, 『대국굴기 : 세계를 호령하는 강대국의 패러다임』, 크레듀
우석균, 2000, 『라틴아메리카를 찾아서』, 민음사
E. 갈레아노, 1999, 『수탈된 대지』, 범우사
이노우에 외, 2004, 『세계의 환경도시를 가다』, 사계절
이성형 , 2010, 『브라질 : 역사 · 정치 · 문화』, 까치
이성형, 1999, 『라틴아메리카의 역사와 사상』, 까치
이성형, 2003, 『콜럼버스가 서쪽으로 간 까닭은?』, 까치
이수호 더플래닛, 2013, 『남미로 맨땅에 헤딩』, 더플래닛
이전, 1994, 『라틴아메리카 지리』, 민음사
이케다 준이치, 2013, 『왜 모두 미국에서 탄생했을까』, 메디치미디어
이현송, 2011, 『미국 문화의 기초』, 한울아카데미
임상래 · 이종득 외, 2011, 『라틴아메리카의 어제와 오늘』, 이담북스
잉그리드 비스마이어 벨링하젠, 2009, 『아마존 숲의 편지 : 아파하는 지구의 허파』, 해솔
정범진, 2004, 『두 얼굴의 나라 미국 이야기』, 아이세움
존 헤밍, 2013, 『아마존 : 정복과 착취, 경외와 공존의 5백 년』, 미지북스
주경철, 2008, 『대항해 시대 : 해상 팽창과 근대 세계의 형성』, 서울대학교출판부

최광렬, 2012, 『체 게바라와 랄랄라 라틴아메리카』, 열다
츠츠미 미카, 2008, 『르포 빈곤 대국 아메리카』, 문학수첩
카를로스 푸엔테스, 1997, 『라틴아메리카의 역사』, 까치
하워드 진, 2008, 『하워드 진, 살아 있는 미국 역사』, 추수밭
헨드릭 빌렘 반 룬, 2006, 『라틴아메리카의 해방자 시몬 볼리바르』, 서해문집
홍은택, 2006, 『아메리카 자전거 여행』, 한겨레출판

Ⅳ 남북극

가미누마 가츠타다, 2009, 『남극과 북극의 궁금증 100가지』, 푸른길
김바다 글, 2008, 『북극곰을 구해줘!』, 창비
김현숙, 2008, 『지구마을 어린이 리포트』, 한겨레아이들
김호찬, 2006, 『놀랍다 탐험과 항해의 세계사 10 : 아문센과 남극 탐험』, 생각의나무
노르미 에쿠미악, 2005, 『내 어린 시절의 북극』, 사계절
노피너피, 2011, 『남극의 신사 펭귄』, 한국슈바이처
니시무라 준, 2011, 『남극의 셰프』, 바다
돋움자리, 2001, 『얼음의 땅 남극과 북극』, 떡갈나무
리브 아르네센 · 앤 밴크로프트 · 체릴 달, 2004, 『우리는 얼음 사막을 걷는다』, 해나무
박미용, 2009, 『북극과 남극 : 우리가 지켜야 할 마지막 땅 』, 성우주니어
박상재, 2008, 『아문센-남극과 북극을 정복한 위대한 탐험가』, 효리원
박지환 글, 2010, 『펭귄도 모르는 남극 이야기』, 한겨레아이들
소피 웹, 2005, 『펭귄과 함께 쓰는 남극 일기』, 사계절
소피 웹, 2008, 『알래스카에서 쓴 바닷새 일기』, 사계절
MBC 〈북극의 눈물〉 제작팀, 2009, 『북극의 눈물 : 사라지는 얼음 왕국의 비밀』, MBC프로덕션
오주영, 2004, 『산타클로스와 남극 북극 횡단하기』, 행복한아이들
일레인 스콧, 2007, 『왜 펭귄은 북극곰과 함께 살 수 없을까? 』, 내인생의책
장순근, 2004, 『남극 탐험의 꿈』, 사이언스북스
장순근, 2007, 『가자! 신비한 남극과 북극을 찾아서』, 교학사
크리스 보닝턴, 2007, 『세계의 대탐험』, 생각의나무
키어런 멀바니, 2005, 『땅끝에서』, 솔출판사
팔리 모왓, 2009, 『잊혀진 미래 : 사슴 부족 이누이트들과 함께한 나날들』, 달팽이
폴 에밀 빅토르, 2006, 『에스키모 아푸치아크의 일생』, 비룡소
피터 르랭기스, 2006, 『이누이트 소년의 노래』, 웅진주니어
필립 네스만, 2009, 『세계의 어린이 ATLAS』, 한겨레아이들
홍성민, 2006, 『빙하, 거대한 과학의 나라』, 봄나무

MBC 다큐멘터리, 2008, "북극의 눈물"(3부작)
SBS 다큐멘터리, 2010, "최후의 툰드라"(4부작)

| 사진 출처 및 저작권 |

게티이미지/멀티비츠 21 나이지리아의 아이들 | 24 콩고 분지 | 26 먹이를 찾아 이동 중인 케냐의 얼룩말 무리 | 29 사하라 사막의 유목민 베르베르족 | 29 투아레그족의 공동 우물 | 30 사막과 계곡을 달리는 '붉은 도마뱀' 열차 | 31 사막 횡단 체험 | 32 부부젤라를 부는 남아프리카 공화국의 줄루족 어린이 | 32 나미비아 북서쪽에 사는 힘바족 | 32 탄자니아의 마사이족 남성 | 35 수단의 이슬람 종교 의식 | 36 피그미족의 토속 종교 의식 | 37 그레이트 짐바브웨 유적지 | 37 세계 최대의 진흙 건축물인 젠네 그랜드 모스크 | 40 아프리카와 유럽의 관문, 모로코의 도시 탕헤르 | 41 화려한 의상의 마사이족 | 42 탄자니아의 마콘데족이 만든 우자마 | 44 젬베를 연주하며 레게를 부르는 자메이카 청년 | 49 하늘에서 내려다본 키베라의 모습 | 53 에이즈로 인해 고아가 된 보츠와나의 어린이 | 54 에티오피아의 난민 수용소에서 해맑게 웃고 있는 어린이들 | 57 체포된 소말리아 해적 | 58 보츠와나의 오라파 다이아몬드 광산 | 63 도움이 절실한 아프리카의 난민들 | 64 에이즈 퇴치 기금 마련을 위한 46664 콘서트에서 인사하고 있는 만델라 대통령| 66 왕가리 마타이 | 67 국제 구호 기구의 도움으로 식량을 원조받는 부룬디의 난민들 | 74 가나의 초등학교 수업 시간 | 78-79 유럽 연합 출범 50주년 기념 축하 공연 | 83 프랑스의 유명 전통 빵집에서 구워지는 빵 | 86 천일염을 생산하는 염전의 모습 | 87 큰 조차를 활용한 프랑스의 랑스 조력 발전소 | 90 세계 최대의 와인 생산지인 프랑스의 포도밭 | 93 아일랜드의 드럼린 | 97 에스파냐의 전통 해산물 요리 파에야 | 99 네덜란드의 벰스터 간척지 | 101 아름다운 풍광을 가진 스위스의 관광 열차 | 106 덴마크의 레고 랜드 | 109 몽마르트르 언덕의 화가들 | 114 갈 곳 없는 집시들 | 118 스레브레니차 지역의 집단 학살 발굴 현장 | 119 2008년 코소보의 독립 선언 | 130 유럽의 국제선 기차 안 풍경 | 133 저임금의 폴란드 노동자들 | 134 파리 거리에서 예배를 보는 무슬림들 | 140 냉동 상태로 발견된 아기 매머드 '류바' | 141 시베리아의 광대한 타이가 지대 | 148 그루타스 공원의 레닌과 스탈린의 조각상 | 150-151 오늘날 아메리카의 선주민들 | 156 로키 산맥 | 161 파나마 운하 | 163 구아노를 채취하는 페루의 인부 | 163 세계에서 가장 건조한 칠레의 아타카마 사막 | 164 캘리포니아의 광활한 오렌지 농장 | 167 아마존 강의 지류인 브라질의 마나퀴리 강 | 171 토템 상을 조각한 기둥 | 172 티칼의 유적지 | 174 다양한 색깔과 모양의 페루 감자 | 178 축구를 응원하는 브라질 사람들 | 178 아이티의 학생들 | 180 선주민 출신으로 볼리비아의 대통령에 당선된 모랄레스 | 183 대표적인 패스트푸드 햄버거 | 194 폭동으로 얼룩진 과거 할렘의 모습 | 196 브라질 쿠리치바 시의 전경 | 201 아르헨티나의 팜파스 | 203 미국 카길사의 곡물 엘리베이터 | 209 9 · 11 테러로 무너지는 세계무역센터 빌딩 | 211 세계에 부는 체 게바라 열풍 | 214-215 남극의 빙산과 턱끈펭귄 | 218-219 캐나다 옐로나이프에서 촬영한 오로라 | 220 남극의 추위를 짐작케 하는 얼굴의 고드름과 눈 | 220 거센 눈보라를 뚫고 남극을 탐험 중인 탐험가 | 222 밤만 계속되는 겨울, 극야 | 227 팬케이크 얼음이 형성되려는 모습 | 227 팬케이크 얼음 형성 | 227 두꺼워진 팬케이크 얼음 | 227 로스 빙붕 | 228 선주민들의 털옷을 입은 아문센 | 228 유럽식 방한복을 입은 스콧 | 230 남극해에 좌초된 섀클턴의 인듀어런스호 | 231 북극 캐나다 옐로나이프 지역의 오로라 | 233 추위를 이기기 위해 무리 지어 붙어 있는 황제펭귄의 허들링 | 234 대왕고래 | 234 지의류 | 235 흰 털로 바뀐 겨울의 북극여우 | 238 쇄빙선과 황제펭귄 | 240 얼음집 이글루와 이누이트족의 옷 | 240 이누이트족의 비누석 공예품 | 241 네네츠족의 이동식 집인 춤 | 243 순록을 잡는 네네츠족 | 251 얼어붙은 타임 캡슐, 빙하 코어 | 251 빙하 코어 채취 모습 **셔터스톡** 12-13 잠베지 강에 있는 빅토리아 폭포 | 14-15 아프리카 사바나의 일몰 풍경 | 16-17 남아프리카 공화국의 케이프타운 전경 | 22 산 정상이 탁상지의 전형을 보여주는 테이블마운틴 | 33 바오바브나무 | 39 스핑크스와 피라미드 | 39 성 캐서린 수도원 | 39 하트셉수트 신전 | 39 카르나크 신전 | 39 멤논의 거상 | 39 호루스 신전 | 39 룩소르 신전 | 39 크눔 신전 | 39 칼랍샤 신전 | 39 아부심벨 신전 | 43 아프리카의 전통 가면 | 44 아프리카 전통 타악기를 연주하는 부르키나파소의 청년들 | 45 젬베 | 45 칼림바 | 45 발라폰 | 49 탄자니아의 어린이 광부 | 60 멸종 위기에 처한 마운틴고릴라 | 76-77 그리스의 산토리니 섬 | 80-81 물의 도시, 이탈리아의 베네치아 | 82 프랑스의 밀밭 | 82 유럽의 다양한 빵들 | 89 지하 와인 저장소 | 94-95 알프스 산의 풍경 | 96 남유럽의 지중해 연안에서 흔히 볼 수 있는 올리브 | 100 유럽 최대의 관문인 로테르담 항구 | 109 파리 교외에 있는 베르사유 궁전 | 110 가우디의 설계로 유명한 카사밀라 | 182 에스파냐의 산페르민 축제 | 182 이탈리아의 베네치아 | 122 레알 마드리드 vs FC 바르셀로나 경기 | 123 골을 넣고 기뻐하는 아틀레틱 빌바오 선수들 | 136 모스크바의 붉은 광장에 있는 성 바실리 대성당 | 138 비옥한 흑토, 체르노젬 | 139 흑해 연안의 소치에서 볼 수 있는 야자수 | 143 러시아 부활의 저력을 품고 있는 보물 창고 시베리아 | 152-153 맨해튼 중심부에 있는 타임스스퀘어 | 154-155 잉카 유적지 마추픽추 | 159 아마존 강 | 164 지중해성 기후로 당도가 높은 칠레의 포도 | 165 아르헨티나의 우수아이아 | 166-167 세계에서 두 번째로 긴 아마존 강 | 166 피라니아 | 166 카피바라 | 166 분홍돌고래 보토 | 166 다람쥐원숭이 | 166 아나콘다 | 167 나무늘보 | 169 카펫을 팔고 있는 페루의 케추아족 여인 | 170 카사 그란데 유적 | 171 메사 베르데의 절벽 궁전 | 171 이동식 가옥 티피 | 172 마야 문자 | 172 태양의 신전 | 172 마추픽추 | 172 잉카의 벽 | 174 알파카와 함께 있는 페루 선주민 어린이 | 175 산토 도밍고 성당 | 183 드라이브 스루 패스트푸드 레스토랑 | 183 콘플레이크 | 186 안데

스 산맥에 자리한 페루의 쿠스코 | 186 마라스 마을의 살리나스 염전 | 189 거리의 탱고 | 192 상업 · 금융 · 문화의 중심지 맨해튼 | 193 타임스스퀘어 | 199 페루의 모라이 유적 | 201 광활한 프레리에서 밀을 수확하는 모습 | 216-217 그린란드의 쿨루숙 마을 풍경 | 221 얼음으로 뒤덮인 북극의 풍경 | 222 낮만 계속되는 여름, 백야 | 234 남극물개 | 234 웨들물범 | 235 짙은 회갈색 털이 난 여름의 북극여우 | 235 순해 보이지만 매우 사나운 북극곰 | 245 먹이를 찾아 부빙을 건너다니는 북극곰 **연합뉴스** 56 시에라리온의 반군들 | 56 이슬람 반군 지지 시위를 벌이는 소말리아 여성들 | 70 카다피의 본거지 점령 소식에 환호하는 리비아 사람들 | 75 아디스아바바에 세워진 아프리카 연합 컨벤션 센터 | 102 브뤼셀의 북대서양 조약 기구 본부 전경 | 107 핀란드의 한 고등학교 수업 시간 | 120 글래스고 셀틱 vs FC 바르셀로나 경기 | 121 아스널 vs 맨체스터유나이티드 경기 | 130 유로 지폐와 동전 | 134 노르웨이 우토야 섬의 악몽 | 147 러시아 '가족의 날' 풍경 | 213 국민 지지율 세계 1위의 브라질 대통령, 룰라 | 252 2천만 명이 넘는 이재민이 발생한 파키스탄의 대홍수(2010년) | 253 이상 기온으로 발생한 러시아의 대형 산불(2010년) **위키피디아** 18-19 피시리버캐니언 | 38 이집트의 수도 카이로 | 39 엘 나시르 모스크 | 39 게벨 바르칼과 나파탄 지구 유적 | 46 그레이트 짐바브웨 전경 | 68 쇼나 조각 | 73 에티오피아 수도 아디스아바바 | 93 스위스의 마터호른 | 93 캐나다 누나부트 주의 모레인 | 93 알래스카의 케니코트 빙하 | 93 오대호 중 가장 큰 슈피리어 호의 겨울 | 114 유대인 격리 지역인 게토의 살벌한 풍경 | 139 세계에서 가장 추운 마을 오이먀콘 | 139 잉카 제국의 키푸 | 161 갑문을 통과할 때 배를 이끄는 기관차 | 181 브라질의 축제, 리우 카니발 | 172 아스테카 제국의 달력 | 176 콜럼버스, 아메리카에 도착하다 | 184-185 멕시코시티 중심부에 있는 소칼로 광장 | 184-185 페루 쿠스코의 아르마스 광장 | 186 멕시코시티에서 발견된 아스테카 문명 유적지 | 189 리마 중앙 지구의 오삼벨라 성 | 189 리마의 산마르코스 대학 | 189 파리의 거리를 본떠 만든 부에노스아이레스의 아베니다 데 마요 | 190 코르코바두의 예수상 | 194 문화 지구로 탈바꿈한 할렘의 모습 | 195 원통형 버스 정류장 | 195 3단 굴절 버스 | 196 채터누가의 월넛 스트리트교 | 204 대규모로 경작하는 브라질의 커피 농장 | 208 마셜 플랜을 홍보하는 포스터 | 211 1900년 미국 공화당의 대선 포스터 | 225 남극 로이즈 곶에서 발견된 섀클턴의 오두막 기지 | 229 남극점에 위치한 아문센-스콧 기지 | 239 순록이 끄는 썰매 | 245 상공에서 본 캐나다 북극 지방의 영구 동토층 | 252 북아메리카에서 가장 큰 낼리스 태양 발전소 **Succession Picasso** 43 〈아비뇽의 처녀들〉 | 112 〈게르니카〉 **토픽포토** 97 브르타뉴 지방의 해물 모둠요리 | 242 현대화된 북극해 연안의 마을 풍경 **한겨레** 104 스웨덴의 공립 보육 시설 광경 **SBS** 240 생식을 하는 네네츠족 아이 **김석용** 29 모래보다 암석이 더 많은 사하라 사막 | 29 나미브 사막의 데드플라이 | 93 뉴질랜드의 피오르 지형 **박상길** 187 볼리비아 서부 최대의 도시 라파스 **한충렬** 236 마리안 소만에서 바라본 세종 과학 기지 전경 | 237 새끼를 품고 있는 젠투펭귄 | 237 외부 침입을 막아서고 있는 턱끈펭귄 **Cesar Manso** 113 바스크 조국과 자유(ETA)가 일으킨 폭탄 테러로 파괴된 건물의 모습 **Alberto Cesar** 205 열대 우림을 제거한 자리에 만든 브라질의 사탕수수 농장 **Andy Mahoney** 240 북극의 중요한 이동 수단인 개썰매 **Scanpix** 106 덴마크의 식사 배달 서비스 **기타** 63 리비아 반정부 시위대에 붙잡힌 카다피의 용병들_http://shineyourlight-shineyourlight.blogspot.kr/2011/05/12.html | 66 전쟁을 멈추게 한 사나이, 드록바_http://www.iknowthisgame.com/2013_01_01_archive.html | 68 국제 연합이 제공한 모기장을 받고 환하게 웃는 아프리카 어린이_http://www.unfoundation.org/ | 69 캄쾀바가 만든 12m 높이의 풍차_http://www.ethanzuckerman.com | 88 아일랜드 워터퍼드의 젖소 목장_http://www.abqjournal.com/359227/news/smaller-herds-push-beef-prices-higher.html | 137 서부 시베리아 저지를 지나 북극해로 흐르는 오브 강_http://www.redorbit.com/search/?q=Ob%2527+river | 171 아나사지 바구니_http://www.thefurtrapper.com/anasazi.htm | 193 소득의 양극화 문제가 심각함을 보여준 월가의 시위_http://chamosaurio.com/2011/11/25/ | 213 지구에서 가장 건조한 남극의 드라이밸리_http://today.brown.edu/node/10817 | 245 홍수로 침수된 알래스카의 갈레나_http://ready.alaska.gov/updates

*이 책에 쓴 모든 사진과 그림 자료의 출처 · 저작권자를 찾고, 정해진 절차에 따라 사용 허락을 받는 데 최선을 다했습니다.
위 내용에서 착오나 누락이 있으면 다음 쇄를 찍을 때 꼭 바로잡겠습니다.

ㄱ

가나 왕국 36
가톨릭교 115, 117, 120-121, 181-182
간척 86, 99
개신교 90, 101, 105, 115
건조 기후 25, 27, 139, 162-164, 201, 220, 225
걸프 협력 기구(GCC) 127
경제 협력 개발 기구(OECD) 103, 106-107, 134
계절풍 84
고산 기후 162
고산 도시 184-186, 188, 191
고생대 23, 247
곡물 메이저 202-203
곡빙하 92-93
공적 개발 원조(ODA) 73
구아노 163-164
9 · 11 테러 135, 209
국내 총생산(GDP) 103, 126, 132, 206, 212-213
국제 앰네스티(Amnesty International) 4
국제 연합(UN) 4, 68, 108, 118-119
국제 인구 서비스(PSI) 68
국제 통화 기금(IMF) 4, 68, 73
그레이트 짐바브웨 37-38, 46
그리스 정교 117-118
그린란드 92, 159, 177, 216, 223-225, 228, 231, 239, 245-246, 248-249
극야 221-223
극지방 220-221, 223, 225-226, 231, 236, 238, 244, 249-251
기니 만 23, 61

ㄴ

나미브 사막 28-29
나스카 판 157-158, 160
나일 강 38-40, 158-159, 166
난류 84, 87
남극 조약 223, 249-250
남극 해양 생물 자원 보존 협약 247
남극권 223-224, 250
남극점 223-224, 228-231, 250
남극해 224, 226, 230, 247, 250
남미 공동 시장(MERCOSOUR) 126-127, 212
남미 국가 연합(UNASUR) 127
남수단 공화국 21, 25, 39, 55
남아메리카 판 157
남회귀선 22, 162
냉대 기후 25, 139, 162
네네츠족 239-243
네안데르탈인 20, 227
네크로폴리스 38
넬슨 만델라 64-65
노르딕 국가 103, 105
누나부트 주 93, 165
누비아 38-39

ㄷ

다국적 기업 57, 70, 73, 102, 133, 193
대륙성 기후 84, 139
대평원 159
데드플라이 29
데스밸리 163
독립 국가 연합(CIS) 147-148
돈 강 138
동남아시아 국가 연합(ASEAN) 127
동시베리아 140, 143, 145
동아프리카 대지구대(그레이트리프트밸리) 20, 23
드네프르 강 137-138
드라이밸리 225
드럼린(빙퇴구) 92-93

ㄹ

라파스 189-187, 191
라플라타 강 158-159, 188, 191
러시아 대평원(동유럽 평원) 142-143
레나 강 138
로모노소프 해령 249
로버트 스콧 228-230, 240, 250
로스 빙붕 224, 227-228, 250
로스해 224, 228, 247, 250
로키 산맥 256-259, 162-163
로테르담 100, 248
론 빙붕 224, 250
룰라 다 실바 213
르완다 대학살 59-60
리마 187-189, 191
리스본 조약 125-126
리우 카니발 91, 181
리우데자네이루 184, 188, 190-191

ㅁ

마그레브 40
마다가스카르 25, 55, 64
마르틴 루터 105
마사이마라 26
마사이족 32, 41
마셜 플랜 208
마스트리히트 조약 125
마야 문명 170, 172-173
마젤란 해협 159, 165

마추픽추 154, 172-173, 187
마콘데족 42
마터호른 93-94
마틴 루터 킹 180
말리 왕국 36
맨틀 23, 157
먼로 선언 211
먼로주의 198
메르카토르 도법 19
메사 베르데 170-171
메스티소 178
메탄 하이드레이트 246-247
멕시코 고원 159, 172, 199
멕시코 만 158-159, 191, 207
모골론 문명 170
모레인 92
모스크 37-39
무슬림 33, 35, 118, 124, 134-135
물라토 178, 181
미시시피 강 158-159, 191

ㅂ

바렌츠해 144, 224, 246, 249
바스쿠 다가마 20
바스크 조국과 자유(ETA) 113
바스크족 112-113
바이칼-아무르 철도(BAM) 145
발칸 반도 117
발트 3국 103, 147, 148
백야 221-223, 236
베르베르족 29, 31
베르사유 조약 59
베르호얀스크 산맥 138, 143
베링 해협 20-21, 224, 248-249
보스니아 내전 118
보스니아-헤르체고비나 117-118, 124, 134
보퍼트해 224, 246
볼가 강 138
부르카 135
부빙 223, 234, 244-245
북극 항로 248-249
북극점 224, 226, 231, 247, 249
북극해 137, 143-145, 222, 224-225, 235, 242, 246-249
북대서양 난류 84, 222
북대서양 조약 기구(NATO) 102, 118-119
북동 항로 248-249
북미 자유 무역 협정(NAFTA) 126-127
북서 항로 248-249
북아메리카 판 157-158
북회귀선 22, 162-163
브르타뉴 반도 86
브릭스(BRICs) 136, 142, 213
블리자드 221, 229, 237
비 그늘 현상 163
빅토리아호 23, 39
빙붕 227-228
빙설 기후 223
빙하 코어 251
빙하 85, 87, 92-93, 96, 140, 167, 226-228, 247, 251-252
빙하기 85, 93, 140

ㅅ

사막 기후 25, 27
사막화 27-29
사바나 25-27, 42
사하라 사막 6, 21-22, 27-32, 34-36, 42, 46, 50-54, 63, 71-73, 163
사헬 지대 27-28
산토 도밍고 성당 175
산페르민 축제 111
서시베리아 저지 142-143
서안 해양성 기후 25, 84
서인도 제도 44, 160
선주민 19, 42, 45-46, 51, 99, 150, 168-171, 173-176, 178-1801, 183, 187, 199 204, 225, 228-230, 239-240, 242
세계 무역 기구(WTO) 4
세계 지니 계수 210
세렝게티 26
세인트로렌스 강 207
세종 과학 기지 231, 236-237, 250
셀바스 159, 166
솅겐 조약 129
소련(소비에트 사회주의 공화국 연방, USSR) 63, 98, 103, 111, 117, 126, 137, 142, 146-149, 208
송가이 왕국 36
쇄빙선 238
슈피리어호 24, 93
스발바르 군도 246, 249
스칸디나비아 반도 239
스킨헤드(극우 인종주의자) 146
스타노보이 산맥 138, 143
스텝 25, 27-28, 138-139
스피츠베르겐 제도 224-225
시베리아 횡단 철도 137, 144-145
시원생대(선캄브리아대) 23, 73
신생대 23, 85

ㅇ

아나사지 문명 170
아디스아바바 72-73, 75
아라비아 사막 163
아라비아 판 23, 95

'아랍의 봄' 70-72
아마존 강 86, 158-159, 162, 166-167, 191
아문센 228-230, 240
아문센-스콧 기지 229, 250
아문센해 224, 250
아비시니아 고원 22-23, 39
아스테카 문명 162, 170, 172-173, 176, 185-186
아시아·태평양 경제 협력체(APEC) 126-127
아열대 고기압 163
아열대 고압대 22, 26, 89, 96
아이티 50, 157, 159-160, 177-178, 191, 212
아일랜드 88, 93, 103, 108, 115-116, 120-121, 124-125, 132, 206
아타카마 사막 163
아틀라스 산맥 22-23, 30, 40
아프리카 개발 은행(ADB) 74
아프리카 연합(AU) 56, 75
아프리카 테라 19
아프리카 판 23, 94-95, 157
안데스 산맥 156-159, 162-163, 169, 173-174, 185-188, 199, 227
알래스카 92-93, 177, 224, 242, 244-246, 249
알파카 174-175
알프스 산맥 82, 94-97, 100-101
애팔래치아 산맥 159, 207
앨러트 165
야말 반도 144
야쿠트족 140
어니스트 섀클턴 225-226, 230
에스커 92
에어버스 127-128
엘즈미어 섬 224-225, 246
열대 기후 162, 179
열대 우림 24-26, 42, 60, 162, 166-167, 205
열대 초원 26
영구 동토층 142, 244-245
예니세이 강 138
옐로나이프 218, 231
5대양 6대륙 4, 6
오대호 92-93, 159, 179, 191, 207
오로라 218, 231
오브 강 137-138
오스만 제국 117
오이먀콘 139-140
온난 습윤 25
온대 기후 27, 84, 108, 139, 162, 164, 179
온대 지중해성 기후 139
온실가스 244, 252
왕가리 마타이 66
우고 차베스 181, 212
우랄 강 138
우랄 산맥 136-138, 142-143
우수아이아 165
월가 192-193
월넛 스트리트교 196-197
웨들해 224, 247, 250
웨일스 115, 120-121
위성 항법 장치(GPS) 128, 224
유고슬라비아 연방 116-119
유네스코 세계 문화유산 36-37, 110-111
유라시아 판 95, 157
유럽 경제 공동체(EEC) 125
유럽 석탄 철강 공동체(ECSC) 125
유럽 원자력 공동체(EURATOM) 125
유로화 126, 129, 132-133, 135
유엔 인구 기금(UNFPA) 52
유엔 환경 개발 회의(UNCED) 252
유엔 환경 계획(UNEP) 60
이누이트 231, 235, 239-242, 244
이베리아 반도 18-19, 112-113
이슬람 34-35, 37-38, 40, 55-56, 65, 70-71, 110, 117, 135, 209
이슬람교 32, 34-36, 40, 101, 117-118, 134
이주 노동자 135
이집트 문명 36, 38-39
인도·오스트레일리아 판 157
잉카 문명 162, 170, 172-173, 176, 185, 199

ㅈ

자유 무역 협정(FTA) 126, 202
잠베지 강 12, 18, 23, 36, 38
장보고 과학 기지 250
재스민 혁명 70-72
적도 저압대 26
줄루족 32-34
중생대 23, 94
중앙시베리아 고원 142-143
지각판 157
지구 온난화 141, 167, 238, 244, 247, 251-252
지브롤터 40
지중해성 기후 25, 27, 90, 164,

ㅊ

채터누가 191, 196-197
천연가스 73, 142-144, 242, 246
체 게바라 211-212
출산율 21

ㅋ

카다피 63, 70-71
카리브 판 157, 160
카리브해 52, 159, 160-161, 163, 165, 178-179, 191
카스피해 138-139, 148-149
카프카스 148-149
칼라하리 사막 28, 34, 57-58
캄차카 반도 142-143
캘리포니아 만 170
케이프타운 16, 22
케추아족 169
켈트족 115, 121
코소보 내전 118-119
코코스 판 157
콜라 반도 246-247
콩고 강 24
콩고 분지 23-25, 59-61
쿠리치바 191, 195-197
쿠릴 열도 142-143
쿠스코 154, 173-175, 185-188, 191
크리스토퍼 콜럼버스 160, 162, 176-177, 179
크리스트교 32, 34-35, 65, 115, 149
키베라 49
키쿠유족 33
킹조지 섬 250

ㅌ

타이가(침엽수림) 138, 140-142
탁상지 22
탁월풍(항상풍) 163
태양의 신전 172, 175
태평양 판 157
테네시 강 191, 197
테베 38-39
테오티우아칸 172, 185
테이블마운틴 22
토르데시야스 조약 177
투발루 224
투아레그족 29
투치족 59-60
툰드라 25, 138, 223, 235, 239, 242-243
트롬쇠 222, 248
티칼 172-173
티피 171
팀북투 36

ㅍ

파나마 운하 156, 159, 161, 248
파라나 강 158-159, 191
파이프라인 145, 148-149, 244
파타고니아 163
팔레스타인 113, 115
팜파스 159, 188, 201
페루 해류 163
편서풍 84, 87, 96, 139, 163
프란츠요제프 랜드 146
프레리 158-159, 201
플랜테이션 51-52, 158, 188, 204-205
피그미족 24, 35
피레네 산맥 112
피오르 지형 92-93
필히너 빙붕 224, 250

ㅎ

한대 기후 139, 162, 223
해빙 137, 226-227, 251
해수면 99, 224, 244, 252
행복 지수 103, 106
호모 사피엔스 20, 226
호호캄 문명 170
홍해 22
환태평양 조산대 142
후투족 59-60
흑토(체르노젬) 138-139
흑해 85, 91, 117, 132, 136, 138-139, 143, 148-149
히말라야 산맥 24, 92, 227
힘바족 32

전국지리교사모임 『세계 지리, 세상과 통하다』 편찬위원회

편찬위원

김대훈, 김승혜, 박래광, 박선은, 윤신원, 박정애

연구 및 집필진

서장 | 김대훈(경기 고잔고)

Ⅰ **동아시아** | 윤신원(서울 성남고), 정승운(서울 명일여고), 엄은희(서울대 아시아연구소)

Ⅱ **동남 및 남아시아** | 김아정(부산 중앙여고), 김수미(경북 신라공고), 박은영(부산 금정중), 이진숙(부산 국제고), 윤신원(서울 성남고)

Ⅲ **서남 및 중앙아시아** | 신동호(경기 매탄고), 우기서(서울 성보고), 임숙경(경기 진건고) 한충렬(경기 소래고), 김승혜(경기 안양고)

Ⅳ **오세아니아** | 박정애(서울 당산서중), 김승혜(경기 안양고), 김훈(서울 오륜중), 이연주(경기 경원중)

Ⅴ **아프리카** | 유상철(경기 장곡고), 배정훈(경기 삼광중), 윤진근(경기 용문고), 홍석민(경기 정명고), 윤신원(서울 성남고)

Ⅵ **유럽** | 이태국(울산 제일고), 강문철(대구 경북대사대부고), 김정숙(울산 무거고), 황상수(울산 범서고), 김승혜(경기 안양고)

Ⅶ **아메리카** | 박상길(서울 신도고), 전경미(서울 풍성중), 김승혜(경기 안양고)

Ⅷ **남북극** | 김승혜(경기 안양고), 박정애(서울 당산서중), 김훈(서울 오륜중), 이연주(경기 소하고)

검토위원

김대훈(경기 고잔고), 김동명(서울 구암고), 김석용(경기 강서고), 박병석(서울 압구정고), 박래광(서울 관악중), 박선은(경기 운산고)